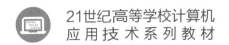

21世纪高等学校计算机应用技术系列教材

电工电子技术基础及应用

鲍慧玲　罗丁喆　苏桂英　　　主　编
郑学峰　冷　宇　吴　杏　王学德　副主编

清华大学出版社
北京

内容简介

本教材共分12章,内容包括直流电路、正弦交流电路、线性动态电路分析、变压器、三相异步电动机、二极管及整流电路、基本放大电路、其他常用放大电路、数字逻辑基础、组合逻辑电路及应用、触发器、时序逻辑电路及应用。

本书可作为全国高等学校非电类专业"电工电子技术""电工学"课程(或类似课程)的教材,也可供相关技术人员参考。

版权所有,侵权必究。举报:010-62782989,beiqinquan@tup.tsinghua.edu.cn。

图书在版编目(CIP)数据

电工电子技术基础及应用 / 鲍慧玲,罗丁喆,苏桂英主编. -- 北京:清华大学出版社,2025.2.
(21世纪高等学校计算机应用技术系列教材). -- ISBN 978-7-302-68334-6

Ⅰ.TM;TN

中国国家版本馆CIP数据核字第2025Q4M737号

责任编辑:陈景辉
封面设计:刘 键
责任校对:申晓焕
责任印制:杨 艳

出版发行:清华大学出版社
网   址:https://www.tup.com.cn,https://www.wqxuetang.com
地   址:北京清华大学学研大厦A座   邮 编:100084
社 总 机:010-83470000   邮 购:010-62786544
投稿与读者服务:010-62776969,c-service@tup.tsinghua.edu.cn
质量反馈:010-62772015,zhiliang@tup.tsinghua.edu.cn
课件下载:https://www.tup.com.cn,010-83470236

印 装 者:三河市君旺印务有限公司
经   销:全国新华书店
开   本:185mm×260mm   印 张:16.75   字 数:411千字
版   次:2025年3月第1版   印 次:2025年3月第1次印刷
印   数:1~1500
定   价:59.90元

产品编号:104871-01

党的二十大报告强调"必须坚持科技是第一生产力、人才是第一资源、创新是第一动力,深入实施科教兴国战略、人才强国战略、创新驱动发展战略,开辟发展新领域新赛道,不断塑造发展新动能新优势"。

电工电子技术是工科院校非电类专业的一门重要基础课,是理论性、专业性和应用性较强的课程。目前,电工电子技术应用领域十分广泛,学科发展非常迅速,在我国当前的经济建设中占有重要地位。

本书主要内容

本书结合非电类专业的课程设置特点,注重电工与电子技术的基本概念、基本定律和基本分析方法的介绍,做到内容简明、易懂。本书主要内容包括直流电路、正弦交流电路、线性动态电路分析、变压器、三相异步电动机、二极管及整流电路、基本放大电路、其他常用放大电路、数字逻辑基础、组合逻辑电路及应用、触发器、时序逻辑电路及应用。通过对本课程的学习,使学生了解和掌握各种常见电路和相关电器在工程中的应用,培养学生独立思考、分析和解决实际问题的能力,为将来学生职业的发展奠定良好的基础。

本书特色

(1) 本书突出基本概念的理解和掌握,简化公式推导过程,前后知识衔接紧密,表述深入浅出,通俗易懂,易于教学和自学。

(2) 制作活页式教材,教师在教学中可以根据教学要求选择相应的教学内容,并可做增减。

(3) 本书配套重要知识点的微视频,学生扫码即可观看学习。

(4) 每章配套相应的思考练习。

配套资源

为便于教与学,本书配有微课视频、教学课件、教学大纲、教学进度表、习题答案、期末试卷及答案。

(1) 获取微课视频方式:先刮开并用手机版微信 App 扫描本书封底的文泉云盘防盗码,授权后再扫描书中相应的视频二维码,观看教学视频。

(2) 其他配套资源可以扫描本书封底的"书圈"二维码,关注后回复本书书号,即可下载。

读者对象

本书可作为全国高等学校非电类专业"电工电子技术""电工学"课程(或类似课程)的教

材，也可供相关技术人员参考。

本书由上海开放大学嘉定分校鲍慧玲和上海科学技术职业学院罗丁喆、苏桂英担任主编，由上海邦德职业技术学院郑学峰和上海科学技术职业学院冷宇、吴杏、王学德担任副主编。具体编写人员及分工如下：鲍慧玲负责全书的统稿并编写第 8 章，苏桂英编写第 1、2、3、4 章，冷宇、吴杏编写第 5 章，郑学峰编写第 6、7 章，罗丁喆编写第 9、10、11、12 章，王学德负责校对以及配套资料的整理，学生王凯凯绘制了部分电路图。

本书参考和引用了许多业内同仁的优秀成果，在此对参考文献中的作者表示衷心的感谢。

由于编者水平有限，书中难免有不妥之处，恳请广大读者批评、指正。

作　者

2025 年 1 月

目 录

第1章 直流电路 ... 1

1.1 电路与电路模型 ... 1
- 1.1.1 电路及组成 ... 1
- 1.1.2 电路模型 ... 1

1.2 电路的基本物理量 ... 2
- 1.2.1 电流 ... 2
- 1.2.2 电压和电位 ... 3
- 1.2.3 电功率 ... 5

1.3 电路的基本元件 ... 6
- 1.3.1 电阻元件 ... 6
- 1.3.2 电感元件 ... 7
- 1.3.3 电容元件 ... 8

1.4 电源元件 ... 9
- 1.4.1 独立电源 ... 10
- 1.4.2 受控源的模型 ... 15

1.5 电路的连接 ... 16
- 1.5.1 电阻的串联与分压 ... 16
- 1.5.2 电阻的并联与分流 ... 17
- 1.5.3 电阻的混联 ... 17

1.6 基尔霍夫定律 ... 18
- 1.6.1 几个有关的电路名词 ... 18
- 1.6.2 基尔霍夫电流定律 ... 19
- 1.6.3 基尔霍夫电压定律 ... 19

1.7 电路的分析方法 ... 20
- 1.7.1 支路电流法 ... 21
- 1.7.2 节点电压法 ... 21
- 1.7.3 叠加定理 ... 23
- 1.7.4 戴维南定理 ... 24

思考练习 ... 27

第2章 正弦交流电路 ... 31

2.1 正弦量及其相量表示 ... 31

  2.1.1 正弦量的瞬时值表示 ………………………………………………………… 31
  2.1.2 正弦量的相量表示 …………………………………………………………… 34
 2.2 单一参数交流电路 …………………………………………………………………… 37
  2.2.1 纯电阻电路 …………………………………………………………………… 37
  2.2.2 纯电感电路 …………………………………………………………………… 39
  2.2.3 纯电容电路 …………………………………………………………………… 41
 2.3 简单正弦交流电路分析 ……………………………………………………………… 43
  2.3.1 基尔霍夫定律的相量形式 …………………………………………………… 43
  2.3.2 阻抗 …………………………………………………………………………… 44
  2.3.3 RLC 串联交流电路 …………………………………………………………… 45
 2.4 谐振电路 ……………………………………………………………………………… 50
  2.4.1 谐振条件 ……………………………………………………………………… 50
  2.4.2 谐振的特征 …………………………………………………………………… 50
  2.4.3 串联电路的电流谐振曲线 …………………………………………………… 51
 2.5 三相交流电路 ………………………………………………………………………… 52
  2.5.1 三相交流电源 ………………………………………………………………… 52
  2.5.2 三相电源的联结 ……………………………………………………………… 54
  2.5.3 三相负载的联结 ……………………………………………………………… 55
  2.5.4 三相电路的功率 ……………………………………………………………… 58
 思考练习 ……………………………………………………………………………………… 59

第 3 章 线性动态电路分析 ……………………………………………………………… 62

 3.1 换路定律概述 ………………………………………………………………………… 62
  3.1.1 动态过程 ……………………………………………………………………… 62
  3.1.2 换路定律 ……………………………………………………………………… 63
  3.1.3 初始值的计算 ………………………………………………………………… 63
 3.2 一阶电路的分析 ……………………………………………………………………… 64
  3.2.1 零输入响应 …………………………………………………………………… 65
  3.2.2 零状态响应 …………………………………………………………………… 69
 3.3 三要素法求解一阶电路 ……………………………………………………………… 72
 思考练习 ……………………………………………………………………………………… 74

第 4 章 变压器 …………………………………………………………………………… 76

 4.1 单相变压器 …………………………………………………………………………… 76
  4.1.1 变压器的基本结构与工作原理 ……………………………………………… 76
  4.1.2 变压器同名端的判断 ………………………………………………………… 79
  4.1.3 变压器的运行特性 …………………………………………………………… 80
 4.2 三相变压器 …………………………………………………………………………… 81
  4.2.1 三相变压器的结构 …………………………………………………………… 82

4.2.2　三相变压器的绕组联结组别 ················· 82
　　　4.2.3　三相变压器的铭牌和主要参数 ················· 83
　　　4.2.4　变压器的用途 ································· 84
　4.3　自耦变压器 ··· 85
　　　4.3.1　自耦变压器的结构 ···························· 85
　　　4.3.2　自耦变压器的工作原理 ······················· 85
　　　4.3.3　自耦变压器的应用 ···························· 86
　思考练习 ··· 86

第5章　三相异步电动机 ···································· 88

　5.1　三相异步电动机的结构 ···························· 88
　　　5.1.1　定子 ··· 89
　　　5.1.2　转子 ··· 90
　　　5.1.3　气隙 ··· 91
　5.2　三相异步电动机的工作原理 ······················· 92
　　　5.2.1　旋转磁场的产生 ······························ 92
　　　5.2.2　三相异步电动机铭牌 ·························· 95
　　　5.2.3　三相异步电动机的功率 ······················· 96
　5.3　三相异步电动机的电磁转矩与机械特性 ·········· 97
　　　5.3.1　三相异步电动机的转矩 ······················· 98
　　　5.3.2　三相异步电动机的机械特性 ·················· 98
　　　5.3.3　三相异步电动机固有机械特性 ················ 99
　5.4　常用低压电器 ······································ 100
　　　5.4.1　低压电器的分类 ······························ 101
　　　5.4.2　隔离开关 ····································· 101
　　　5.4.3　低压断路器 ·································· 102
　　　5.4.4　交流接触器 ·································· 103
　　　5.4.5　熔断器 ······································· 104
　　　5.4.6　热继电器 ····································· 105
　　　5.4.7　按钮 ··· 106
　　　5.4.8　时间继电器 ·································· 107
　5.5　三相异步电动机常用控制电路 ···················· 107
　　　5.5.1　三相异步电动机的启动条件 ·················· 108
　　　5.5.2　三相异步电动机的单向运行控制 ············· 108
　　　5.5.3　三相异步电动机的正反转控制 ················ 110
　　　5.5.4　三相异步电动机降压启动控制 ················ 111
　5.6　可编程逻辑控制器简介 ···························· 114
　思考练习 ··· 117

第 6 章　二极管及整流电路 ……… 119

6.1　半导体的基本知识 ……… 119
- 6.1.1　半导体材料 ……… 119
- 6.1.2　本征半导体 ……… 120
- 6.1.3　杂质半导体 ……… 121

6.2　PN 结的形成及特性 ……… 122
- 6.2.1　PN 结的形成 ……… 122
- 6.2.2　PN 结的单向导电性 ……… 123
- 6.2.3　PN 结的反向击穿特性 ……… 126

6.3　二极管及其应用电路 ……… 126
- 6.3.1　基本结构与类型 ……… 127
- 6.3.2　伏安特性与主要参数 ……… 128
- 6.3.3　二极管的简化模型及应用电路 ……… 129

6.4　特殊二极管 ……… 134
- 6.4.1　稳压二极管 ……… 135
- 6.4.2　发光二极管 ……… 137
- 6.4.3　光电二极管 ……… 138

思考练习 ……… 139

第 7 章　基本放大电路 ……… 142

7.1　基本共射极放大电路 ……… 142
- 7.1.1　放大电路的组成 ……… 142
- 7.1.2　放大电路的放大原理 ……… 144

7.2　放大电路的分析方法 ……… 146
- 7.2.1　静态分析的估算法 ……… 146
- 7.2.2　动态情况分析（图解法） ……… 149
- 7.2.3　动态分析的微变等效电路法 ……… 149
- 7.2.4　放大电路的主要性能指标 ……… 151

7.3　放大电路的稳定性 ……… 153
- 7.3.1　温度变化对工作点的影响 ……… 153
- 7.3.2　分压式偏置放大电路 ……… 154

7.4　共集电极、共基极放大电路 ……… 157
- 7.4.1　共集电极放大电路 ……… 157
- 7.4.2　共基极放大电路 ……… 159

7.5　场效应管放大电路 ……… 161
- 7.5.1　场效应管的等效模型 ……… 162
- 7.5.2　共源极放大电路 ……… 162
- 7.5.3　共漏极放大电路 ……… 163

思考练习 ·· 165

第 8 章 其他常用放大电路 ·· 170

8.1 差分放大电路 ··· 170
8.1.1 差分放大电路的组成 ··· 170
8.1.2 差分放大电路的静态分析 ·· 171
8.1.3 差分放大电路的动态分析 ·· 171
8.1.4 差分放大电路的性能 ··· 174

8.2 功率放大电路 ··· 176
8.2.1 功率放大电路的分类及特点 ·· 176
8.2.2 甲乙类双电源互补对称功率放大电路 ·· 178
8.2.3 甲乙类单电源互补对称功率放大电路 ·· 179

8.3 多级放大电路 ··· 181
8.3.1 多级放大电路简介 ·· 181
8.3.2 多级放大电路的应用实例——集成运算放大器 ···································· 185

8.4 放大电路的频率特性 ·· 187
8.4.1 影响频率特性的主要因素 ·· 187
8.4.2 单级 RC 共射极放大电路的频率特性 ·· 189
8.4.3 多级放大电路的频率特性 ·· 189

思考练习 ·· 190

第 9 章 数字逻辑基础 ··· 193

9.1 逻辑函数基础 ··· 193
9.1.1 基本逻辑运算 ··· 193
9.1.2 复合逻辑运算 ··· 195

9.2 逻辑函数及其表示方法 ·· 197
9.2.1 逻辑函数的基本表示方法 ·· 197
9.2.2 逻辑函数的基本公式与定律 ·· 199

9.3 逻辑函数化简 ··· 201
9.3.1 逻辑函数的公式化简法 ··· 201
9.3.2 逻辑函数的卡诺图化简法 ·· 204

9.4 逻辑门电路 ·· 210
9.4.1 分立元件门电路 ·· 210
9.4.2 TTL 逻辑门电路 ·· 212
9.4.3 CMOS 门电路 ·· 215

思考练习 ·· 216

第 10 章 组合逻辑电路及应用 ··· 218

10.1 小规模组合逻辑电路分析与设计 ·· 218

　　　　10.1.1　组合逻辑电路的分析 ………………………………………………… 219
　　　　10.1.2　小规模组合逻辑电路的设计 ………………………………………… 220
　　10.2　常用组合逻辑功能器件 ………………………………………………………… 221
　　　　10.2.1　加法器 ………………………………………………………………… 221
　　　　10.2.2　译码器 ………………………………………………………………… 223
　　　　10.2.3　编码器 ………………………………………………………………… 228
　　思考练习 ……………………………………………………………………………… 230

第 11 章　触发器 ……………………………………………………………………… 232

　　11.1　触发器及其特性 ………………………………………………………………… 232
　　　　11.1.1　触发器的特性 …………………………………………………………… 232
　　　　11.1.2　触发器的分类 …………………………………………………………… 233
　　11.2　常用触发器介绍 ………………………………………………………………… 233
　　　　11.2.1　RS 触发器 ……………………………………………………………… 234
　　　　11.2.2　JK 触发器 ……………………………………………………………… 237
　　　　11.2.3　D 触发器 ……………………………………………………………… 239
　　思考练习 ……………………………………………………………………………… 239

第 12 章　时序逻辑电路及应用 ……………………………………………………… 241

　　12.1　时序逻辑电路及分析方法 ……………………………………………………… 241
　　　　12.1.1　时序逻辑电路 …………………………………………………………… 241
　　　　12.1.2　时序逻辑电路及分析方法 ……………………………………………… 242
　　12.2　常用时序逻辑电路及应用 ……………………………………………………… 245
　　　　12.2.1　计数器 …………………………………………………………………… 246
　　　　12.2.2　寄存器 …………………………………………………………………… 252
　　思考练习 ……………………………………………………………………………… 255

参考文献 ………………………………………………………………………………… 257

第1章 直流电路

在科技飞速发展的今天,千般应用、多样纷呈的电路在多种应用中大放异彩。人们对事物本质的认识,其思维逻辑的起始是对概念的认识。电路基本概念是对电路认识和分析的基础,基本定律和分析方法是解决认识和解决复杂电路问题的重要工具。

本章主要介绍电路基本知识和基本分析方法。基本知识主要包括电路、电路模型的概念,电路基本物理量(电流、电压和功率)的概念,电路基本元件(电阻、电感、电容),电源元件,基尔霍夫定律。电路的基本分析方法主要有支路电流法、节点电压法、叠加定理和戴维南定理等。

1.1 电路与电路模型

学习目标

(1) 了解电路及电路组成。
(2) 熟悉电路理想元件与电路模型。

1.1.1 电路及组成

电路就是电流流通的闭合路径,它是由各种电气设备或元器件按一定的方式连接起来的总体。在现代信息化和电气化高速的今天,电路无处不在,从通信设备、计算机、家用电器到工、农业中各种生产设备的控制、各种测量仪表等,广义来说都是电路。电路的结构形式多种多样,归结电路主要功能,一是实现电能的转换、传输和分配(如家用电器、电力电路等),二是实现信号的传递和处理(如计算机存储电路)。

最简单的手电筒电路如图 1-1 所示。实际的电路一般由三部分组成:一是供应电能的设备,称为电源;二是消耗电能或转换电能的设备,称为负载;三是连接电源和负载的部分,称为中间环节,如导线、开关、控制器等。

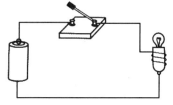

图 1-1 手电筒电路

1.1.2 电路模型

实际电路几何形态种类繁多,且电子元器件的电磁性质较为复杂。为了便于对电路进行分析和计算,常对实际电子元器件进行近似化、理想化,在一定条件下忽略其次要特性,突出主要特性,用表征其主要特征的理想元件来表示。表征实际电路元件的理想元件,称为模型。在低频电路中,电阻器、电烙铁、电炉等实际电路元件所表现的主要特征是把电能转化为热能,所以可用"电阻元件"这样一个理想元件来反映消耗电能的特征。同样,在一定条件下,"电感元件"是线圈的理想元件,"电容元件"是电容器的理想元件。图1-2是常见理想电路元件的符号。

用理想元件构成的电路称为电路模型。手电筒的电路模型如图1-3所示。图中U_S是直流电压源,表示干电池(其内阻忽略),S表示开关,R是电阻元件,表示小灯泡。

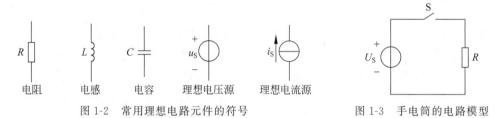

图1-2 常用理想电路元件的符号　　　　图1-3 手电筒的电路模型

1.2 电路的基本物理量

分析电路时,研究的电路的基本物理量有电流、电压和电功率。

学习目标
(1) 理解电流的概念和参考方向。
(2) 掌握电压和电位的概念及有关计算。
(3) 掌握电功率的概念及有关计算。

1.2.1 电流

视频讲解

电荷的定向移动形成电流。习惯上规定正电荷的移动方向为电流的实际方向。表征电流强弱的物理量称作电流强度,简称电流。电流用符号i表示,定义为单位时间内通过导体横截面的电荷量。

$$i = \frac{dq}{dt} \tag{1-1}$$

国际单位(SI)制中,电荷量q的单位是库[仑](C),时间t的单位是秒(S),电流i的为安[培](A)。常用电流单位还有毫安(mA)、微安(μA),$1mA=10^{-3}V$,$1\mu A=10^{-6}A$。

电流是电路中既有大小又有方向的基本物理量,电路中电流主要分为两类:一类是大小和方向均不随时间变化的电流,为恒定电流,简称直流(简写DC),用大写字母I表示。另一类是大小和方向均随时间变化的电流,为变化电流,用小写字母i或$i(t)$表示。其中,一个周期内电流的平均值为零的变化电流称为交变电流,简称交流(简写AC),也用i表示。几种常见电流的波形如图1-4所示,图1-4(a)为直流,图1-4(b)、(c)为交流。

在分析电路时,简单电路中电流的实际方向较易判定,但是在复杂电路中各处电流的实际方向很难判定,或电流的实际方向在不断地变化,为了解决这一问题引入了"参考方向"的

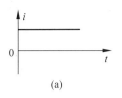 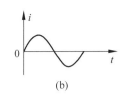 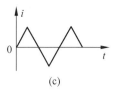

图 1-4　几种常见电流的波形

概念。

参考方向是假定的正电荷移动的方向,可以任意设定。在分析和计算电路前,首先设定电路中各个电流的参考方向,并在电路图上用实线箭头标出,如图 1-5 所示。在表述中也可用电流符号加双下标来表示,如 i_{ab} 表示电流从 a 流向 b,并有 $i_{ab}=-i_{ba}$。

注意:图中实线箭头和电流符号缺一不可。

电流参考方向与实际方向的关系,如图 1-6 所示。若电流的计算结果(或已知)为正值,即 $i>0$,则表示电流的实际方向与参考方向一致;若电流为负值,即 $i<0$,则表示实际方向和参考方向相反。这样,就可以在选定的参考方向下,根据电流的正负来确定某一时刻电流的实际方向。注意没有设定参考方向的电流正、负是没有意义的。

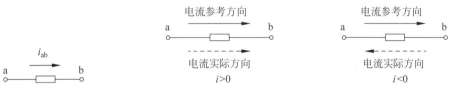

图 1-5　电流参考方向的标注方法　　　图 1-6　电流参考方向与实际方向的关系

1.2.2　电压和电位

1. 电压

电压是电路中既有大小又有方向(极性)的基本物理量。直流电压用大写字母 U 表示,交流电压用小写字母 u 表示。

电压是衡量电场力做功能力的物理量,定义为电场力将单位正电荷从 a 点移动到 b 点所做的功。

$$u_{ab}=\frac{dW_{ab}}{dq} \tag{1-2}$$

电压的国际单位(SI)为伏特(V),简称为伏,常用单位还有千伏(kV)、毫伏(mV),1kV=10^3 V,1mV=10^{-3} V。

2. 电位

在分析和计算电路时,尤其是在电子电路中,在电路中任选一点为参考点(即零电位点),某点 a 到参考点 0 的电压,称为该点的电位,用字母 V 表示,国际单位为伏(V)。如 a 点的电位记作 V_a。当选择 0 点为电位参考点时,则

$$V_a=U_{a0} \tag{1-3}$$

参考点可以任意选择。工程上常选大地作为参考点,电子线路中常选电源、信号输入和输出的公共端为参考点。但参考点一经选定,各点的电位为定值,参考点不同,同一点的电

位不同。电子电路有个习惯画法，即电源不再用符号标示，而是改为用电位极性和数值来标示。例如，图 1-7(a)可以改画为图 1-7(b)的形式。

(a)　　　　(b)

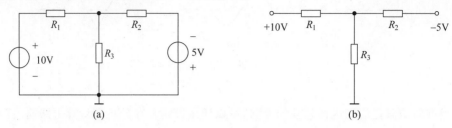

图 1-7　电子线路的习惯画法

3. 电压与电位的关系

两点之间的电位差称为电压。电压是针对电路中某两点而言的，与参考点的选择无关。

$$U_{ab}=V_a-V_b \tag{1-4}$$

电压的实际方向是由高电位点指向低电位点。在分析电路时，电压和电流一样需要规定参考方向，在元件或电路两端用"＋"和"－"表示参考极性，"＋"表示参考高电位端（正极），"－"表示参考低电位端（负极）。其标注方法如图 1-8 所示，在表述中也可用电压符号加双下标来表示，如 U_{ab}，表示电位 a 点高 b 点低，并有 $U_{ab}=-U_{ba}$。

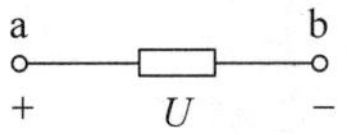

图 1-8　电压标注方法

电压参考方向选定后，才能对电路进行分析计算。当 $u>0$ 时，该电压的实际极性与所标的参考极性相同；当 $u<0$ 时，该电压的实际极性与所标的参考极性相反，如图 1-9 所示。注意电压的实际方向是客观的，不会因参考方向的不同而变化。

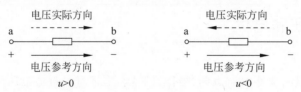

图 1-9　电压实际方向与参考方向的关系

【例 1-1】　在图 1-8 所示电路中，$u_{ab}=2V$，则电压的实际极性为____高____低；$u_{ab}=-2V$，则电压的实际极性为____高 ____低。

解：$u_{ab}=2V>0$，则电压的实际极性为 a 高 b 低；

$u_{ab}=-2V<0$，则电压的实际极性为 b 高 a 低。

注意：对电路分析时应先指定各处电压的参考方向，否则无意义。

电流的参考方向和电压的参考方向的选定是独立无关的。当电流参考方向与电压参考方向一致时，称为关联参考方向；当电流参考方向与电压参考方向不一致时，称为非关联参考方向，如图 1-10 所示，图 1-10(a)中 $U=IR$，图 1-10(b)中 $U=-IR$。

(a) 关联参考方向　　(b) 非关联参考方向

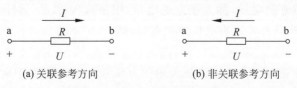

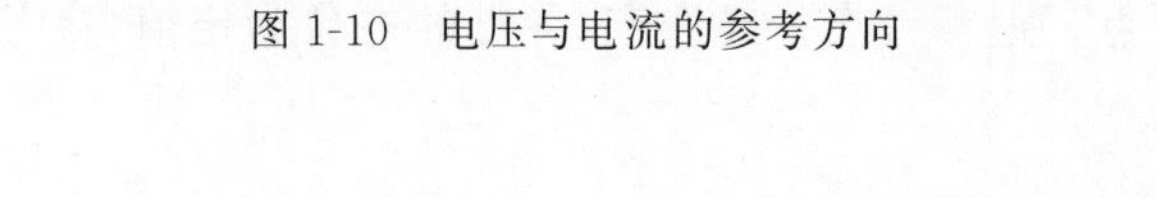

图 1-10　电压与电流的参考方向

分析和计算电路时应注意：
① 电路中标出的方向一律指参考方向。
② 电流与电压的参考方向可任意假定。但一经选定,分析过程中不应改变。
③ 参考方向不同时其表达式符号也不同,但实际方向不变。

两点间电压如图 1-11 所示。在图 1-11 的电路中，
$U_{ac}=V_a-V_c=V_a-V_b+V_b-V_c=U_{ab}+U_{bc}$。

图 1-11 两点间电压

一个重要的结论：两点间电压等于两点之间路径上全部电压的代数和。

【例 1-2】 求图 1-12 所示电路中的电压 U_{ab}。

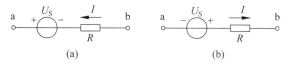

图 1-12 例 1-2 图

解：(a) $U_{ab}=U_S-IR$。
(b) $U_{ab}=-U_S+IR$。

1.2.3 电功率

视频讲解

电功率是电场力在单位时间内所做的功。它是具有大小和正负值的物理量,电功率简称功率,用 p 表示。

$$p=\frac{dW}{dt} \tag{1-5}$$

功率的国际单位(SI)是瓦[特](W)。常用单位还有千瓦(kW)、毫瓦(mW)等。

对式(1-5)推导得

$$p=\frac{dW}{dt}=\frac{dW}{dq}\times\frac{dq}{dt}=ui \tag{1-6}$$

由分析可知,电路的功率等于元件两端电压与通过该元件的电流的乘积。在直流电路中功率 $P=UI$。

由于分析和计算电路时电压和电流均是在假设参考方向的情况下,当某元件的电压和电流为关联参考方向时,元件上的功率为 $p=ui$ 或 $P=UI$（直流）；当电压和电流为非关联参考方向时,元件上的功率为 $p=-ui$ 或 $P=-UI$（直流）。若计算出的结果为 $p>0$,表示元件吸收或消耗功率；若 $p>0$,表示元件发出或供给功率。功率的正、负号表示能量的流向。

【例 1-3】 在图 1-13 所示电路中,试求图中元件的功率,并判断该元件是吸收功率还是发出功率。

图 1-13 例 1-3 图

解：因图 1-13(a)中电流和电压的参考方向为关联参考方向，故
$$P = UI = (-8) \times 3 = -24\text{W}$$
该元件发出功率为 24W。

因图 1-13(b)中电流和电压的参考方向为非关联参考方向，故
$$P = -UI = -8 \times (-3) = 24\text{W}$$
该元件吸收功率为 24W。

1.3 电路的基本元件

组成纷繁多样的电路的基本元件与电器设备也多种多样，但除了电源，组成电路的最基本元件有电阻元件、电感元件和电容元件。

学习目标

(1) 熟练掌握电阻元件的概念、伏安关系和功率的计算。
(2) 熟悉电感元件的概念及其伏安关系。
(3) 熟悉电容元件的概念及其伏安关系。

1.3.1 电阻元件

1. 电阻和电阻元件

电荷在电场力作用下做定向运动时，通常要受到阻碍作用，克服电场力做功，此时对应的能量转换是电能转换为热能。物体对电流的这种阻碍作用称为该物体的电阻，用符号 R 表示。电阻的单位是欧姆(Ω)，简称为欧。工程上常用还有千欧($k\Omega$)、兆欧($M\Omega$)等。

电阻元件是对电流呈现阻碍作用的耗能元件的总称，如电阻器、白炽灯、电热器等，电阻元件是这些因发热而消耗电能的电器设备的电路模型。

在一定温度条件下，匀质导体的电阻值与导体的长度成正比，与导体的横截面积成反比，与导体的材料性质有关，即

$$R = \rho \frac{L}{A} \tag{1-7}$$

式(1-7)中 R 是导体的电阻，单位是欧[姆](Ω)；ρ 是导体的电阻率，单位是欧[姆]·米($\Omega \cdot m$)；L 是导体的长度，单位是米(m)；A 是导体的横截面积，单位是平方米(m^2)。

导体的电阻还受温度的影响，一般金属的导体随温度的升高而增大，某些热敏电阻的电阻随温度的升高而减小，康铜、锰铜等合金的电阻随温度的变化极小。

表征导电能力的参数还有一个，就是电阻的倒数，称作电导，用 G 来表示，即

$$G = \frac{1}{R} \tag{1-8}$$

国际单位制中，电导的单位是西[门子](S)。电导值越大，电阻值越小，阻碍作用越大。

2. 电阻元件的伏安关系

电路元件两端电压与通过的电流的关系称为伏安关系。电阻元件的伏安关系可以用欧姆定律来描述。

电压与电流为关联参考方向时,如图1-14(a)所示,欧姆定律表示为

$$u = iR$$

或

$$i = \frac{u}{R} \quad R = \frac{u}{i} \qquad (1-9)$$

电压与电流为非关联参考方向时,如图1-14(b)所示,欧姆定律表示为

$$u = -iR$$

或

$$i = -\frac{u}{R} \quad R = -\frac{u}{i} \qquad (1-10)$$

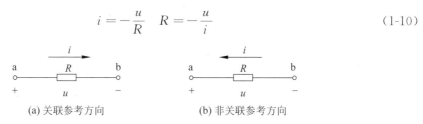

图 1-14 电阻元件的参考方向

如果电阻元件的电阻值是常数,则为线性电阻,欧姆定律的图形表示——伏安特性曲线是一条通过坐标原点的直线,如图1-15(a)所示。若电阻值不是常数,称为非线性电阻元件,其伏安特性曲线是一条曲线,如图1-15(b)所示曲线是二极管的伏安特性。

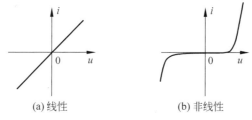

图 1-15 电阻元件的伏安特性曲线

本书若未加说明,所有电阻元件均为线性电阻元件。为了方便,常将线性电阻元件简称为电阻。

对于接在电路 a、b 两点间的电阻 R 而言,若 $R=0$(或 $G\to\infty$),称 a、b 两点短路,若此时电流为有限值,则电压恒为零;若 $R\to\infty$(或 $G=0$)时,称 a、b 两点间开路,若此时电压为有限值,则电流恒为零。

3. 电阻的功率

若 u、i 为关联参考方向,则电阻 R 上消耗的功率为 $p=ui=i^2R$;若 u、i 为非关联参考方向,则电阻 R 的功率为 $p=-ui=i^2R$。由此可见,无论是关联参考方向还是非关联参考方向下,电阻功率均为 $p=i^2R>0$,说明电阻是耗能元件。

1.3.2 电感元件

1. 电感和电感元件

电子电路及电子设备(如变压器、日光灯镇流器、开关电源等)中都有导线绕制的线圈,

这些由导线绕制的线圈称为电感器。若只考虑电感线圈的磁场效应而忽略电阻的热效应，此时电感器可视为理想电感元件，简称电感元件。可见，电感元件是实际电感器的理想电路模型，用符号 L 表示，如图 1-16 所示。

当线圈通过电流 i 时，在线圈内部及其周围就有磁通 Φ。对于 N 匝均匀紧密绕制的线圈的总磁通 $N\Phi$，称为磁链 Ψ，如图 1-17 所示。线圈的磁链 Ψ 与通过的电流 i 的比值，称为线圈的自感系数或电感系数 L，简称自感或电感，即

$$L = \frac{\Psi}{i} \tag{1-11}$$

式(1-11)中磁链的国际单位(SI)为韦[伯](Wb)，电流的单位是安[培](A)，电感 L 的单位为亨[利](H)，常用电感单位还有毫亨(mH)、微亨(μH)。

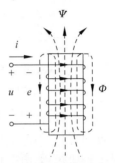

图 1-16　电感元件的符号　　　图 1-17　线圈的磁链

线圈的电感系数是与通过的电流没有关系的，它是由线圈的匝数、尺寸以及附近介质的导磁性能等决定的。匝数越多，电感 L 越大；线圈截面积越大，电感 L 越大。电感的作用是把电能转换为磁场能。

2. 电感元件的伏安关系

由电磁感应定律可知，线圈中的电流 i 发生变化时，磁通 Φ、磁链 Ψ 也随着变化，变化的磁链在线圈两端产生感应电动势 e，即

$$e = \frac{d\Psi}{dt} \tag{1-12}$$

若电感两端电压 u 与电流 i 为关联参考方向时，如图 1-17 所示，$u = -e$，则电感的伏安关系为

$$u = \frac{d\Psi}{dt} = L\frac{di}{dt} \tag{1-13}$$

电感两端的电压与通过的电流变化率成正比，电感电流变化率越快，电压越高。对于直流电路来说，电流 i 为常数，$u = L\frac{di}{dt} = 0$，即电感元件在直流电路中相当于短路。电感具有通直阻交的特性。

1.3.3　电容元件

1. 电容和电容元件

电容器的典型结构是由两块用绝缘材料(电介质)隔开的金属板组成，这种结构称为

平行板电容器。在忽略介质及漏电损耗时,电容器可视为理想电容元件,简称电容元件(也称电容)。可见,电容元件是实际电容器的理想电路模型,用符号 C 表示,如图 1-18 所示。

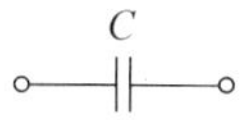

在外加电压 u 时,电容两极板分别聚集等量的正、负电荷 q。极板电荷 q 和外加电压 u 的比值,称为电容器的电容 C,即

$$C = \frac{q}{u} \tag{1-14}$$

图 1-18 电容元件的符号

式(1-14)中电压的国际单位为伏(V),电荷的单位为库[仑](C),电容的国际单位为法[拉](F),法(F)是个很大的单位,实际应用中常用微法(μC)和皮法(pC)。电容是描述电容器容纳电荷量的物理量。

电容的大小和两端电压 u 无关,仅与电容器的两极板相互覆盖面积 A、两极板间距 d 和板间介质介电常数 ε 有关,平行板电容器的电容为

$$C = \frac{\varepsilon A}{d} \tag{1-15}$$

式(1-15)中电容 C 的国际单位为法(F),两板相互覆盖面积 A 的单位为平方米(m^2),两板间距的单位为米(m),介电常数 ε 的单位为法/米(F/m)。

电容与两板相互覆盖面积成正比,面积越大电容越大,与两板间距成反比,板间间距越小电容越大。电容的作用是把电能转换为电场能。

2. 电容元件的伏安关系

当电容两端电压随时间变化时,极板所带电荷也随着变化。根据电流的定义 $i = \frac{dq}{dt}$ 可知,当电容极板所带电荷发生变化时,则出现电荷的流动,即形成电流。在电容两端的电压 u 与通过的电流 i 为关联参考方向时,如图 1-19 所示,电容的伏安关系为

$$i = \frac{dq}{dt} = C\frac{du}{dt} \tag{1-16}$$

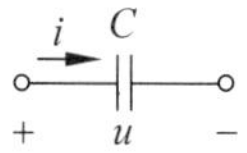

图 1-19 电容元件

电容的电流与其两端电压的变化率成正比,电流的变化越快电容两端电压越高,反之亦然。对于直流电路来说,电压 u 为常数,$i = L\frac{du}{dt} = 0$,即电容元件在直流电路中相当于开路。电容具有隔直通交的特性。

1.4 电源元件

电源是电路中提供电能的设备,常用电源有各类电池、各类发电机、光电池和各种信号发生器等。按照是否能独立向外电路提供电能来分,有两种电源:一种是能独立向外提供电能的电源,称为独立电源;另一种是不能独立向外提供电能的电源,称为非独立电源,又称受控源。电源的共性是都会输出一定的电压和电流,即输出一定的功率。

学习目标

(1)熟悉理想电压源和理想电流源的模型及各自的特点。

(2) 熟悉实际电压源与实际电流源的模型与端口的伏安关系。

(3) 掌握电路等效互换的概念及电路等效互换的应用。

(4) 了解受控源的概念与类型。

1.4.1 独立电源

1. 理想电源的电路模型

实际电源内部总会存在内阻，在电路中电源的内阻总会消耗掉部分电能，从而降低电源的输出功率。若电源内部损耗很小，近似可以忽略，则可视为理想电源。

1) 电压源

正常供电条件下，无论外部电路如何变化，端电压基本保持定值或与时间有确定的函数关系的电源称为独立电压源，如干电池、蓄电池、锂电池、发电机等电源都是电压源。分析电路时，若独立电压源的内阻可以忽略，则可以视为理想独立电压源，简称理想电压源。

理想电压源的符号如图 1-20 所示。电源的输出电压与输出电流的关系，称为电源的外特性。当电压源输出电压为常数时，则为直流理想电压源，符号如图 1-20(a)所示，电压源外特性如图 1-21(a)所示；当电压源输出电压随时间周期性变化时，则为交流理想电压源，符号如图 1-20(b)所示，对应外特性如图 1-21(b)所示。

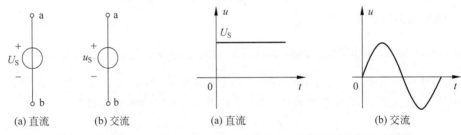

图 1-20　理想电压源的符号　　　　图 1-21　理想电压源的外部特性

理想电压源的特点如下：

① 端电压由电源本身决定，与流过的电流无关。

② 通过电压源的电流取决于它所连接的外电路，电流的大小和方向由外电路决定。

2) 电流源

正常供电条件下，无论外部电路如何变化，通过的电流基本保持定值或与时间有确定的函数关系的电源称为独立电流源，常见的电流源有一定光照度条件下的光电池。分析电路时，若独立电流源的内阻相对外电路的阻抗很大，则可以视为理想独立电流源，简称理想电流源。

理想电流源的符号如图 1-22 所示。当电流源输出电流为常数时，则为直流理想电流源，符号如图 1-22(a)所示，其外特性如图 1-23(a)所示；当电流源输出电流随时间周期变化时，则为交流理想电流源，符号如图 1-22(b)所示，其外特性如图 1-23(b)所示。

理想电流源的特点如下：

① 电流源输出电流由电源本身决定，与它两端的电压无关。

② 电流源两端的电压取决于它所连接的外电路，电压大小和极性由外电路决定。

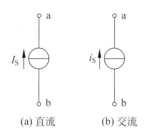
(a) 直流　　(b) 交流

图 1-22　理想电流源的符号

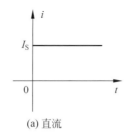
(a) 直流

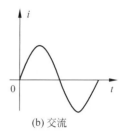
(b) 交流

图 1-23　理想电流源的外部特性

【**例 1-4**】　在图 1-24 所示电路中,求电源的功率,并判断该电源是发出功率还是吸收功率。

解：由图 1-24 可知 $U_S=U=5\text{V}$，$I_S=I=1\text{A}$。

电压源两端电压和其通过的电流为关联参考方向时,电压源的功率为 $P_U=UI=5\times2=10\text{W}$，$P_U>0$，所以电压源吸收功率。

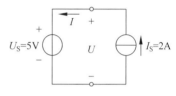

图 1-24　例 1-4 图

电流源的电流和其端电压为非关联参考方向时,电流源的功率为 $P_I=-UI=-5\times2=-10\text{W}$，$P_U<0$，所以电流源发出功率。

根据能量守恒定理,在完整电路中功率平衡,即部分元件发出的总功率等于其他部分元件吸收功率之和。

注意：电源功率也可能为负,譬如充电过程中电源的功率为负值。

2．实际电源模型

在电路中实际电源的电压或电流常随着电源电流或电压的变化而变化。

1) 实际电压源

实际电压源(如干电池、蓄电池等)由于其内阻不等于零,其输出电压的大小随着电流的增大而降低。实际电压源的模型可以用一个理想电压源 U_S 和一个电阻 R_0 的串联来表示,如图 1-25(a)所示。实际输出电压为 $U=U_S-IR_0$。实际电压源的端电压 U（即输出电压）和通过的电流 I 有关,其伏安特性曲线如图 1-25(b)所示,由此可知,电流 I 越大,输出电压 U 越低。

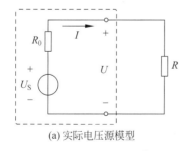
(a) 实际电压源模型

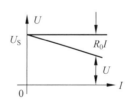
(b) 实际电压源的伏安特性曲线

图 1-25　实际电压源的模型及其外部特性

2) 实际电流源

以光电池为例的实际电流源,被光激发产生的电流总有一部分在其内部流动,而不能全部输出,电流源的端电压也随着输出电流的变化而变化。实际电流源可以用一个理想电流

源 I_S 和一个内阻 R_S 的并联模型来表示,如图 1-26(a)所示。实际输出电流为 $I=I_S-\dfrac{U}{R_S}$,实际电流源的端电压 U(即输出电压)和通过的电流 I 有关,其伏安特性曲线如图 1-26(b)所示,由此可知,端电压 U 越大,内阻分电流越大,输出电流就越小。

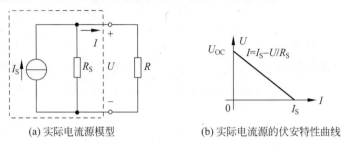

(a) 实际电流源模型　　　　　(b) 实际电流源的伏安特性曲线

图 1-26　实际电流源的模型及其外部特性

3. 二端电路(网络)和等效的概念

在介绍等效互换之前,先介绍二端电路(网络)和等效的概念。

1) 二端电路(网络)

电路元器件内部往往非常复杂,所以又把连接复杂的电路称为电路网络。只有两个端钮与其他电路相连的电路(网络),称为二端电路(网络),又称为单口网络,如图 1-27(a)所示。根据二端电路(网络)中是否含有电源又分为有源二端电路(网络)和无源二端电路(网络)。不含电源的二端电路(网络)称为无源二端电路(网络),如图 1-27(b)所示。含电源的二端电路(网络)称为有源二端电路(网络),如图 1-27(c)所示。

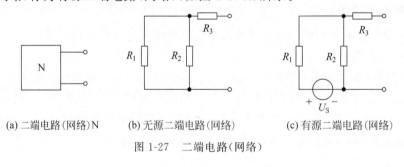

(a) 二端电路(网络)N　　　(b) 无源二端电路(网络)　　　(c) 有源二端电路(网络)

图 1-27　二端电路(网络)

2) 等效

若两个二端电路(网络)端口电压和端口电流的伏安关系相同,则称这两个二端电路(网络)等效。如图 1-28 所示二端电路,图 1-28(a)所示二端电路的端电压为 $U=U_1-U_2-IR_1$,图 1-28(b)所示二端电路的端电压为 $U=U_3-IR_2$。如果 $U_1-U_2=U_3$,且 $R_1=R_2$,

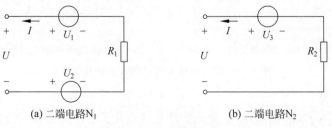

(a) 二端电路N_1　　　　　　(b) 二端电路N_2

图 1-28　二端电路

则二端电路(网络)N_1和二端电路(网络)N_2是等效的,即二者可以等效互换。注意等效是对外电路等效,其内部是不等效的。

4. 电源的等效互换

在分析外电路时,利用等效互换可以简化电路。

1) 理想电压源串联时的等效互换

下面介绍若干理想电压源串联时的等效互换。例如,图 1-29(a)所示二端电路可以与图 1-29(b)所示二端电路等效互换;图 1-30(a)所示二端电路可以与图 1-30(b)所示二端电路等效互换。

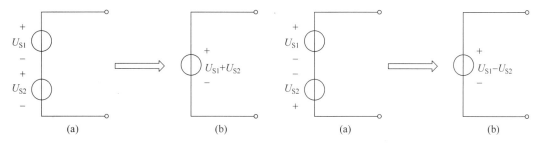

图 1-29 理想电压源同向串联时的等效互换　　图 1-30 理想电压源反向串联时的等效互换

2) 理想电流源并联时的等效互换

下面介绍若干理想电流源并联时的等效互换。例如,图 1-31(a)所示二端电路可以与图 1-31(b)所示二端电路等效互换;图 1-32(a)所示二端电路可以与图 1-32(b)所示二端电路等效互换。

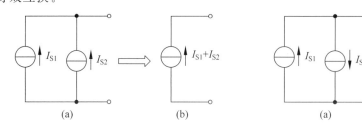

图 1-31 理想电流源同向并联时的等效互换　　图 1-32 理想电流源反向并联时的等效互换

3) 任意电路元件与理想电源的连接的等效互换

理想电压源与任意元件并联的二端电路对外供电时,都可以用一个理想电压源来等效互换,如图 1-33(a)和图 1-33(b)所示的二端电路可用图 1-33(c)所示电路等效互换。

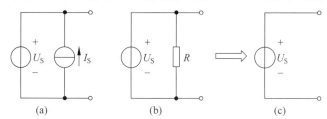

图 1-33 与理想电压源并联的二端电路的等效变换

理想电流源与任意元件串联的二端电路对外供电时,都可以用一个理想电流源来等效互换,如图 1-34(a)所示的二端电路可用图 1-34(b)所示电路来等效互换。

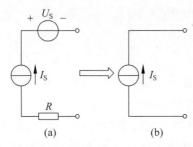

图 1-34 与理想电流源串联的二端电路的等效变换

【例 1-5】 求图 1-35(a)所示电路的最简等效电路。

解：根据电源的串、并联等效概念，图 1-35(a)简化顺序为图 1-35(b)至图 1-35(c)。

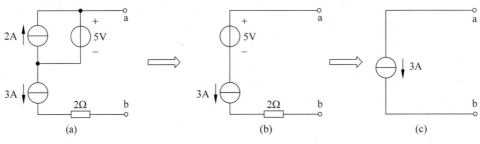

图 1-35 例 1-5 图

4）两种实际电源模型的等效变换

在表 1-1 中，根据等效的概念可知，若 $U_S = I_S R_S$ 且 $R_0 = R_S$，则实际电压源和实际电流源可以等效变换。

表 1-1 两种实际电源

电源类型	实际电压源	实际电流源
电源模型		
伏安关系	$U = U_S - IR_0$	$U = I_S R_S - IR_S$
伏安特性曲线		

等效变换时，注意以下 4 点。

① 两种电源等效是对外电路等效，对内电路不等效。

② 要保证实际电源等效前后电源的方向一致。

③ 理想电压源和理想电流源之间不能等效变换。

④ 两种电源的等效变换可使复杂电路计算简化。

【例 1-6】 图 1-36(a)所示电路中,已知 $I_S=4A$,$R_S=3\Omega$,求其等效电压源模型。

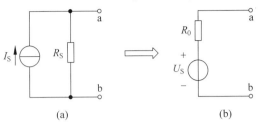

图 1-36 例 1-6 图

解:图 1-36(a)所示电路等效变化成等效电压源模型如图 1-36(b)所示,其中
$$U_S=I_SR_S=4\times 3=12V \quad R_S=R_0=3\Omega$$

【例 1-7】 图 1-37(a)所示电路中,已知 $U_S=6V$,$I_S=2A$,$R_S=12\Omega$,试等效化简该电路。

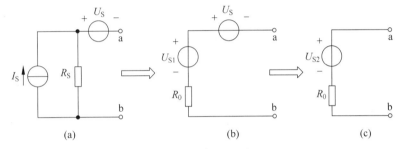

图 1-37 例 1-7 图

解:图 1-37(a)所示电流源 I_S 和 R_S 并联等效变换为 U_{S1} 和 R_0 串联,如图 1-37(b)所示,其中 $U_{S1}=I_SR_S=2\times 12=24V$,$R_0=R_S=12\Omega$。

在图 1-37(b)中,将电压源 U_S 和电压源 U_{S1} 的串联等效为电压源 U_{S2},变换电路如图 1-37(c)所示,其中 $U_{S2}=U_{S1}-U_S=24-6=18V$,$R_0=12\Omega$。

1.4.2 受控源的模型

在电路中除了独立电源,在分析电路时还会遇到一类非独立的电源,它们的电压或电流受电路中某个支路的电压(或电流)的控制,称为受控源。如晶体三极管在放大状态基本上是一个电流控制元件,场效应管在放大状态基本上是一个电压控制元件,根据控制量是电压还是电流,结合受控的是电压源和受控电流,受控电源共分 4 种:电压控制电压源(VCVS)、电压控制电流源(VCCS)、电流控制电压源(CCVS)和电流控制电流源(CCCS)。受控源的符号如图 1-38 所示,其中 μ、γ、g、β 为相关控制系数。

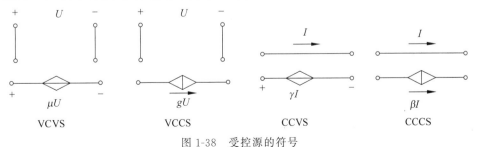

图 1-38 受控源的符号

1.5 电路的连接

在复杂电路中电阻的连接多种多样,其中常用的有串联、并联和串并的混联。

学习目标

(1) 熟悉电阻串联与并联的特点。
(2) 掌握电阻串联分压和并联分流规律。
(3) 熟练识别混联电路中电阻的连接方式。

1.5.1 电阻的串联与分压

在电路中,若干电阻首尾依次连接的方式(如图 1-39(a)所示)称为电阻的串联。

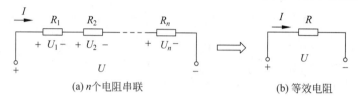

(a) n 个电阻串联 　　　　　(b) 等效电阻

图 1-39 电阻的串联

1. 串联电路的特点

(1) 串联电路中流过各电阻的电流相同,即

$$I = I_1 = I_2 = \cdots = I_n \tag{1-17}$$

(2) 串联电路的端电压等于各电阻两端电压之和,即

$$U = U_1 + U_2 + \cdots + U_n \tag{1-18}$$

(3) 串联电路的等效电阻 R(如图 1-39(b)所示)等于各串联电阻之和,即

$$R = R_1 + R_2 + \cdots + R_n \tag{1-19}$$

(4) 串联电路的总功率等于各串联电阻功率之和,即

$$P = P_1 + P_2 + \cdots + P_n \tag{1-20}$$

2. 串联电路中功率与电阻的关系

在串联电路中,每个电阻的功率与电阻的关系为

$$P_1 : P_2 : \cdots : P_n = I^2 R_1 : I^2 R_2 : \cdots : I^2 R_n = R_1 : R_2 : \cdots : R_n \tag{1-21}$$

式(1-21)表明,电阻串联时,各电阻的功率与其电阻值成正比。

3. 串联电阻的分压作用

当负载的额定电压低于电源电压与扩大电压表的量程时,可以通过串联电阻分去一部电压,达到负载的额定工作电压与扩大电压表量程的目的。

在串联电路时,每个电阻的电压与电阻的关系为

$$U_1 : U_2 : \cdots : U_n = IR_1 : IR_2 : \cdots : IR_n = R_1 : R_2 : \cdots : R_n \tag{1-22}$$

式(1-22)表明,电阻串联时,各电阻所分配的电压与其电阻值成正比。

当只有两个电阻串联时,两个电阻的分压 U_1 和 U_2 分别为

$$U_1 = \frac{R_1}{R_1+R_2}U, \quad U_2 = \frac{R_2}{R_1+R_2}U$$

1.5.2 电阻的并联与分流

若干电阻首尾分别相连,各电阻处于同一电压下的连接方式称为并联,如图 1-40 所示。

1. 并联电路的特点

(1) 并联电路中各支路的端电压相同,即

$$U = U_1 = U_2 = \cdots = U_n \quad (1\text{-}23)$$

(2) 并联电路的端电流等于各电阻通过的电流之和,即

$$I = I_1 + I_2 + \cdots + I_n \quad (1\text{-}24)$$

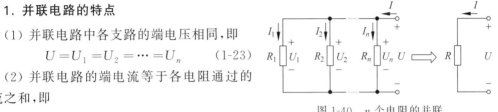

图 1-40　n 个电阻的并联

(3) 并联电路的等效电阻 R 的倒数等于各并联电阻的倒数之和,即

$$\frac{1}{R} = \frac{1}{R_1} + \frac{1}{R_2} + \cdots + \frac{1}{R_n} \quad (1\text{-}25)$$

(4) 并联电路的总功率等于各并联电阻功率之和,即

$$P = P_1 + P_2 + \cdots + P_n \quad (1\text{-}26)$$

2. 并联电路中功率与电阻的关系

在并联电路中,每个电阻的功率与电阻的关系为

$$P_1 : P_2 : \cdots : P_n = \frac{U^2}{R_1} : \frac{U^2}{R_2} : \cdots : \frac{U^2}{R_n} = \frac{1}{R_1} : \frac{1}{R_2} : \cdots : \frac{1}{R_n} \quad (1\text{-}27)$$

式(1-27)表明,电阻并联时,各电阻的功率与其电阻值成反比。

3. 并联电阻的分流作用

在并联电路中,每个电阻的电压与电阻的关系为

$$U_1 : U_2 : \cdots : U_n = \frac{U}{R_1} : \frac{U}{R_2} : \cdots : \frac{U}{R_n} = \frac{1}{R_1} : \frac{1}{R_2} : \cdots : \frac{1}{R_n} \quad (1\text{-}28)$$

式(1-28)表明,电阻并联时,各电阻的电流与其电阻值成反比。

当只有两个电阻并联时,两个电阻的分流 I_1 和 I_2 分别为

$$I_1 = \frac{R_2}{R_1+R_2}I, \quad I_2 = \frac{R_1}{R_1+R_2}I$$

电阻的并联在实际工作中常见的应用有:用并联电阻获得较小的电阻;电工电子测量中,常应用电阻并联来扩大电流表的量程。

1.5.3 电阻的混联

实际应用的电路大多既包含串联电路又包含并联电路,既有电阻串联又有电阻并联的电路称为电阻的混联,如图 1-41(a)所示。对于混联电路,首先要理清各电阻的连接方式,即先要把电路整理和化简成容易看清的串联和并联关系,再根据串联与并联的有关公式计算。化简电路时,注意无阻导线可画为一个点,避免相互交叉。如图 1-41(a)所示电路的化简电路如图 1-41(b)所示,其等效电阻为 $R_{ab} = [R_2 + (R_3 + R_4)//R_5]//R_1$。

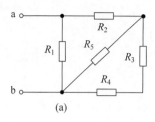
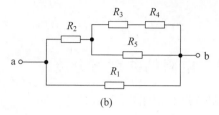

图 1-41　电阻的混联及其化简

1.6　基尔霍夫定律

在分析电路时,元件的伏安关系是对元件的约束关系。由若干基本元件按一定的连接方式连接起来组成的一个完整电路,遵循的结构约束关系是基尔霍夫定律,它是由德国科学家基尔霍夫于 1845 年提出的。基尔霍夫定律包含两方面的内容:一个是基尔霍夫电流定律,简写为 KCL 定律;另一个是基尔霍夫电压定律,简写为 KVL 定律。基尔霍夫定律是适用于线性电路和非线性电路的基本定律之一。

学习目标

(1) 熟悉有关的电路名词。

(2) 掌握基尔霍夫电流定律的内容及应用。

(3) 掌握基尔霍夫电压定律的内容及应用。

1.6.1　几个有关的电路名词

在介绍基尔霍夫定律之前,首先结合图 1-42 所示电路介绍几个有关的电路名词。

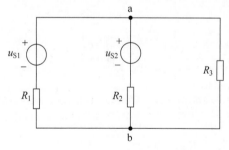

图 1-42　电路名词的定义用图

1. 支路

电路中具有两个端钮且通过同一电流的电路分支(至少含有一个元件),称为支路。如图 1-42 所示,u_{S1} 和 R_1 为一条支路,u_{S2} 和 R_2 为一条支路,R_3 为一条支路,即图 1-42 共有 3 条支路。

2. 节点

三条或三条以上支路的连接点称为节点。图 1-42 共有 a 点和 b 点两个节点。

3. 回路

电路中由若干支路组成的闭合路径称为回路。图 1-42 中 u_{S1}、R_1、u_{S2} 和 R_2 组成一条回路,u_{S2}、R_2 和 R_3 组成一条回路,u_{S1}、R_1 和 R_3 组成一条回路,共 3 条回路。

4. 网孔

内部不包含其他支路的回路称为网孔。图 1-42 中 u_{S1}、R_1、u_{S2} 和 R_2 组成的回路是一个网孔,u_{S2}、R_2 和 R_3 组成的回路是另一个网孔,共有两个网孔。注意:网孔一定是回路,回路不一定是网孔。

1.6.2 基尔霍夫电流定律

在任一时刻,流入任一节点的电流之和等于流出该节点的电流之和,称为基尔霍夫电流定律(Kirchhoff's Current Law,KCL)。基尔霍夫电流定律又叫作节点电流定律。其方程为

$$\sum i_{出} = \sum i_{入} \quad (1-29)$$

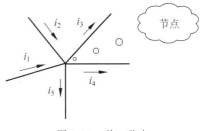

图 1-43 单一节点

如图 1-43 所示,$i_1+i_2=i_3+i_4+i_5$,则有 $i_1+i_2-i_3-i_4-i_5=0$。

若规定:流出电流为正,则流入为负。基尔霍夫电流定律又可表述为:任一时刻在电路的任一节点上所有支路电流的代数和为零。KCL 方程为

$$\sum i = 0 \quad (1-30)$$

KCL 是对支路电流的约束,是电荷守恒定律在电路中的体现。即在电路中到达任一节点的电荷既不可能增加也不可能减少,电流必须连续流动。

【例 1-8】 求图 1-44 所示电路中电流 i_1 和 i_2。

解:图 1-44 中,对于节点 a,根据 KCL,可得 $7+i_1=4$,则 $i_1=-3A$。
对于节点 b,根据 KCL,可得 $i_1+i_2=10+(-12)=-2$,则 $i_2=-2-(-3)=1A$。

基尔霍夫电流定律不仅适用于电路中的任一节点,也适用于电路中任一闭合曲面(广义节点),如图 1-45 所示。用假想闭合曲面把三端网络包围起来,根据 KCL 可知:$i_1+i_3=i_2$ 或者 $i_1+i_3+(-i_2)=0$。

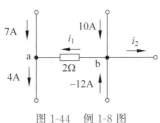

图 1-44 例 1-8 图

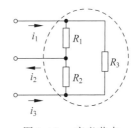

图 1-45 广义节点

基尔霍夫电流定律的推广可表述为:在任一时刻,流经任一闭合曲面的所有电流代数和恒等于零。

1.6.3 基尔霍夫电压定律

基尔霍夫电压定律(简称 KVL)可表述为:在任一时刻,沿任一回路各段电压的代数和恒等于零。KVL 方程为

$$\sum u = 0 \quad (1-31)$$

基尔霍夫电压定律对回路电压的约束,是能量守恒的体现。

应用 KVL 列方程时,首先要选定绕行方向。若电压参考方向与绕行方向一致,则该电压应为"+"号;若电压参考方向与绕行方向相反,则该电压应为"-"号,如图 1-46 所示。

若选顺时针绕行,根据 KVL 列的回路方程为

$$u_1 - u_2 - u_3 + u_4 = 0$$

KVL 不仅适用于闭合回路,也可以推广到任一未闭合的回路,但列方程时,必须将断开处的电压也列入方程。如图 1-47 所示电路中,由于 a、b 处开路,整个电路不构成闭合回路。如果加上开路电压 U_{ab},就可以形成一个"闭合"回路。当顺时针绕行时,KVL 方程为

$$U_1 - U_2 + U_3 - U_{ab} = 0$$

整理得 $U_{ab} = U_1 - U_2 + U_3$。

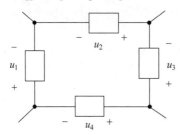

图 1-46　复杂电路中某一回路

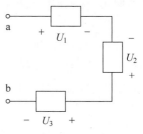

图 1-47　二端电路

根据这个结论,就可以很方便地求电路中任意两点间的电压。

【例 1-9】 求图 1-48 所示电路中电流 I 和电压 U_{ab}。

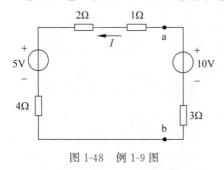

图 1-48　例 1-9 图

解:在图 1-48 所示电路中逆时针方向绕行,根据 KCL 可得方程

$$5 + 4I + 3I - 10 + I + 2I = 0$$

则

$$I = 0.5 \text{A}$$

由 KVL 推导可得

$$U_{ab} = 10 - 3 \times 0.5 = 8.5 \text{V}$$

或

$$U_{ab} = 1 \times 0.5 + 2 \times 0.5 + 5 + 4 \times 0.5 = 8.5 \text{V}$$

根据 KVL 可知:电路中任意两点间的电压等于两点间任一条路径经过的各元件电压的代数和。

1.7　电路的分析方法

实际的应用电路较为复杂,在应用基尔霍夫定律的基础上,分析电路的方法有支路电流法、节点电压法、叠加定理和戴维南定理等,本节主要学习分析电路的方法。

学习目标

(1) 熟悉支路电流法及解题方法。

(2) 熟悉节点电压法及其应用。

(3) 掌握电路的叠加性及叠加定理的应用。

(4) 掌握戴维南定理及其应用。

1.7.1 支路电流法

以支路电流为未知量,通过列节点的 KCL 方程和回路的 KVL 方程构成方程组,从而求得各支路电流,这种方法称为支路电流法。然后,根据各支路电流求解电路的电压、功率等参数。支路电流法是分析电路的基本方法。

支路电流法的解题步骤:
① 标出各支路电流的参考方向。
② 应用 KCL 列出节点方程,若电路中有 n 个节点,只能列出 $n-1$ 个独立的 KCL 方程,第 n 个方程非独立。
③ 应用 KVL 列出回路方程,b 条支路需要 b 个方程,应用 KCL 已经列出 $n-1$ 个方程,应用 KVL 列的方程个数为 $b-(n-1)$ 个,即网孔个数 m 个。
④ 联立求解得各支路电流。

【例 1-10】 试求如图 1-49 所示电路中各支路电流。

解:根据 KCL,得 $I_1+I_2=I_3$。

根据 KVL,得 $I_1-130+117-0.6I_2=0$,$0.6I_2-117+24I_3=0$。

解联立方程组,得 $I_1=10\text{A}$,$I_2=-5\text{A}$,$I_3=5\text{A}$。

【例 1-11】 图 1-50 所示电路中,试求各支路电流 I_1、I_2、I_3 的大小和电压源、电流源的功率,并确定该元件是吸收功率还是发出功率。

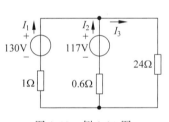

图 1-49 例 1-10 图

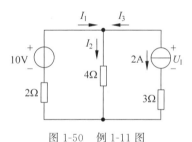

图 1-50 例 1-11 图

解:由图 1-50 可知 $I_3=-2\text{A}$。

根据 KCL,得 $I_1+I_3=I_2$。

根据 KVL,得 $4I_2+2I_1-10=0$。

解联立方程组,得 $I_1=3\text{A}$,$I_2=1\text{A}$,$I_3=-2\text{A}$。

电压源的功率为 $P_U=-10\times 3=-30\text{W}$,即电压源发出功率。

电流源的两端电压为 $U_1=1\times 4-2\times 3=-2\text{V}$。

电流源的功率为 $P_I=2\times(-2)=-4\text{W}$,即电流源发出功率。

1.7.2 节点电压法

支路电路法虽然是分析电路的基本方法,当遇到支路条数多的复杂电路时,应用支路电流法解题时较烦琐。若遇到节点少、支路条数多的复杂电路使用节点电压法会使解题简单化。

节点电压法是以电路中任一节点作为零电位的参考点(基准点),电路中其他 $n-1$ 个独立节点到参考点的电压称作节点电压。以节点电压为未知量,根据KCL列各节点的电流方程,解得各节点电压,进而求各支路电流。为了突出重点,下面不再推导,直接给出解题方法。

节点电压法的解题步骤如下。

(1) 选定参考点,以 $n-1$ 个独立节点的节点电压为电路变量。

(2) 对 $n-1$ 个节点,列 $n-1$ 个节点电压方程。

$$\begin{cases} G_{11}V_1 - G_{12}V_2 - G_{13}V_3 - \cdots - G_{1(n-1)}V_{n-1} = I_{S11} \\ -G_{21}V_1 + G_{22}V_2 - G_{23}V_3 - \cdots - G_{2(n-1)}V_{n-1} = I_{S22} \\ \vdots \\ -G_{(n-1)1}V_1 - G_{(n-1)2}V_2 - G_{(n-1)3}V_3 - \cdots + G_{(n-1)(n-1)}V_{n-1} = I_{S(n-1)(n-1)} \end{cases} \quad (1\text{-}32)$$

式(1-32)中:

① $G_{11}, G_{22}, \cdots, G_{(n-1)(n-1)}$ 分别称为节点 $1, 2, \cdots, n-1$ 的自电导,其数值等于各独立节点所连接的各支路电导之和,均取正值。

② G_{12}、G_{21} 称为节点 1、2 的互电导,G_{23}、G_{32} 称为节点 2、3 的互电导,其数值等于两节点间所连接的各支路电导之和,在式(1-32)中其数值均取负,其数值前均有负号。

③ $I_{S11}, I_{S22}, \cdots, I_{S(n-1)(n-1)}$ 分别称为流入节点 $1, 2, \cdots, (n-1)$ 的等效电流源的电流代数和。若是电压源和电阻串联的支路,则看作已变作等效电流源和电阻并联支路。流入节点电流取正号,流出电流取负号。

【例 1-12】 电路如图 1-51 所示,利用节点电压法试求各支路电流。

解:以节点 0 为参考节点,设节点 a、b 的电位分别为 V_a、V_b,节点电压方程为

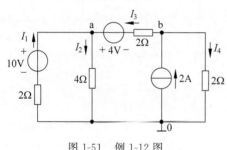

图 1-51 例 1-12 图

$$\left(\frac{1}{2} + \frac{1}{2} + \frac{1}{4}\right)V_a - \frac{1}{2}V_b = \frac{10}{2} + \frac{4}{2}$$

$$\left(\frac{1}{2} + \frac{1}{2}\right)V_b - \frac{1}{2}V_a = 2 - \frac{4}{2}$$

化简方程,得

$$5V_a - 2V_b = 28$$

$$2V_b - V_a = 0$$

解方程组,得 $V_a = 7\text{V}, V_b = 3.5\text{V}$。

由图 1-51 中各支路电流的参考方向,可计算得

$$I_1 = \frac{10 - V_a}{2} = \frac{10 - 7}{2} = 1.5\text{A}$$

$$I_2 = \frac{V_a}{4} = \frac{7}{4} = 1.75\text{A}$$

$$I_3 = \frac{4 - (V_a - V_b)}{2} = \frac{4 - (7 - 3.5)}{2} = 0.25\text{A}$$

$$I_4 = \frac{V_b}{2} = \frac{3.5}{2} = 1.75\text{A}$$

对于多条支路且只有两个节点的负载电路,节点电压法更为简便。

$$V_{\mathrm{a}} = \frac{I_{\mathrm{Saa}}}{G_{\mathrm{aa}}} \qquad (1-33)$$

式(1-33)称为弥尔曼定理，G_{aa} 为各支路电导之和，I_{Saa} 为流入独立节点 a 的电源电流之和。

【例 1-13】 用弥尔曼定理试求如图 1-52 所示电路中各支路电流。

解：选定图 1-52 所示电路中的参考节点，则 a 点电位 V_{a} 为

$$V_{\mathrm{a}} = \frac{I_{\mathrm{Saa}}}{G_{\mathrm{aa}}} = \frac{\dfrac{130}{1} + \dfrac{117}{0.6}}{\dfrac{1}{1} + \dfrac{1}{0.6} + \dfrac{1}{24}} = 120\mathrm{V}$$

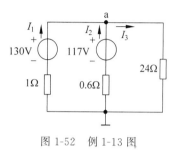

图 1-52　例 1-13 图

根据图中各支路电流参考方向，可得

$$I_1 = \frac{130 - V_{\mathrm{a}}}{1} = \frac{130 - 120}{1} = 10\mathrm{A}$$

$$I_2 = \frac{117 - V_{\mathrm{a}}}{0.6} = \frac{117 - 120}{0.6} = -5\mathrm{A}$$

$$I_3 = \frac{V_{\mathrm{a}}}{24} = \frac{120}{24} = 5\mathrm{A}$$

1.7.3　叠加定理

电路有线性电路和非线性电路之分，线性电路是由线性元件组成的电路，非线性电路是至少含有一个非线性元件的电路。叠加定理是分析线性电路基本性质的一个重要定理。

如图 1-53(a)所示电路中，根据弥尔曼定理可得

$$U = \frac{\dfrac{U_{\mathrm{S}}}{R_1} + I_{\mathrm{S}}}{\dfrac{1}{R_1} + \dfrac{1}{R_2}} = \frac{R_2}{R_1 + R_2} U_{\mathrm{S}} + \frac{R_1 R_2}{R_1 + R_2} I_{\mathrm{S}}$$

图 1-53　叠加定理应用电路

根据图 1-53 中参考方向可得

$$I_1 = \frac{U_{\mathrm{S}} - U}{R_1} = \frac{U_{\mathrm{S}}}{R_1 + R_2} - \frac{R_2 I_{\mathrm{S}}}{R_1 + R_2}$$

$$I_2 = \frac{U}{R_2} = \frac{U_S}{R_1+R_2} + \frac{R_1 I_S}{R_1+R_2}$$

图 1-53(b)所示电路中,只有电压源作用时,有

$$I_1' = I_2' = \frac{U_S}{R_1+R_2} \quad U' = \frac{R_2}{R_1+R_2} U_S$$

图 1-53(c)所示电路中,只有电流源作用时,有

$$I_1'' = \frac{-R_2 I_S}{R_1+R_2} \quad I_2'' = \frac{R_1 I_S}{R_1+R_2} \quad U'' = \frac{R_1 R_2}{R_1+R_2} I_S$$

由图 1-53(a)、图 1-53(b)、图 1-53(c)分析可知:

$$I_1 = I_1' + I_1'' \quad I_2 = I_2' + I_2'' \quad U = U' + U''$$

将上述结论推广到一般情况,则证明了线性电路的叠加性。

叠加定理表述为:在任一线性电路中,当有多个独立源共同作用时,任一支路电流或电压等于各个电源单独作用时,在该支路中产生的电流或电压的代数和(叠加)。

使用叠加定理时注意:

① 只适用于线性电路,不适用于非线性电路。
② 只适用于计算电流和电压,不适用计算功率。
③ 叠加时注意电压和电流的参考方向,以原电路中的方向为准。
④ 独立源单独作用时,其余独立源置零状态。若电压源视为短路,电流源视为开路,其他元件参数和连接方式不变。

【例 1-14】 运用叠加定理试求如图 1-54 所示电路中的电流和电压。

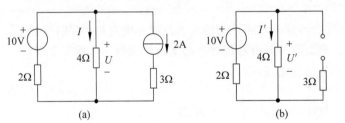

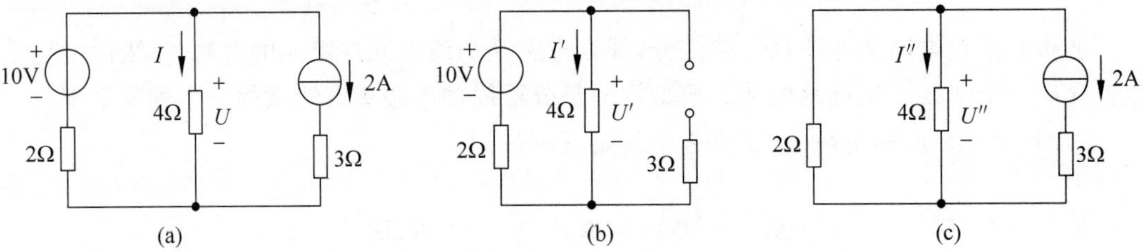

图 1-54 例 1-14 图

解:图 1-54(a)中电压源单独作用时,如图 1-54(b)所示。

$$I' = \frac{10}{2+4} = \frac{5}{3}\text{A} \quad U' = \frac{5}{3} \times 4 = \frac{20}{3}\text{V}$$

图 1-54(a)中电流源单独作用时,如图 1-54(c)所示。

$$I'' = -\frac{2 \times 2}{2+4} = -\frac{2}{3}\text{A} \quad U'' = -\frac{2}{3} \times 4 = -\frac{8}{3}\text{V}$$

图 1-54(a)中所有电源共同作用时,有

$$I = I' + I'' = \frac{5}{3} - \frac{2}{3} = 1\text{A} \quad U = U' + U'' = \frac{20}{3} - \frac{8}{3} = 4\text{V}$$

1.7.4 戴维南定理

运用支路电流法、节点电压法和叠加定理可以把所有支路电流和电路中任两点间的电

压求解出来。但有时只需计算电路中某一支路电流或端电压时,采用戴维南定理可以简化电路的分析计算。

1. 戴维南定理

戴维南定理的内容是:任何一个线性有源二端网络 N(如图 1-55(a)所示),对外部而言,总可用一个理想电压源 U_{OC} 和电阻 R_0 串联的电路模型来等效替代(如图 1-55(b)所示)。其中 U_{OC} 等于线性有源二端网络的开路电压,R_0 等于有源单口网络变成无源二端网络(电压源短路、电流源开路)的等效电阻。

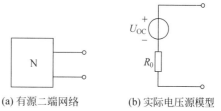

(a) 有源二端网络　　(b) 实际电压源模型

图 1-55　戴维南定理等效电路图解说明

【例 1-15】　试求如图 1-56 所示电路的戴维南等效电路。

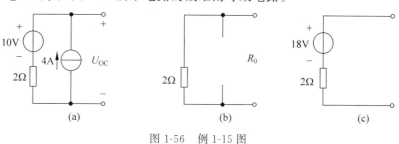

图 1-56　例 1-15 图

解: U_{OC} 电压参考方向如图 1-56(a)所示,则 $U_{OC}=10+2\times4=18\text{V}$。

有源二端网络中电源都不作用时电路如图 1-56(b)所示,则 $R_0=2\Omega$。

图 1-56(a)所示的戴维南等效电路如图 1-56(c)所示。

应用戴维宁定理解题步骤如下:

① 断开待求支路。

② 求有源单口网络开路电压 U_{OC}(求开路电压 U_{OC} 时,注意电压的参考方向)。

③ 计算等效电阻 R_0(求等效电阻 R_0 时,原二端网络转换成无源二端网络,即电压源短路,电流源开路)。

④ 画出戴维宁等效电路,接入待求支路求解电压或电流。

【例 1-16】　用戴维南定理求如图 1-57(a)所示电路中的电压 U。

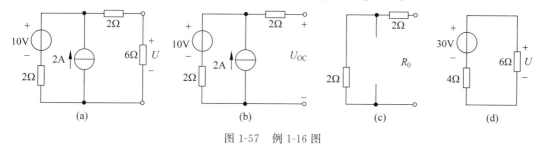

图 1-57　例 1-16 图

解:在图 1-57(a)所示电路中 6Ω 电阻两端断开电路,U_{OC} 参考方向如图 1-57(b)所示,则

$$U_{OC}=10+2\times2=14\text{V}$$

图 1-57(b)所示二端电路中所有电源都不作用时,电路如图 1-57(c)所示,则
$$R_0 = 2+2 = 4\Omega$$
图 1-57(a)所示原电路图的等效电路如图 1-57(d)所示,则
$$U = \frac{14}{4+6} \times 6 = 8.4\text{V}$$

2. 负载获得最大功率的条件

问题:负载电阻如何从电路获得最大功率?

由戴维南定理可知,任何一个二端网络可以等效成一个理想电压源和一个电阻的串联,如图 1-58 所示。

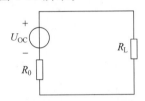

图 1-58 戴维南定理示意图

负载 R_L 获得功率为
$$P_L = \left(\frac{U_{OC}}{R_0 + R_L}\right)^2 R_L \qquad (1\text{-}34)$$

由式(1-34)可知,在电源给定的条件下,负载的功率与负载本身有关。当 $R_L = R_0$ 时,负载获得最大功率 $P_{L\max}$。

最大功率为 $P_{L\max} = \dfrac{U_{OC}^2}{4R_0}$。

当负载电阻和电源内阻相等时,负载获得的功率最大,称为功率匹配。但此时内阻消耗的功率和负载消耗的功率相等,电源的效率只有 50%。

在电信工程中,为了获得最大功率,常常需要功率匹配,但是对于电力系统这是要避免的,常常使 $R_0 \ll R_L$。

【例 1-17】 图 1-59 所示电路中,当负载 R_L 为何值时,其可获得最大功率?并求出最大功率。

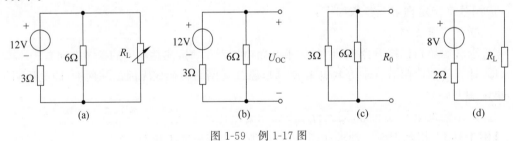

图 1-59 例 1-17 图

解:在图 1-59(a)所示电路中电阻 R_L 两端断开电路,U_{OC} 参考方向如图 1-59(b)所示,则有
$$U_{OC} = \frac{12}{3+6} \times 6 = 8\text{V}$$

图 1-59(b)所示二端电路中所有电源都不作用时,电路如图 1-59(c)所示,则有
$$R_0 = \frac{3 \times 6}{3+6} = 2\Omega$$

图 1-59(a)所示电路图的等效电路如图 1-59(d)所示,当 $R_L = R_0 = 2\Omega$ 时,R_L 获得功率最大。
$$P_{L\max} = \frac{U_{OC}^2}{4R_0} = \frac{8^2}{4 \times 2} = 8\text{W}$$

思考练习

一、填空题

1.1 在如图 1-60 所示电路中,以 b 点为电位参考点,$V_a = 8V$,$V_c = -5V$,则 $U_{ac} =$ _____,$U_{ab} =$ _____,若以 c 点为参考点,则 $V_a =$ _____,$V_b =$ _____。

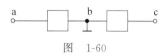

图 1-60

1.2 如图 1-61 所示二端电路,图 1-61(a)中 $I = 2A$,则 $U_{ab} =$ _____,图 1-61(b)中 $U_{ab} = 6V$,则 $I =$ _____,图 1-61(c)中 $I = 2A$,则 $U_{ab} =$ _____,图 1-61(d)中 $U_{ab} = -6V$,则 $I =$ _____。

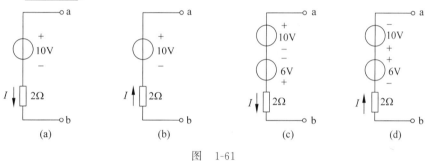

图 1-61

1.3 识别图 1-62 所示电路中各电阻连接方式,试计算各电路的等效电阻 R_{ab},图 1-62(a)中 $R_{ab} =$ _____,图 1-62(b)中 $R_{ab} =$ _____,图 1-62(c)中 $R_{ab} =$ _____。

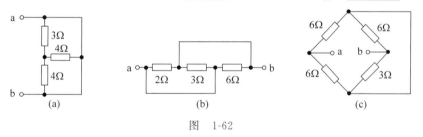

图 1-62

二、选择题

1.4 如图 1-63 所示的电路,A 点的电位应为( )。

A. 7V B. 6V
C. -1V D. -4V

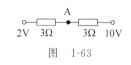

图 1-63

1.5 某电路中的一条支路如图 1-64 所示,电压 U 和电流 I 的方向已表示在图中,且 $I = -3A$,则图中( )。

A. U、I 为关联方向,电流 I 的实际方向是自 A 流向 B
B. U、I 为关联方向,电流 I 的实际方向是自 B 流向 A
C. U、I 为非关联方向,电流 I 的实际方向是自 A 流向 B
D. U、I 为非关联方向,电流 I 的实际方向是自 B 流向 A

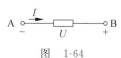

图 1-64

1.6 在用基尔霍夫电流定律列节点电流方程式时,若解出的电流为正,则表示(   )。
   A. 实际方向与假定的电流方向无关   B. 实际方向与假定的电流方向相反
   C. 实际方向与假定的电流方向相同   D. 上述都不正确

1.7 电流源的电流是 6A,可等效变换成电压是 12V 的电压源,则电压源的内阻是(   )。
   A. 1Ω   B. 2Ω   C. 2.5Ω   D. 12Ω

1.8 (   )是分析线性电路的一个重要原理。
   A. 戴维南定理   B. 叠加定理
   C. 基尔霍夫电流定律   D. 基尔霍夫电压定律

三、分析计算题

1.9 求图 1-65 电路中元件的功率,并说明该元件是吸收功率还是发出功率。

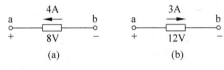

图 1-65

1.10 将图 1-66(a)与图 1-66(b)所示电路等效变换为理想电流源和电阻并联的模型,将图 1-66(c)和图 1-66(d)所示电路变换为理想电压源和电阻串联的模型。

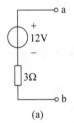 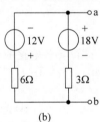 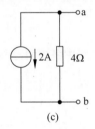 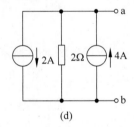

(a)　　　　　　(b)　　　　　　(c)　　　　　　(d)

图 1-66

1.11 试求如图 1-67 所示电路中的电流 I_x 和电压 U_{ab}。

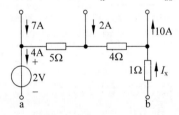

图 1-67

1.12 计算图 1-68 所示电路中的电流 I 和电压 U。

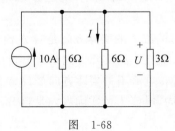

图 1-68

1.13 利用支路电流法求解图 1-69 所示电路中各支路电流。

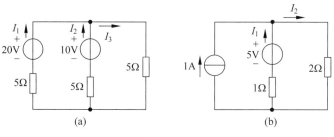

图　1-69

1.14 利用节点电压法求解图 1-70 所示电路中的电位 V_a、V_b 和电流 I。

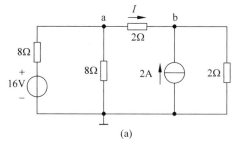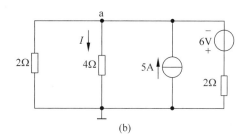

图　1-70

1.15 利用叠加定理求图 1-71 所示电路中的电流 I 和电压 U。

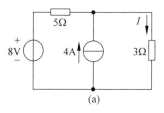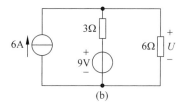

图　1-71

1.16 利用戴维南定理化简图 1-72 所示电路。

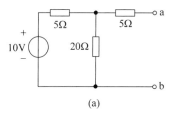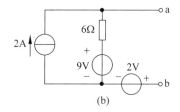

图　1-72

1.17 利用戴维南定理求如图 1-73 所示电路中的电压 U 和电流 I。

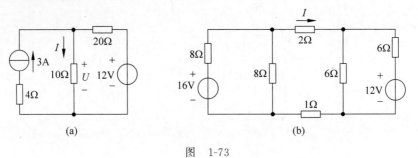

图　1-73

1.18 在如图 1-74 所示电路中，负载 R_L 为何值时可获得最大功率？并求出最大功率。

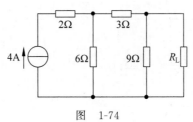

图　1-74

第 2 章 正弦交流电路

在日常生活、生产和现代电子信息中,广泛遇到的大多是正弦交流电,这是因为交流电发电成本低,也容易维护,并且交流电也容易实现升压或降压,也便于远距离输送电能。由于正弦电压和正弦电流都是正弦量,这给计算带来较大的麻烦,于是人们引入相量表示方法,这样可简化电路的分析和计算。

本章主要介绍正弦交流电的基本概念;电阻、电感、电容元件在交流电中的特性;阻抗的串联和并联;交流电路的有功功率、无功功率和视在功率;交流电路的功率因数和提高功率因数的方法;RLC 串联电路谐振的特征;对称三相电路电压、电流和功率的计算。

2.1 正弦量及其相量表示

学习目标

(1) 熟练掌握正弦量的三要素。
(2) 熟悉相位差的概念。
(3) 掌握正弦量的相量表示方法。

2.1.1 正弦量的瞬时值表示

视频讲解

交流电是指大小和方向随时间做周期性变化的电压或电流。按正弦规律变化的交流电流、电压或电动势统称为正弦交流电,又称正弦量。通常用 AC 表示。正弦电流、电压的大小和方向都随时间变化,其在任意时刻的数值称为瞬时值,分别用小写字母 i、u 来表示。在图 2-1(a) 所示电路的参考方向下,正弦电流(电压)的波形如图 2-1(b) 所示,其表达式为

$$i = I_m \sin(\omega t + \psi_i) \quad u = U_m \sin(\omega t + \psi_u) \tag{2-1}$$

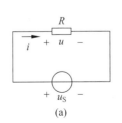
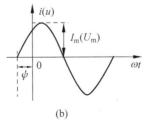

图 2-1 正弦电流波形图

式(2-1)中电流和电压的幅值 I_m 和 U_m、角频率 ω、初相 ψ 称为交流电的三要素。图 2-1(b)中 $i(u)>0$ 表示电流(电压)实际方向与参考方向相同，$i(u)<0$ 表示电流(电压)实际方向与参考方向相反。

1. 正弦量的三要素

1) 幅值与有效值

正弦交流电在周期性变化过程中的最大瞬时值称为交流电的幅值，也叫最大值或峰值，用带有下标 m 的字母表示，如式(2-1)中的 I_m、U_m 表示电流、电压的幅值。

在分析和计算正弦交流电时常用的是有效值。因为电路的主要作用是能量交换，而交流电的大小和方向时刻都在变化，用交流电的最大值或瞬时值都不能确切地反映在能量方面的效果，而有效值是根据电流的热效应来确定的。一个周期性的交流电流 i 与一个直流电流 I 分别通过两个相同的电阻 R，如果在同一个交流周期 T 的时间内产生的热量相等，则这个直流电流 I 的数值称为交流电流 i 的有效值，用大写字母 I 来表示。同样地，交流电压 u 用字母 U 来表示电压有效值。

根据有效值的定义，可得

$$I^2RT = \int_0^T i^2 R\,dt = \int_0^T [I_m \sin(\omega t + \psi_i)]^2 R\,dt$$

则正弦交流电流的有效值为

$$I = \frac{I_m}{\sqrt{2}} = \frac{\sqrt{2} I_m}{2} \approx 0.707 I_m$$

同理，正弦交流电压的有效值为

$$U = \frac{U_m}{\sqrt{2}} = \frac{\sqrt{2} U_m}{2} \approx 0.707 U_m$$

电器铭牌上所标电压、电流与交流电表所测的电压或电流均是有效值。如民用交流电压 220V 与工业用电 380V 都是指电压有效值。但各种电器设备与器件的耐压值仍按最大值来考虑。

2) 角频率

式(2-1)中 ω 称为角频率，是正弦量在单位时间内所经历的电角度。它是描述正弦量变化快慢的物理量，单位是 rad/s(弧度每秒)。

工程中，还常用周期或频率表示正弦量变化的快慢。周期是指正弦量完成一个循环需要的时间，用 T 表示，国际单位为秒(s)。正弦量每秒完成的循环次数称为频率，用 f 表示，单位为赫兹，简称赫(Hz)。周期和频率互为倒数关系，即

$$f = \frac{1}{T} \tag{2-2}$$

角频率与周期和频率的关系为

$$\omega = \frac{2\pi}{T} = 2\pi f \tag{2-3}$$

我国电力工业系统的正弦交流电频率是 50Hz，工程上称之为工频。它的周期为 0.02s，电流的方向每秒变化 50 次，它的角频率为 314rad/s。

3) 初相

在正弦量的解析式中,角度 $(\omega t + \psi)$ 称为正弦量的相位角,简称相位,它是一个随时间变化的量,不仅能确定正弦量的瞬时值的大小和方向,而且能描述正弦量变化的趋势。

初相是指 $t=0$ 时的相位,用符号 ψ 表示。

$$\omega t + \psi |_{t=0} = \psi \tag{2-4}$$

初相通常在 $-\pi \leqslant \psi \leqslant \pi$ 的范围内取值。正弦量的初相确定了正弦量在计时起点的瞬时值。计时起点不同,正弦量的初相不同,因此初相与计时起点的选择有关。

对于正弦交流电 $i = I_m \sin(\omega t + \psi_i)$,一般规定由负变正的零点作为正弦量的零点,则 $\psi_i = 0$,如图 2-2(a)所示;如果零点在计时起点的左侧,则 $\pi > \psi_i > 0$,如图 2-2(b)所示;如果零点在计时起点的右侧,则 $-\pi < \psi_i < 0$,如图 2-2(c)所示。正弦量的瞬时值与参考方向是对应的,如果参考方向改变,瞬时值将变号,所以正弦量的初相以及解析式都与所标的参考方向有关。由于 $-I_m \sin(\omega t + \psi_i) = I_m \sin(\omega t + \psi_i \pm \pi)$,所以改变参考方向,就是将正弦量的初相加上(或减去)π,而不影响振幅和角频率。因此,确定初相既要选定计时起点,又要选定参考方向。

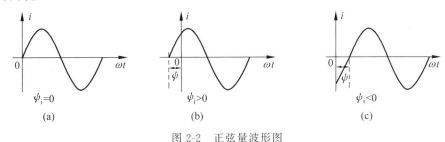

图 2-2 正弦量波形图

2. 相位差

任意两个同频率正弦量的相位之差称为相位差,用符号 φ 表示,它描述了两个正弦量的相位关系。例如,设相同频率的电压和电流如下:

$$u = U_m \sin(\omega t + \psi_u) \quad i = I_m \sin(\omega t + \psi_i)$$

二者的相位差为 $\varphi = (\omega t + \psi_u) - (\omega t + \psi_i) = \psi_u - \psi_i$。可见同频率的两个正弦量的相位差就等于两个正弦量的初相之差,且其相位差是一个常数,与时间 t 无关。相位差的取值范围是 $-\pi \leqslant \varphi \leqslant \pi$,单位为弧度(rad)或者度(°)。

如果 $\varphi = \psi_u - \psi_i > 0$,称作电压 u 超前电流 i,或称作电流 i 滞后电压 u,如图 2-3(a)所示;如果 $\varphi = \psi_u - \psi_i < 0$,称作电压 u 滞后电流 i,或称作电流 i 超前电压 u,如图 2-3(b)所示;如果 $\varphi = \psi_u - \psi_i = 0$,称作电压 u 与电流 i 同相,如图 2-3(c)所示;如果 $\varphi = \psi_u - \psi_i =$

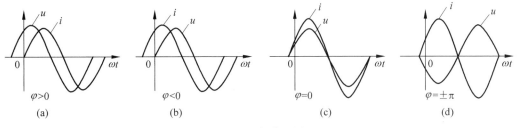

图 2-3 相位差图

±π，称作电压 u 与电流 i 反相，如图 2-3(d)所示。

注意不同频率的正弦量之间的相位差不是一个常数，而是随时间变化的。本章提到的相位差都是同频率的正弦量之间的相位差。

【例 2-1】 在选定参考方向的情况下，已知正弦量的解析式为 $i=100\sin(314t-60°)\text{mA}$。

(1) 求其幅值、有效值、角频率、频率、周期和初相。

(2) 画出波形图。

(3) 若电流参考方向与原来相反，重做(1)与(2)。

解：(1) 幅值为 $I_m=100\text{mA}$，有效值为 $I=\dfrac{I_m}{\sqrt{2}}=\dfrac{100}{\sqrt{2}}=50\sqrt{2}=70.7\text{mA}$，角频率为 $f=314\text{rad/s}$，频率为 $f=\dfrac{\omega}{2\pi}=\dfrac{314}{2\times 3.14}=50\text{Hz}$，周期为 $T=\dfrac{1}{f}=\dfrac{1}{50}=0.02\text{s}$，初相为 $\psi_i=-60°$。

(2) 波形图如图 2-4 所示。

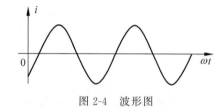

图 2-4　波形图

(3) 若参考方向改变，瞬时值变号，即 $i=-100\sin(314t-60°)\text{mA}=100\sin(314t-60°+180°)\text{mA}=100\sin(314t+120°)\text{mA}$，其幅值、有效值、角频率、频率和周期不变，初相为 $\psi_i=120°$。

注意：幅值、有效值、角频率、频率和周期不随参考方向的变化而变化，改变的是初相。

【例 2-2】 已知某正弦电压的解析式为 $u=311\sin(\omega t+30°)\text{V}$，频率为工频，试求 $t=2\text{s}$ 时的电压。

解：当 $t=2\text{s}$ 时，$u=311\sin(100\pi t+30°)\text{V}=311\sin(100\pi\times 2+30°)\text{V}=155.5\text{V}$。

【例 2-3】 已知两个正弦量 $u_1=5\sin(100\pi t-90°)\text{V}$，$u_2=10\sin(100\pi t+150°)\text{V}$，求：

(1) 相位差 φ_{12}，并说明超前或滞后关系。

(2) φ_{12} 对应的时间差。

解：(1) $\psi_1=-90°$，$\psi_2=150°$。

$\psi_1-\psi_2=-90°-150°=-240°$，则 $\varphi_{12}=-240°+360°=120°$，$u_1$ 超前 u_2。

(2) $t=\dfrac{\varphi_{12}}{\omega}=\dfrac{\dfrac{5\pi}{6}}{100\pi}=\dfrac{1}{120}\text{s}$。

2.1.2　正弦量的相量表示

正弦量有解析式和波形图两种表示方法，但是在遇到一系列同频正弦交流电路的计算时，用解析式和波形图进行计算都比较烦琐。简化交流电路的计算最简单的方法是用相量来表示正弦量。相量表示正弦量的基础是复数。

1. 复数的基础知识

数学上把实数和虚数的和组成的数称为复数。复数的一般表示形式为

$$A=a+\mathrm{j}b \tag{2-5}$$

式(2-5)中 a 为 A 的实部，b 为 A 的虚部，j 是虚部单位，$j=\sqrt{-1}$。

用来表示复数的直角坐标系称为复平面，其中横轴单位为"1"，称为实轴，纵轴单位为"j"，称为虚轴。复数 A 可以用复平面上的一个有向线段表示，如图 2-5 所示，其长度为 r，A 与实轴的夹角 θ 称为辐角。A 在实轴上的投影为 a，在虚轴上的投影为 b。复数的表示形式如下：

① 代数形式：

$$A = a + jb$$

② 三角函数形式：

$$A = r\cos\theta + jr\sin\theta \quad (2\text{-}6)$$

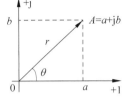

图 2-5 复数在复平面上的表示

其中

$$r = \sqrt{a^2 + b^2} \quad \theta = \arctan\frac{b}{a}$$

$$a = r\cos\theta \quad b = r\sin\theta$$

③ 指数形式：

$$A = re^{j\theta} \quad (2\text{-}7)$$

④ 极坐标形式：

$$A = r\angle\theta \quad (2\text{-}8)$$

以上四种形式可互换。

2．复数的运算规则

复数之间可以进行加减乘除运算，设 $A_1=a_1+jb_1=r_1\angle\theta_1$，$A_2=a_2+jb_2=r_2\angle\theta_2$，复数的运算规则如下：

加减运算：

$$A_1 \pm A_2 = (a_1 \pm a_2) + j(b_1 \pm b_2) \quad (2\text{-}9)$$

复数的加减运算也可在复平面内用平行四边形法则来进行，如图 2-6 所示。

乘法运算：

$$A_1 \times A_2 = r_1 r_2 \angle(\theta_1 + \theta_2) \quad (2\text{-}10)$$

除法运算：

$$\frac{A_1}{A_2} = \frac{r_1}{r_2}\angle(\theta_1 - \theta_2) \quad (2\text{-}11)$$

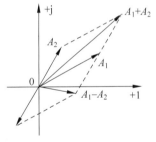

图 2-6 复数的加、减运算

3．正弦量的相量表示

一个正弦量可以表示为 $u=U_m\sin(\omega t+\psi)$。

一个复数为 $U_m\angle(\omega t+\psi)=U_m\cos(\omega t+\psi)+jU_m\sin(\omega t+\psi)$，其虚部正好是已知的正弦量。因此可以用一个复数表示一个正弦量，其意义是可以把正弦量三角函数之间的运算变成复数间的运算，使正弦交流电的计算问题简化。

用复数表示正弦量就是正弦量的相量表示。分析计算线性电路时，电路中各部分电压和电流都是与电源同频率的正弦量。因此，频率是已知的，计算时可不必考虑。这样，在分析计算过程中，只需考虑最大值和初相两个要素，故表示正弦量的复数可简化为

$$U_m \angle \psi$$

上式为正弦量的极坐标形式,我们就把这一复数称为相量,以 $\dot{U}_m$ 表示,并习惯上把最大值换成有效值,即

$$\dot{U} = U \angle \psi \tag{2-12}$$

式中,U 是有效值,对应相量表示为 $\dot{U}$,即用有效值符号上面加"·"表示。

注意:① 相量只表示正弦量,并不等于正弦量。

② 只有同频率的正弦量才能画在同一相量图上。

【例 2-4】 已知正弦电压、电流分别为 $u = 10\sqrt{2}\sin(\omega t + 60°)$ V,$i = 7.07\sin(\omega t - 30°)$ A,写出 u 和 i 的相量形式,并画出相量图。

解:电压的相量形式为 $\dot{U} = 10\angle 60°$ V。

电流的相量形式为 $\dot{I} = 5\angle(-30°)$ A。

相量图如图 2-7(a)所示,图 2-7(b)是其简化图。

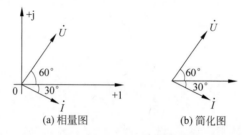

(a) 相量图 (b) 简化图

图 2-7 相量图及其简化图

【例 2-5】 写出下列相量对应的正弦量。

(1) $\dot{U} = 220\angle 45°$ V,$f = 50$ Hz。

(2) $\dot{I} = 8 + j6$ A,设角频率为 ω。

(3) $\dot{U}_m = -j50\angle 60°$ V,设角频率为 ω。

解:(1) $u = 220\sqrt{2}\sin(100\pi t + 45°)$ V。

(2) $\dot{I} = 8 - j6 = 10\angle 143.1°$ A,则 $i = 10\sqrt{2}\sin(\omega t + 143.1°)$ A。

(3) $\dot{U}_m = 50\angle(60° - 90°)$ V $= 50\angle(-30°)$ V,则 $u = 50\sin(\omega t - 30°)$ V。

相量形式转换时,注意:$\pm j = \angle(\pm 90°)$,$-1 = \angle(\pm 180°)$。

【例 2-6】 已知 $i_1 = 141.4\sin\omega t$ A,$i_2 = 70.7\sin(\omega t - 60°)$ A,求:电流 $i_3 = i_1 + i_2$,并画出相量图。

解:i_1 和 i_2 的相量为

$$\dot{I}_1 = 100\angle 0° \text{A}, \quad \dot{I}_2 = 50\angle(-60°) \text{A}$$

$$\dot{I}_3 = \dot{I}_1 + \dot{I}_2 = 100\angle 0° + 50\angle(-60°) \text{A} = 100 + 25\sqrt{3} - j25 \text{A}$$

$$= 125\sqrt{3} - j25 \text{A} = 132.2\angle 20° \text{A}$$

i_3 的解析式为 $i_3 = 132.2\sqrt{2}\sin(\omega t + 20°)$ A。

相量图如图 2-8 所示。

在交流电路的分析和计算中,直流电路中涉及元件的串并联等效、基尔霍夫定律、电源的等效变换、支路电流法、叠加定理、戴维南定理等基本方法、定律仍适用。必须注意的是,直流电路的分析计算是实数运算,而交流电路的分析计算是复数运算。

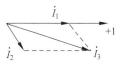

图 2-8 例 2-6 的相量图

2.2 单一参数交流电路

在许多电子仪器、设备中,有大量的电阻元件、电感元件和电容元件。电阻、电感和电容是交流电路的三个基本参数。分析各种交流电路时,常以单一参数元件的电路为基础。为了分析方便,先介绍单一参数元件电压和电流的相量关系及功率。

学习目标

(1) 掌握交流电路中电阻的伏安关系及有功功率计算。
(2) 掌握交流电路中纯电感的伏安关系及感抗和无功功率的概念。
(3) 掌握交流电路中纯电容的伏安关系及容抗和无功功率的概念。

2.2.1 纯电阻电路

1. 纯电阻元件上电压和电流的相量关系

图 2-9(a)所示为一个纯电阻的交流电路,电压和电流的瞬时值也服从欧姆定律。在关联参考方向下,根据欧姆定律,电压与电流的关系为

$$i = \frac{u}{R} \quad (2\text{-}13)$$

视频讲解

若通过电阻的电流为 $i = I_m \sin(\omega t + \psi_i)$,则电压为

$$u = Ri = RI_m \sin(\omega t + \psi_i) = U_m \sin(\omega t + \psi_u) \quad (2\text{-}14)$$

由此可知,电阻元件的电压与电流是同频率的。因为 $\psi_i = \psi_u$,所以电阻元件的电压与电流同相,波形图如图 2-9(b)所示。

$$U_m = RI_m, \quad 即 \ U = RI。$$

可见,电阻元件的电压与电流的瞬时值、最大值和有效值都满足欧姆定律。

电压与电流的相量为

$$\dot{U} = U \angle \psi_u \quad \dot{I} = I \angle \psi_i$$

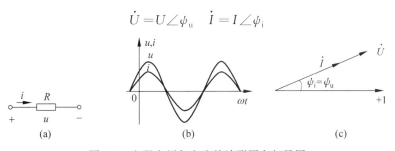

图 2-9 电阻电压与电流的波形图和相量图

电压与电流的相量关系为

$$\dot{U} = U\angle\psi_u = RI\angle\psi_i = R\dot{I}$$

即

$$\dot{I} = \frac{\dot{U}}{R} \tag{2-15}$$

电阻上的电压与电流相量图如图 2-9(c)所示。

2. 功率

1) 瞬时功率

电路元件在任一瞬时吸收或发出的功率称为瞬时功率,以小写字母 p 来表示。对于纯电阻元件的电路,当电压与电流为关联参考方向时,它等于电压 u、电流 i 瞬时值的乘积,设 $u = U_m \sin\omega t$,则 $i = I_m \sin\omega t$,纯电阻的瞬时功率为

$$p = ui = U_m \sin\omega t \times I_m \sin\omega t = 2UI\sin^2\omega t = UI(1-\cos2\omega t) \tag{2-16}$$

由式(2-16)可知 $p \geq 0$,说明电阻是耗能元件,且 p 随时间变化,变化频率是电压与电流的 2 倍,即电压与电流完成一个周期的变化,功率则完成两个周期的变化,波形图如图 2-10 所示。

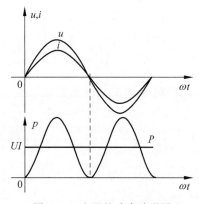

图 2-10 电阻的功率波形图

2) 平均功率(有功功率)

工程上通常取瞬时功率在一个周期内的平时值来表示电路消耗的功率,称为平均功率,又称为有功功率。常用大写字母 P 来表示。

$$P = \frac{1}{T}\int_0^T p\,dt = \frac{1}{T}\int_0^T UI(1-\cos2\omega t)\,dt = UI \tag{2-17}$$

由于 $U = IR$,所以电阻上的有功功率还可以表示为

$$P = UI = I^2 R = \frac{U^2}{R}$$

有功功率的国际单位为瓦(W)。注意:通常铭牌数据或测量的功率均指有功功率。

【例 2-7】 交流电路中,已知 100Ω 电阻两端的电压为 $u = 220\sqrt{2}\sin(314t + 30°)$ V,求:(1)通过电阻的电流解析式 i 和 I;(2)电阻消耗的功率 P;(3)画电压与电流的相量图。

解:(1)电压相量为 $\dot{U} = 220\angle30°$ V。

$$\dot{I} = \frac{\dot{U}}{R} = \frac{220\angle30°}{100} = 2.2\angle30° \text{A}$$

则电流为 $I = 2.2$A,$i = 2.2\sqrt{2}\sin(314t + 30°)$ A。

(2) 电阻消耗的功率为 $P = UI = 220 \times 2.2 = 484$W。

(3) 电压与电流的相量图如图 2-11 所示。

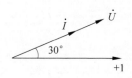

图 2-11 例 2-7 的相量图

2.2.2 纯电感电路

电感器是利用电磁感应原理制作的元件。电感器有两类：一类是应用自感作用的电感线圈，另一类是应用互感作用的耦合电路。电感器通常应用于频率选择、滤波、振荡等电路中。实际的电感线圈都是用导线绕制而成的，因此线圈都有一定的电阻。但当电阻很小到可以忽略不计时，电感线圈可以近似看作纯电感元件。由交流电源和纯电感组成的电路，称为纯电感电路。

视频讲解

1. 纯电感元件电路的电压和电流的关系

在纯电感电路中，假设电感元件 L 的电压和电流为关联参考方向，如图 2-12(a)所示。

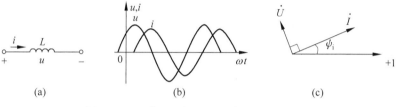

图 2-12 电感电压与电流的波形图和相量图

设 $u=\sqrt{2}U\sin(\omega t+\psi_u)$，$i=\sqrt{2}I\sin(\omega t+\psi_i)$。在关联参考方向下，电压与电流的关系为

$$u = L\frac{\mathrm{d}i}{\mathrm{d}t} = L\frac{\mathrm{d}I_m\sin(\omega t+\psi_i)}{\mathrm{d}t} = \omega L I_m\cos(\omega t+\psi_i)$$
$$= \omega L I_m\sin\left(\omega t+\psi_i+\frac{\pi}{2}\right) = U_m\sin(\omega t+\psi_u) \tag{2-18}$$

由式(2-18)可知，纯电感两端电压和通过的电流是同频率的。

则

$$\psi_u = \psi_i + \frac{\pi}{2} \quad U = \omega L I \tag{2-19}$$

由式(2-19)可知，电感两端的电压相位超前通过的电流相位 90°，电压 u 和电流 i 正交。它们的有效值关系为 $U=\omega L I$。电感的电压和电流的波形图如图 2-12(b)所示。

电压与电流的相量为

$$\dot{U} = U\angle\psi_u \quad \dot{I} = I\angle\psi_i$$

电压与电流的相量关系为

$$\dot{U} = U\angle\psi_u = \omega L I\angle\left(\psi_i+\frac{\pi}{2}\right) = \mathrm{j}\omega L \dot{I} \tag{2-20}$$

令式(2-20)中 $X_L=\omega L=2\pi f L$，具有电阻的量纲，且对电流具有阻碍作用，称为感抗。L 的单位为亨(H)，ω 的单位为弧度/秒(rad/s)，感抗 X_L 的单位为欧姆(Ω)。在频率 f 为定值时，感抗 X_L 与电感 L 成正比。在电感 L 为定值时，感抗 X_L 与频率 f 也成正比，即频率越大对电流的阻碍作用越大。但当 $f=0$ 时，感抗 $X_L=0$，说明在直流电路中纯电感相当于短路。电感元件的作用是通直阻交。

纯电感的电压与电流的相量形式又可表示为

$$\dot{U} = jX_L \dot{I}$$

或者

$$\dot{I} = \frac{\dot{U}}{jX_L} \tag{2-21}$$

纯电感的电压与电流的相量图如图 2-12(c)所示。

2．功率

1）瞬时功率

电感 L 的瞬时功率(设 $\psi_i = 0, \psi_u = 90°$)为

$$p = ui = U_m \sin\omega t \times I_m \sin(\omega t + 90°)$$
$$= 2UI \sin\omega t \cos\omega t = UI \sin 2\omega t \tag{2-22}$$

式(2-22)中瞬时功率 p 随时间按正弦规律变化，其波形图如图 2-13 所示，瞬时功率的频率是电压和电流频率的 2 倍。在第一个 1/4 周期，电压与电流方向一致，瞬时功率为正，表示电感吸收电能转化为磁场能；在第二个 1/4 周期，电压与电流方向不一致，瞬时功率为负，表示电感发出能量，第一个 1/4 周期储存的能量全部释放完。后面两个 1/4 周期情况和前面两个相似，不再赘述。

由上所述发现，电感元件是储能元件，在一个周期中储存和释放的能量相等，所以电感不消耗能量，电感的平均功率为

$$P = \frac{1}{T}\int_0^T p\,dt = \frac{1}{T}\int_0^T UI(\sin 2\omega t)\,dt = 0 \tag{2-23}$$

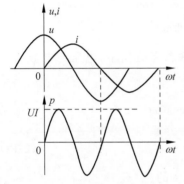

图 2-13 电感功率的波形图

2）无功功率

电感瞬时功率的最大值 UI(电压和电流的有效值的乘积)，表示电感与外电路之间能量交换的规模。瞬时功率的最大值 UI 称为无功功率，用符号 Q_L 表示，国际单位为乏(var)。无功功率公式为

$$Q_L = UI = I^2 X_L = \frac{U^2}{X_L} \tag{2-24}$$

注意：无功功率 Q_L 表示了电感与外电路之间能量交换的规模，"无功"不能理解为"无用"，"无功"的实际含义是交换且不消耗。

【**例 2-8**】 20mH 的电感两端电压为 $u = 18\sqrt{2}\sin(100t + 30°)$ V，试求线圈的感抗 X_L、无功功率 Q_L 和电流的解析式 i。

解：

$$X_L = \omega L = 100 \times 0.02 = 2\,\Omega$$

$$Q_L = \frac{U^2}{X_L} = \frac{18^2}{2} = 162\,\text{var}$$

$$\dot{I} = \frac{\dot{U}}{jX_L} = \frac{18\angle 30°}{2\angle 90°} = 9\angle(-60°)\,\text{A}$$

则有
$$i = 9\sqrt{2}\sin(100t - 60°) \text{A}$$

2.2.3 纯电容电路

电容器是储存电能的元件,在电路中用于滤波、调谐、隔直、耦合等。对于实际电容器,由于介质不能完全绝缘,在电压的作用下总会有一些漏电流,使电容器发热,产生能量的消耗,称为电容器的损耗。一般电容的损耗很小,若小到可以忽略不计,电容器可近似看作纯电容元件。由交流电源和纯电容元件组成的电路,称为纯电容电路。

视频讲解

1. 纯电容电路的电压和电流的关系

在纯电容电路中,假设电容元件 C 的电压和电流为关联参考方向,如图2-14(a)所示。设
$$u = \sqrt{2}U\sin(\omega t + \psi_u), \quad i = \sqrt{2}I\sin(\omega t + \psi_i)$$
在关联参考方向下,电压与电流的关系为
$$i = C\frac{du}{dt} = C\frac{dU_m\sin(\omega t + \psi_u)}{dt} = \omega CU_m\cos(\omega t + \psi_u)$$
$$= \omega CU_m\sin\left(\omega t + \psi_u + \frac{\pi}{2}\right) = I_m\sin(\omega t + \psi_i) \tag{2-25}$$

由式(2-25)可知,纯电容两端的电压和通过的电流是同频率的,有
$$\psi_i = \psi_u + \frac{\pi}{2} \quad I = \omega CU \tag{2-26}$$

由式(2-26)可知,电容两端的电压相位滞后通过的电流相位 $90°$。它们的有效值关系为 $I = \omega CU$。电容的电压和电流的波形图如图2-14(b)所示。

电压与电流的相量为
$$\dot{U} = U\angle\psi_u \quad \dot{I} = I\angle\psi_i$$

电压与电流的相量关系为
$$\dot{I} = I\angle\psi_i = \omega CU\angle\left(\psi_u + \frac{\pi}{2}\right) = j\omega C\dot{U} \tag{2-27}$$

令式(2-27)中 $X_C = 1/\omega C = 1/2\pi fC$,$X_C$ 具有电阻的量纲,表示对电流具有阻碍作用,X_C 称为容抗。C 的单位为法(F),ω 的单位为弧度/秒(rad/s),容抗 X_C 的单位为欧姆(Ω)。在频率 f 为定值时,容抗 X_C 与电容 C 成反比。在电容 C 为定值时,容抗 X_C 与频率 f 也成反比,即频率越大对电流的阻碍作用越小。但当 $f = 0$ 时,容抗 $X_C = \infty$,说明在直流电路中纯电容相当于开路。电容元件的作用是通交隔直。

纯电容的电压与电流的相量形式又可表示为
$$\dot{U} = -jX_C\dot{I} \quad \dot{I} = \frac{\dot{U}}{-jX_C} \tag{2-28}$$

纯电容的电压与电流的相量图如图2-14(c)所示。

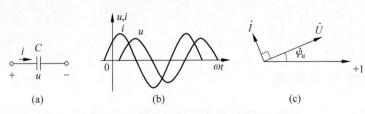

图 2-14 电容电压与电流的波形图和相量图

2. 功率

1) 瞬时功率

电容 L 的瞬时功率(设 $\psi_u=0,\psi_i=90°$)为

$$p = ui = U_m\sin\omega t \times I_m\sin(\omega t+90°)$$
$$= 2UI\sin\omega t\cos\omega t = UI\sin2\omega t \quad (2-29)$$

式(2-29)中瞬时功率 p 随时间按正弦规律变化,其波形图如图 2-15 所示,瞬时功率的频率是电压和电流的频率的 2 倍。在第一个 1/4 周期,电压与电流方向一致时,瞬时功率为正,表示电容吸收电能转化为电场能;在第二个 1/4 周期,电压与电流方向不一致时,瞬时功率为负,表示电容释放电场能,且在第一个 1/4 周期储存的电场能全部释放完。后面两个 1/4 周期情况和前面两个相似,不再赘述。

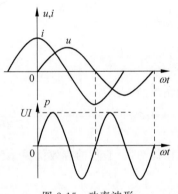

图 2-15 功率波形

由上所述发现,电容元件是储能元件,在一个周期中储存和释放的能量相等,所以电容不消耗能量,电容的平均功率为

$$P = \frac{1}{T}\int_0^T p\,dt = \frac{1}{T}\int_0^T UI(\sin2\omega t)\,dt = 0 \quad (2-30)$$

2) 无功功率

电容瞬时功率的最大值 UI(电压和电流的有效值的乘积),表示电容与外电路之间能量交换的规模。瞬时功率的最大值 UI 称为无功功率,用符号 Q_C 表示,国际单位为乏(var)。无功功率公式为

$$Q_L = UI = I^2 X_C = \frac{U^2}{X_C} \quad (2-31)$$

【例 2-9】 25μF 的电容元件两端电压为 $u=18\sqrt{2}\sin(1000t+30°)$ V。求通过电容的电流 i 解析式和无功功率 Q_C,并画电压与电流的相量图。

解:

$$X_C = \frac{1}{\omega C} = \frac{1}{1000\times 25\times 10^{-6}} = 40\Omega$$

$$\dot{I} = \frac{\dot{U}}{-jX_C} = \frac{18\angle 30°}{40\angle(-90°)} = 0.45\angle 120° \text{A}$$

则

$$i = 0.45\sqrt{2}\sin(1000t+120°) \text{A}$$

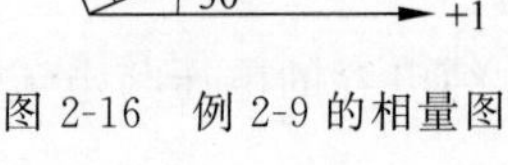

电压与电流的相量图如图 2-16 所示。

图 2-16 例 2-9 的相量图

2.3 简单正弦交流电路分析

学习目标

(1) 熟悉交流电路中基尔霍夫定律的相量形式。
(2) 熟悉阻抗的概念及有关阻抗计算。
(3) 掌握 RLC 串联交流电路的伏安关系及电路性质。
(4) 熟悉交流电路无功功率、有功功率和视在功率的概念及有关计算。
(5) 了解提高功率因数的意义及方法。

2.3.1 基尔霍夫定律的相量形式

基尔霍夫定律是电路的基本形式,不仅适用于直流电路,也适用于交流电路。交流电路中,所有电压和电流都是同频率的正弦量,它们的瞬时值和相量形式都满足基尔霍夫定律。

1. 基尔霍夫电流定律

瞬时值形式为

$$\sum i = 0 \tag{2-32}$$

相量形式为

$$\sum \dot{I} = 0 \tag{2-33}$$

2. 基尔霍夫电压定律

瞬时值形式为

$$\sum u = 0 \tag{2-34}$$

相量形式为

$$\sum \dot{U} = 0 \tag{2-35}$$

【例 2-10】 如图 2-17 所示电路中,已知电压表 V_1 的读数是 8V, V_2 的读数是 6V,试求电压表 V 的读数。

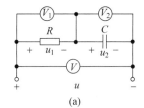 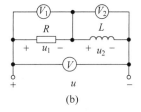

图 2-17 例 2-10 图

解:设 $\dot{I} = I \angle 0°$。

由图 2-17(a)可知:$\dot{U}_1 = 8\angle 0°\text{V}, \dot{U}_2 = 6\angle(-90°)\text{V}$。

根据 KVL 可得 $\dot{U} = \dot{U}_1 + \dot{U}_2 = 8\angle 0° + 6\angle(-90°) = 10\angle(-45°)\text{V}$。

则图 2-17(a)中电压表的读数为 10V。

由图 2-17(b)可知：$\dot{U}_1 = 8\angle 0°\text{V}, \dot{U}_2 = 6\angle 90°\text{V}$。

根据 KVL 可得 $\dot{U} = \dot{U}_1 + \dot{U}_2 = 8\angle 0° + 6\angle 90° = 10\angle 45°\text{V}$。

则图 2-17(b)中电压表的读数为 10V。

注意：总的电压表读数不等于正弦交流电路中各元件的电压表的读数之和。

2.3.2 阻抗

正弦交流电作用下，稳定状态时，二端网络（如图 2-18 所示）端口电压相量与端口电流相量之比，称为阻抗（Z）。

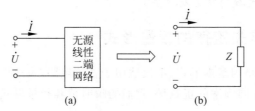

图 2-18　阻抗

阻抗计算公式为

$$Z = \frac{\dot{U}}{\dot{I}} = |Z|\angle\varphi = \frac{U\angle\psi_u}{I\angle\psi_i} \tag{2-36}$$

式(2-36)中，Z 为阻抗，$|Z|$ 为阻抗的模，$|Z| = U/I$，单位为欧姆（Ω），φ 为阻抗的辐角，称为阻抗角，$\varphi = \psi_u - \psi_i$，阻抗角表示电压与电流的相位差。

对于单一元件，则有：纯电阻电路的阻抗为 $Z = R$，纯电感电路的阻抗为 $Z = jX_L = j\omega L$，纯电容电路的阻抗为 $Z = -jX_C = 1/j\omega C$。

阻抗的串、并联在形式上与电阻的串、并联计算规律相同。

如图 2-19(a)所示阻抗的串联等效阻抗 Z（如图 2-19(c)所示）为

$$Z = Z_1 + Z_2 + Z_3 \tag{2-37}$$

将 $1/Z$ 称为导纳，如图 2-19(b)所示并联阻抗与等效阻抗 Z 的关系为

$$\frac{1}{Z} = \frac{1}{Z_1} + \frac{1}{Z_2} + \frac{1}{Z_3} \tag{2-38}$$

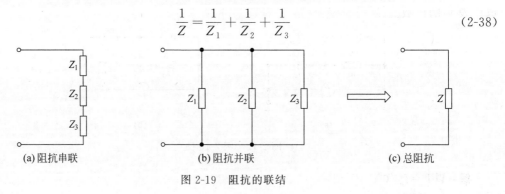

图 2-19　阻抗的联结

2.3.3 RLC 串联交流电路

在正弦稳态电路中,RLC 串联电路是正弦电路最简单和最常用的典型示例。

在电阻、电感、电容串联的交流电路中,各元件通过的电流相同,电流与各元件的电压参考方向如图 2-20 所示。

1. 电压与电流的相量关系

电压与电流的相量关系如下。

$$\dot{U}_R = \dot{I}R \quad \dot{U}_C = -jX_C\dot{I} \quad \dot{U}_L = jX_L\dot{I}$$

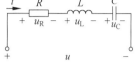

图 2-20 RLC 串联电路

根据 KVL 有

$$\dot{U} = \dot{U}_R + \dot{U}_L + \dot{U}_C = R\dot{I} + jX_L\dot{I} - jX_C\dot{I} = [R + j(X_L - X_C)]\dot{I} = Z\dot{I} \quad (2\text{-}39)$$

由式(2-39)可知

$$Z = R + j(X_L - X_C) = R + jX = |Z| \angle \varphi \quad (2\text{-}40)$$

式中 $X = X_L - X_C$,称为电抗。

$$|Z| = \sqrt{R^2 + X^2} = \sqrt{R^2 + (X_L - X_C)^2} = \frac{U}{I} \quad (2\text{-}41)$$

$$= \arctan\frac{X}{R} = \arctan\frac{X_L - X_C}{R} = \psi_u - \psi_i$$

上述表明,相量关系是包含着电压和电流的有效值关系和相位关系。

2. 电路的性质

分析交流电路时,有三种性质的电路。

1) 感性电路

当 $X_L > X_C$ 时,$X > 0$,则 $U_L > U_C$,$\varphi > 0$,此时端口电压超前电流,电路呈感性,称为感性电路。设 $i = I_m \sin\omega t$,电流与电压的相量图如图 2-21(a)所示。

2) 容性电路

当 $X_L < X_C$ 时,$X < 0$,则 $U_L < U_C$,$\varphi < 0$,此时端口电压滞后电流,电路呈容性,称为容性电路。电流与电压的相量图如图 2-21(b)所示。

3) 阻性电路

当 $X_L = X_C$ 时,$X = 0$,则 $U_L = U_C$,$\varphi = 0$,此时端口电压与电流同相,电路呈阻性,称为阻性电路。电流与电压的相量图如图 2-21(c)所示。

由阻抗 $|Z|$、电阻 R 和电抗 X 组成的三角形(如图 2-22 所示),称为阻抗三角形。由电感及电容两端电压的相量和的有效值为 $U_X = IX$、电阻两端电压为 $U_R = IR$、总电压为 $U = I|Z|$ 组成的三角形(如图 2-22 所示),称为电压三角形。由于阻抗三角形的边长的 I 倍对应的就是电压三角形,所以阻抗三角形和电压三角形是相似的。

【例 2-11】 实际电路中如变压器、继电器、电机绕组等感性器件常可等效为 RL 串联电路,如图 2-23(a)所示电路中,已知电源电压为 $u_S = 70.7\sin(10^6 t + 30°)$ V,$R = 25\Omega$,$L = 25\sqrt{3}\mu H$,求电流 i 和电压 u_R、u_L,画出所求各正弦量的相量图。

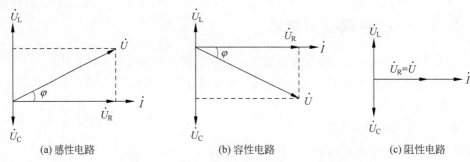

图 2-21 三种类型负载的电流与电压相量图

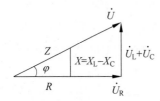

图 2-22 阻抗三角形与电压三角形

解：电源电压为 $\dot{U}_S = 100\angle 30° \text{V}$。

感抗为 $X_L = \omega L = 10^6 \times 25\sqrt{3} \times 10^{-6} = 25\sqrt{3} \ \Omega$。

阻抗为 $Z = R + jX_L = 25 + j25\sqrt{3} = 50\angle 60° \ \Omega$。

电流为 $\dot{I} = \dfrac{\dot{U}_S}{Z} = \dfrac{100\angle 30°}{50\angle 60°} = 2\angle(-30°) \text{A}$。

则 $i = 2\sqrt{2}\sin(10^6 t - 30°)\text{A}$。

电阻两端电压为 $\dot{U}_R = \dot{I}R = 2\angle(-30°) \times 25 = 50\angle(-30°)\text{V}$。

则 $u_R = 50\sqrt{2}\sin(10^6 t - 30°)\text{V}$。

电感两端电压为 $\dot{U}_L = jX_L \dot{I} = 25\sqrt{3}\angle 90° \times 2\angle(-30°) = 50\sqrt{3}\angle 60°\text{V}$。

则 $u_L = 50\sqrt{6}\sin(10^6 t + 60°)\text{V}$。

相量图如图 2-23(b) 所示。

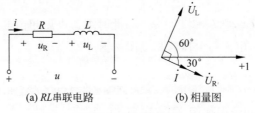

图 2-23 例 2-11 图

【例 2-12】 电子技术中，常利用 RC 串联电路作为移相电路，如图 2-24(a) 所示电路，已知输入电压 u_i 的角频率为 $\omega = 1000\text{rad/s}$，$R = 30\Omega$，$C = 25\mu\text{F}$，求输出电压滞后输入电压的相位。

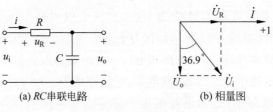

图 2-24 例 2-12 图

解：电容的容抗为 $X_C = \dfrac{1}{\omega C} = \dfrac{1}{1000 \times 25 \times 10^{-6}} = 40\,\Omega$。

阻抗为 $Z = R - jX_C = 30 - j40 = 50\angle(-53.1°)\,\Omega$。

设 RC 电路中电流初相为 0，由阻抗三角形和电压三角形相似可得相量图，如图 2-24(b) 所示，可知输出电压滞后输入电压 36.9°。

由例 2-12 可见相量图在解题中的重要作用。因此在分析问题时常需要画相量图来辅助分析解决问题。

RL 串联电路和 RC 串联电路可视为 RLC 串联电路的特例。在 RLC 串联电路中，总阻抗为

$$Z = R + j(X_L - X_C)$$

当 $X_C = 0$ 时，$Z = R + jX_L$，即 RL 串联电路。

当 $X_L = 0$ 时，$Z = R - jX_C$，即 RC 串联电路。

【例 2-13】 如图 2-25(a) 所示 RLC 串联电路中，已知 $R = 15\,\Omega$，$X_L = 25\,\Omega$，$X_C = 5\,\Omega$，$u = 141.4\sin\omega t\,\text{V}$，求电路电流和各元件两端电压的相量，并画出所求正弦量的相量图。

解：电路的复阻抗为

$$Z = R + j(X_L - X_C) = 15 + j(25 - 5) = 15 + j20 = 25\angle 53.1°\,\Omega$$

电流相量为 $\dot{I} = \dfrac{\dot{U}}{Z} = \dfrac{100\angle 0°}{25\angle 53.1°} = 4\angle(-53.1°)\,\text{A}$。

电阻两端电压为 $\dot{U}_R = \dot{I}R = 4\angle(-53.1°) \times 15 = 60\angle(-53.1°)\,\text{V}$。

电感两端电压为 $\dot{U}_L = jX_L\dot{I} = 25\angle 90° \times 4\angle(-53.1°) = 100\angle 36.9°\,\text{V}$

电容两端电压为 $\dot{U}_C = -jX_C\dot{I} = 5\angle(-90°) \times 4\angle(-53.1°) = 20\angle(-143.1°)\,\text{V}$。

相量图如图 2-25(b) 所示。

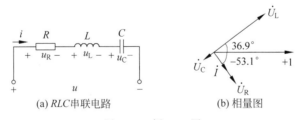

(a) RLC 串联电路　　(b) 相量图

图 2-25　例 2-13 图

3．功率

正弦稳态电路中电压和电流都是正弦量，使得电路的功率和能量也是随时间变化的。正弦交流电路中功率包含瞬时功率、有功功率、无功功率和视在功率。

1) 瞬时功率

电路中电压的瞬时值与电流的瞬时值的乘积称为瞬时功率。在图 2-26(a) 所示无源二端电路关联参考方向时，设电流为 $i = I_m\sin\omega t\,\text{A}$，电压与电流相位差为 φ，为该无源二端电路的等效阻抗角，则电压为 $u = U_m\sin(\omega t + \varphi)\,\text{V}$。该二端电路的瞬时功率为

$$p = ui = U_m \sin(\omega t + \varphi) \times I_m \sin\omega t = 2UI\sin(\omega t + \varphi)\sin\omega t$$
$$= UI[\cos\varphi - \cos(2\omega t + \varphi)] = UI\cos\varphi(1 - \cos 2\omega t) - UI\sin\varphi \sin 2\omega t \quad (2\text{-}42)$$

式(2-42)中功率由两部分组成,可看作由等效电阻消耗的功率即有功功率分量和等效电抗部分的功率即无功功率分量,如图 2-26(b)和图 2-26(c)所示。

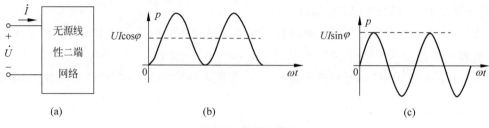

图 2-26 功率波形图

2) 有功功率(平均功率)

有功功率又称平均功率,即一个周期功率的平均值,其为

$$P = \frac{1}{T}\int_0^T p\,dt = \frac{1}{T}\int_0^T UI[\cos\varphi - \cos(2\omega t + \varphi)]dt = UI\cos\varphi \quad (2\text{-}43)$$

式(2-43)中,$\lambda = \cos\varphi$,称为功率因数,φ 称为功率因数角,它等于二端网络的等效阻抗的阻抗角,其大小由电路参数决定,与电路的电压和电流无关,由图 2-22 可知

$$\lambda = \cos\varphi = \frac{R}{|Z|} \quad (2\text{-}44)$$

将式(2-44)代入式(2-43)可得

$$P = UI\cos\varphi = UI\frac{R}{|Z|} = I^2 R = U_R I$$

显然,电路的有功功率就是电阻上消耗的功率。当为纯电阻电路时,$\varphi = 0$,$\cos\varphi = 1$,$UI\cos\varphi = UI$;当 $\varphi = \pm 90°$,$\cos\varphi = 0$,$UI\cos\varphi = 0$。这与前面讨论 R、L、C 元件的功率情况相吻合。

3) 无功功率

式(2-42)中第二部分是无功分量,其最大值 $UI\sin\varphi$ 是电路中储能元件与电源之间进行能量交换的最大规模。即无功功率为

$$Q = UI\sin\varphi \quad (2\text{-}45)$$

式(2-45)说明,无功功率是储能器件与电路能量交换的程度,单位为乏(var)。

4) 视在功率

图 2-26(a)所示二端电路的端口电压 U 和端口电流 I 的乘积也具有功率的量纲,通常把它称为视在功率,用 S 来表示,即

$$S = UI \quad (2\text{-}46)$$

视在功率的单位是伏·安(V·A),较大的还有千伏·安(kV·A)。一般交流电器设备,如变压器和交流发电机的容量都用视在功率来表示。

有功功率 P、无功功率 Q 和视在功率 S 也可以组成功率三角形,如图 2-27 所示。功率三角形与阻抗三角形、电压三角形(如图 2-22 所

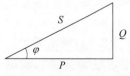

图 2-27 功率三角形

示)是相似三角形。

【例 2-14】 如图 2-28 所示 RLC 串联电路中,已知 $R=15\Omega, L=12\mathrm{mH}, C=5\mu\mathrm{F}, u=141.4\sin 5000 t\,\mathrm{V}$,试求整个电路的有功功率、无功功率、视在功率、功率因数。

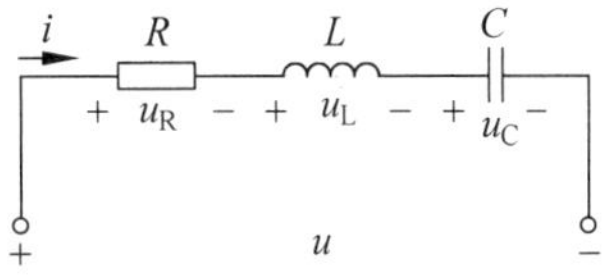

解:电感的感抗为 $X_\mathrm{L}=\omega L=5000\times 12\times 10^{-3}=60\Omega$。

电容的容抗为 $X_\mathrm{C}=\dfrac{1}{\omega C}=\dfrac{1}{5000\times 5\times 10^{-6}}=40\Omega$。

复阻抗为 $Z=R+\mathrm{j}(X_\mathrm{L}-X_\mathrm{C})=15+\mathrm{j}(60-40)=25\angle 53.1°\Omega$。

图 2-28 例 2-14 图

电流为 $I=\dfrac{U}{|Z|}=\dfrac{100}{25}=4\mathrm{A}$。

视在功率为 $S=UI=100\times 4=400\mathrm{VA}$。

有功功率为 $P=UI\cos\varphi=400\times\cos 53.1°=240\mathrm{W}$。

无功功率为 $Q=UI\sin\varphi=400\times\sin 53.1°=320\mathrm{var}$。

功率因数为 $\lambda=\cos\varphi=\cos 53.1°=0.6$。

4. 功率因数的提高

1) 功率因数提高的意义

在交流电路中,电器设备(如变压器、发电机、电动机等)的额定容量是视在功率 $S=UI$。当电源在额定工作状态时,输出的有功功率为 $P=UI\cos\varphi=S\cos\varphi$,其中功率因数 $\cos\varphi$ 由负载和电源频率来决定,负载不同,有功功率就不同。由此可见,功率因数 $\cos\varphi$ 是电器设备的一个重要指标。提高功率因数的意义有以下两点。

① 提高发电机或变压器等电器设备的利用率。例如,一台 $1000\mathrm{kV\cdot A}$ 的变压器,功率因数为 0.6,其输出功率为 $P=S\cos\varphi=1000\times 0.6=600\mathrm{kW}$。若功率因数低,电源设备向负载提供的有功功率低,其额定容量不能充分利用。

② 减少输电线上能量损耗和电压损失分压。因为 $I=\dfrac{P}{U\cos\varphi}$,当负载电压和功率一定时,功率因数 $\cos\varphi$ 越大,电流 I 越小,输电线上能量损耗 $I^2 r$(r 为输电线电阻)就越小,能量损失也越小,电路节能能力增强。同时线路电流 I 增大,导线分压也增大,负载端的电压降低,影响了负载的正常工作。

由以上两点可知,电力工程中要尽量提高功率因数。

2) 功率因数提高的方法

电力系统中,如变压器、发电机等多为感性负载,提高功率因数常用的方法是在感性负载两端并联一个大小合适的电容,如图 2-29(a)所示。图 2-29(b)所示为其相量图,由图可知,只要电容 C 合适,就可以实现 $\varphi<\varphi'$,获得合适的功率因数 $\cos\varphi'$,这样就达到了提高功率因数的目的。又由于电容 C 不消耗有功功率,所以并联电容 C 后对电路的有功功率 P 没有任何影响。

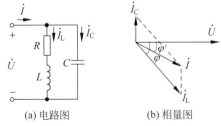

图 2-29 功率因数提高的方法

2.4 谐振电路

谐振现象是正弦交流电路的一种特定的工作状态,若调整电路中的电感 L、电容 C 和电源的频率,可使端口电压和端口电流的相位相同,即电路呈现电阻性,这种状态称为谐振现象。处于谐振状态的电路称为谐振电路。谐振电路在电子技术应用中有着广泛的应用,但对电力系统的正常工作有着很大的破坏作用,这是要避免的。谐振有串联谐振和并联谐振,本节着重以串联谐振为例分析讨论谐振特性。

学习目标

(1) 熟悉谐振现象及谐振条件。
(2) 掌握谐振电路的特点和品质因数的意义。
(3) 熟悉谐振频率特性曲线的特点。

2.4.1 谐振条件

在正弦电压作用下,图 2-30 所示 RLC 串联电路中,电路的阻抗为

$$Z = R + j(X_L - X_C)$$

当 $X_L = X_C$,即 $\omega L = \dfrac{1}{\omega C}$、$\omega = \dfrac{1}{\sqrt{LC}}$ 时,$Z = R$。电路端口电压 u 和端口电流 i 同相,相量图如图 2-30(b)所示,电路呈阻性,此时电路中发生了串联谐振现象。由谐振条件可知,谐振频率为

$$f_0 = \dfrac{1}{2\pi\sqrt{LC}} \tag{2-47}$$

即当电源频率 f 与电路中电感 L、电容 C 满足式(2-47)的关系时,电路发生谐振现象。日常生活中用的收音机就是通过调节电容 C 来实现收到某个频道信息的,谐振现象在传感器测量电路中常被应用。

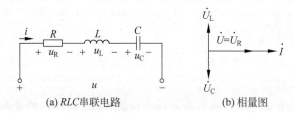

(a) RLC 串联电路 (b) 相量图

图 2-30 串联谐振的电路及相量图

2.4.2 谐振的特征

电路处在串联谐振时,具有以下特征。

1. 串联谐振电路阻抗最小且呈阻性

电路的阻抗为 $Z = R$,电路呈阻性,电源供给的能量全部被电阻消耗,电感和电容之间

进行能量交换。此时 $X_L = X_C$,相等的感抗和容抗值统称为特性阻抗,用 ρ 表示。

$$\rho = \omega L = \frac{1}{\omega C} = \sqrt{\frac{L}{C}} \tag{2-48}$$

2. 串联谐振电路电流最大

由于电路谐振时 $X_L = X_C$,则 $|Z| = \sqrt{R^2 + (X_L - X_C)^2} = R$ 最小,串联谐振时电路电流 I 最大,此时电流为

$$I = \frac{U}{|Z|} = \frac{U}{R} \tag{2-49}$$

3. 串联谐振电路电感电压与电容电压大小相等、相位相反

串联谐振时电压为 $\dot{U} = \dot{U}_R$,$\dot{U}_L = \dot{U}_C$。

电压有效值关系为

$$U = U_R, \quad U_L = U_C = I\omega_0 L = \frac{I}{\omega_0 C} = \frac{\omega_0 L}{R} U = \frac{U}{\omega_0 CR} \tag{2-50}$$

品质因数 Q 是指谐振时电容或电感两端电压与端口电压的比值。它是表示谐振程度的参数。

$$Q = \frac{U_L}{U} = \frac{U_C}{U} = \frac{\omega_0 L}{R} = \frac{1}{\omega_0 CR} = \frac{1}{R}\sqrt{\frac{L}{C}} \tag{2-51}$$

由式(2-51)可知:
(1) Q 只与 R、L、C 参数有关;
(2) 若 $Q \gg 1$,$U_L > U$,$U_C > U$,电感和电容两端出现高压,称为过压现象。

所以,电力系统要避免谐振现象。无线电电路中,常利用谐振提高信号的幅值。

2.4.3 串联电路的电流谐振曲线

串联电路中电流 I 为

$$I = \frac{U}{|Z|} = \frac{U}{\sqrt{R^2 + \left(2\pi fL - \dfrac{1}{2\pi fC}\right)^2}} \tag{2-52}$$

由式(2-52)可知,串联电路的电流是随频率变化的。串联电路的电流随频率变化的曲线,称为电流谐振曲线,如图 2-31 所示。不同参数的电路,谐振曲线不同。

由电流谐振曲线可得以下结论。
(1) f_0 谐振点,电流最大为 I_0。
(2) 谐振电路具有选择性。在谐振频率附近的频域内才有较大幅度的电流输出。Q 值越大,电流谐振曲线越尖锐,选择性越好。
(3) 谐振电路是带通滤波器。电流谐振曲线上只有对应 $I \geqslant \dfrac{I_0}{\sqrt{2}}$ 的 $f_H \sim f_L$ 频率范围内的信号可以

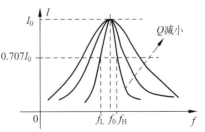

图 2-31 电流谐振曲线

通过。$f_B = f_H - f_L$，称为通频带，又称带宽。带宽规定了谐振电路允许通过信号的频率范围。

在谐振曲线中，品质因数又表示为

$$Q = \frac{f_0}{f_B} \tag{2-53}$$

由式(2-53)可知，品质因数 Q 值越大，通频带 f_B 越窄，电路的选择性越好。

【例 2-15】 在 RLC 串联谐振电路中，已知 $U=25\text{mV}$，$R=50\Omega$，$L=4\text{mH}$，$C=160\text{pF}$，求电路的谐振频率 f_0、谐振电流 I_0、品质因数 Q 和电感两端的电压 U_{L0}。

解：谐振频率为 $f_0 = \dfrac{1}{2\pi\sqrt{LC}} = \dfrac{1}{2\times 3.14 \times \sqrt{4\times 10^{-3} \times 160 \times 10^{-12}}}\text{Hz} = 200\text{kHz}$。

谐振电流为 $I_0 = \dfrac{U}{R} = \dfrac{25\times 10^{-3}}{50}\text{A} = 0.5\text{mA}$。

品质因数为 $Q = \dfrac{1}{R}\sqrt{\dfrac{L}{C}} = \dfrac{1}{50} \times \sqrt{\dfrac{4\times 10^{-3}}{160\times 10^{-12}}} = 100$。

由 $Q = \dfrac{U_{L0}}{U}$，可得 $U_{L0} = QU = 100 \times 0.025 = 2.5\text{V}$。

2.5 三相交流电路

目前，国内外电力系统中，发电和输电一般都采用三相制供电，工农业生产中用的是三相交流电，日常生活中用的单相电也是三相交流电路中的一相。由三相电源、三相负载和三相输电线按某种方式连接而成的电路，称为三相电路。三相电路的优点有：一是在输送相同功率的情况下，三相交流电机、变压器、电动机的结构简单、体积小、工作可靠；二是在输送距离相同、电压和功率相同的情况下，三相制输电比单相制节省材料，成本低。

学习目标

(1) 了解三相交流电源发电原理。
(2) 熟悉三相对称电压的概念及特点。
(3) 掌握三相电源(负载)星形联结和三角形联结的特点。
(4) 熟悉三相有功功率、无功功率和视在功率的计算。

2.5.1 三相交流电源

视频讲解

三相交流电源是由三相发电机产生的，三相发电机由三相匝数、面积相同依次夹角为 $120°$ 的绕组组成，如图 2-32(a)所示是一相绕组，在旋转磁场的作用下，产生三个幅值相等、频率相同、相位差依次为 $120°$ 的三个电源电压，三相分别称为 U 相、V 相、W 相，三相电压分别记为 u_U、u_V、u_W，称为对称三相电压。U_1、V_1、W_1 称为始端，U_2、V_2、W_2 称为末端，如图 2-32(b)所示。

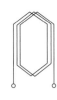
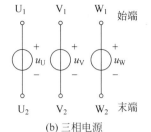

(a) 一相绕组　　　　　　　(b) 三相电源

图 2-32　一相绕组和三相电源

设 U 相的初相为 $\psi=0$，对称三相电压瞬时表达式为

$$\begin{cases} u_U = \sqrt{2}U\sin\omega t \\ u_V = \sqrt{2}U\sin(\omega t - 120°) \\ u_W = \sqrt{2}U\sin(\omega t + 120°) \end{cases} \qquad (2\text{-}54)$$

对称三相电压的相量形式表示为

$$\begin{cases} \dot{U}_U = U\angle 0° \\ \dot{U}_V = U\angle(-120°) \\ \dot{U}_W = U\angle(+120°) \end{cases} \qquad (2\text{-}55)$$

对称三相电压的波形图如图 2-33(a)所示，对应的相量图如图 2-33(b)所示。

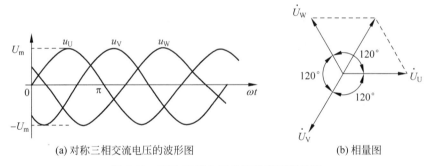

(a) 对称三相交流电压的波形图　　　　(b) 相量图

图 2-33　对称三相电压的波形图和相量图

由相量图可知，对称三相正弦电压相量和等于零，即

$$\dot{U}_U + \dot{U}_V + \dot{U}_W = 0$$

由上式也可以得出对称三相正弦电压瞬时值之和也等于零，即

$$u_U + u_V + u_W = 0$$

由图 2-33(a)可知，虽然三相电压幅值和频率都相同，但由于相位不同，所以三相交流电正幅值(或零值)出现的顺序不同。三相交流电依次出现正幅值(或零值)的顺序称为相序。常将相序为 U-V-W-U 的相序称为正序，将 U-W-V-U 的相序称为逆(反)序。电力系统中一般用黄、绿、红区别 U、V、W 三相。

2.5.2 三相电源的联结

采用三相制的电力系统,三相发电机的每一相都可以作为电压源给负载供电,三相电源则需要六根线来输送电,这是不经济的。实际应用中,三相电源是按照一定的联结方式供电的,联结方式有星形(Y)联结和三角形(△)联结,只需三根或四根输电线即可。

1. 三相电源的星形(Y)联结

将三相电源的末端连在一起,从三始端分别引线的联结方式,称为星形(Y)联结,如图 2-34 所示。图 2-34(a)和图 2-34(b)都是常见的联结形式。

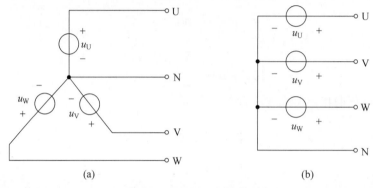

图 2-34 星形(Y)联结

从三末端连接点引出的线称为中性线,也是俗称的零线。从始端 U、V、W 引出的线称为端线,也称为相线,也是俗称的火线。相线与中性线间的电压称为相电压,用符号 u_U、u_V、u_W 来表示,对称三相交流的相电压有效值相同,用符号 U_P 表示。两根端线间的电压称为线电压,用符号 u_{UV}、u_{VW}、u_{WU} 表示,对称三相交流电的线电压有效值相同,用符号 U_L 表示。

由图 2-34 可知,线电压和相电压的关系为

$$\begin{cases} \dot{U}_{UV} = \dot{U}_U - \dot{U}_V \\ \dot{U}_{VW} = \dot{U}_V - \dot{U}_W \\ \dot{U}_{WU} = \dot{U}_W - \dot{U}_U \end{cases} \quad (2\text{-}56)$$

设 $\dot{U}_U = \sqrt{2}U\angle 0°$,由图 2-35 所示相量图可得

$$\begin{cases} \dot{U}_{UV} = \sqrt{3}\dot{U}_U \angle 30° \\ \dot{U}_{VW} = \sqrt{3}\dot{U}_V \angle 30° \\ \dot{U}_{WU} = \sqrt{3}\dot{U}_W \angle 30° \end{cases} \quad (2\text{-}57)$$

由上述可得星形联结结论:$U_L = \sqrt{3}U_P$,且线电压超前相应的相电压 30°,三个线电压也是幅值相同、频率相同、相位依次落后 120°的对称三相电压。

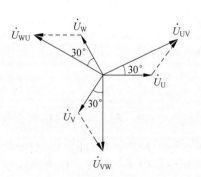

图 2-35 星形联结线电压与相电压的相量图

电网的低压供电系统采用星形联结法,即三线四线制联结法,常写作电源电压"380V/220V",也就是说此

时线电压是380V,相电压是220V。

【例2-16】 对称三相电源Y形联结,线电压为$\dot{U}_{UV}=380\angle 60°$V。试写出其他线电压和相电压。

解:根据线电压的对称关系可知

$$\dot{U}_{VW}=380\angle(60°-120°)=380\angle(-60°)\text{V}$$

$$\dot{U}_{WU}=380\angle(-60°-120°)=380\angle(-180°)\text{V}$$

根据线电压与相电压的关系可知

$$\dot{U}_U=\frac{380}{\sqrt{3}}\angle(60°-30°)\text{V}=220\angle 30°\text{V}$$

$$\dot{U}_V=220\angle(30°-120°)\text{V}=220\angle(-90°)\text{V}$$

$$\dot{U}_W=220\angle(-90°-120°)\text{V}=220\angle 150°\text{V}$$

2. 三相电源的三角形(△)联结

把三相电源的始、末端依次联结成一闭合回路,这种联结方式称为三角形(△)联结,如图2-36所示。

由图2-36可知,线电压和相电压的关系为

$$\begin{cases}\dot{U}_{UV}=\dot{U}_U\\ \dot{U}_{VW}=\dot{U}_V\\ \dot{U}_{WU}=\dot{U}_W\end{cases} \quad (2-58)$$

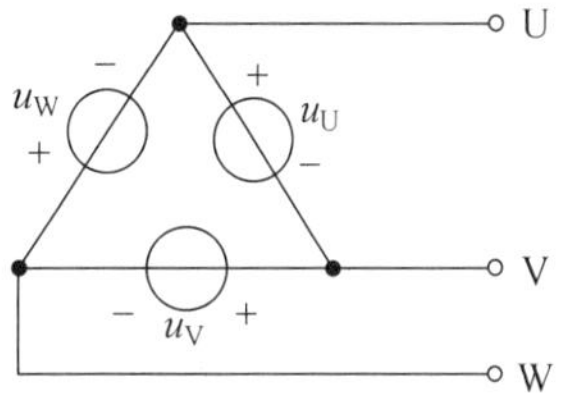

图2-36 三角形联结

由式(2-58)可得三角形联结结论:线电压与相应的相电压相等,三个线电压也是对称三相电压。

在三角形联结时,由于$\dot{U}_U+\dot{U}_V+\dot{U}_W=0$,所以图2-36所示的环路电流为零。若一相接反,总电压是相电压的2倍,环路电流较大,则会烧毁电源。这是要避免的!

【例2-17】 一台发电机绕组联结成Y形时线电压为760V。(1)求发电机绕组的相电压;(2)如将绕组改成三角形联结,求线电压。

解:(1)星形联结时,有

$$U_P=\frac{U_L}{\sqrt{3}}=\frac{760}{\sqrt{3}}=439\text{V}$$

(2)三角形联结时,有

$$U_L=U_P=439\text{V}$$

2.5.3 三相负载的联结

应用交流电电器设备种类繁多,按其对电源的需求分,有两种类型。一种类型是只需接到单相电源就可工作的负载,称为单相负载,如各种照明灯具、家用电器、电视机、电焊机等;另一种类型是需要接到三相电源上才能工作的负载,称三相负载,如三相交流电动机、大功率三相电炉等。

交流电路中，三相负载的复阻抗都相等，称为对称三相负载。三相负载的复阻抗若不相等，则为不对称三相负载。分析计算三相电路时，三相电路中的电源都是对称的。三相电源与三相负载均对称的电路称为对称三相电路，虽然三相电源对称，但三相负载不对称，则为不对称三相电路。三相电源有星形和三角形两种联结方法，三相负载也有星形和三角形两种联结方法。三相负载的联结法取决于三相电源的电压值和各相负载的电压额定值。

1．三相负载的星形联结

如图 2-37(a)和图 2-37(b)所示均为负载的星形联结，其中 N 为中性线。如图 2-37(a)所示，流过每根端线的电流 i_U、i_V、i_W 称为线电流，有效值用 I_L 表示。流过各相负载内部的电流 i_{UN}、i_{VN}、i_{WN} 称为相电流，有效值用 I_P 表示。若 $Z_U = Z_V = Z_W$，即三相负载对称，三相供电电源也是对称的，由图 2-37 可知，$I_P = I_L$，且有

$$\begin{cases} \dot{I}_U = \dot{I}_{UN} = \dfrac{\dot{U}_U}{Z_U} \\ \dot{I}_V = \dot{I}_{VN} = \dfrac{\dot{U}_V}{Z_V} \\ \dot{I}_W = \dot{I}_{WN} = \dfrac{\dot{U}_W}{Z_W} \end{cases} \quad (2\text{-}59)$$

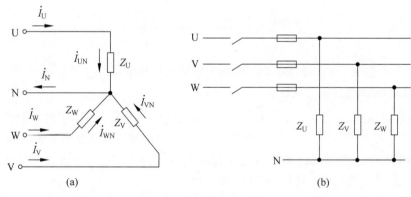

图 2-37 负载星形联结

由式(2-59)可知，三个线(相)电流幅值和频率相同，相位相差 120°，也就是说，三个相(线)电流是对称的，则 $\dot{I}_U + \dot{I}_V + \dot{I}_W = \dot{I}_N = 0$，那么对称负载时交流电路的中性线可以去掉，但由于实际线路三相负载通常是不对称的，中性线是不能省掉的，所以供电常采用三相四线制。三相四线制的三相电路如图 2-38 所示。对称三相负载的星形联结线电压和相电压、线电流和相电流的关系与三相电源星形联结的相同。

三相四线制的特点如下：

(1) 对称 Y/Y 三相电路，中性线不起作用；

(2) 各相电源具有独立性，负载的电压和电流由对应相电源和负载决定，与其他无关。

(3) 三相电压、电流是与电源同相序的对称三相正弦量。

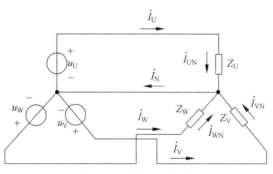

图 2-38 Y/Y 三相电路

【例 2-18】 在图 2-37 所示负载星形联结电路中,若三相对称负载阻抗为 $Z=8+j6$,接线电压为 380V 的电源,求负载相电压、线电流和相电流。

解:负载相电压为 $U_P=\dfrac{U_L}{\sqrt{3}}=\dfrac{380}{\sqrt{3}}=220\text{V}$。

阻抗为 $Z=8+j6=10\angle 36.9°\Omega$。

$I_L=I_P=\dfrac{U_P}{|Z|}=\dfrac{220}{10}=22\text{A}$。

2. 三相负载的三角形联结

三相负载连接为一个三角形,另一端分别接电源的三根端线,称为三相负载的三角形联结,如图 2-39 所示。

由图 2-39 可知,各负载的线电压就是相电压,即 $U_L=U_P$,各相的相电流为

$$\begin{cases} \dot{I}_{UV}=\dfrac{\dot{U}_{UV}}{Z_U} \\ \dot{I}_{VW}=\dfrac{\dot{U}_{VW}}{Z_V} \\ \dot{I}_{WU}=\dfrac{\dot{U}_{WU}}{Z_W} \end{cases} \quad (2\text{-}60)$$

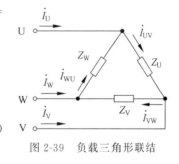

图 2-39 负载三角形联结

各端线的线电流和流过各负载的相电流的关系为

$$\begin{cases} \dot{I}_U=\dot{I}_{UV}-\dot{I}_{WU} \\ \dot{I}_V=\dot{I}_{VW}-\dot{I}_{UV} \\ \dot{I}_W=\dot{I}_{WU}-\dot{I}_{VW} \end{cases} \quad (2\text{-}61)$$

若 $Z_U=Z_V=Z_W$,即三相负载对称,由于负载的三相电压也是对称的,则三相相电流也是对称的。设电流 i_{UV} 的初相为 $0°$,由上述线电流和相电流的关系相量图(如图 2-40 所示)可知,三个线电流也是对称的,且 $I_L=\sqrt{3}I_P$,线电流滞后相应的相电流 $30°$,即

$$\begin{cases} \dot{I}_U = \sqrt{3}\dot{I}_{UV}\angle(-30°) \\ \dot{I}_V = \sqrt{3}\dot{I}_{VW}\angle(-30°) \\ \dot{I}_W = \sqrt{3}\dot{I}_{WU}\angle(-30°) \end{cases} \tag{2-62}$$

三相负载三角形联结中用不到中性线,只需三相三线制供电即可,可采用如图 2-41 所示的 Y/△三相电路。

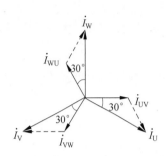

图 2-40 线电流和相电流的相量图

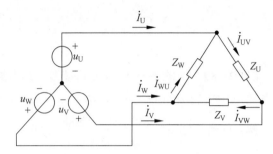

图 2-41 Y/△三相电路

三相三线制的三相电路的特点如下:

(1) 对称 Y/△三相电路,无中性线;

(2) 电源线电压与负载线电压、相电压均相等,各相电源具有独立性,负载的电压和电流由对应相电源和负载决定;

(3) $I_L = \sqrt{3}I_P$,线电流滞后相应的相电流 30°,三相电压、电流与电源同相序。

【例 2-19】 某对称三相负载,其阻抗为 $Z=6+j8$,按三角形联结,然后对称阻抗接线电压为 380V 的电源,求负载相电压、线电流和相电流。

解: 负载相电压为 $U_P = U_L = 380V$。

阻抗为 $Z = 6+j8 = 10\angle 53.1° \Omega$。

相电流为 $I_P = \dfrac{U_P}{|Z|} = \dfrac{380}{10} = 38A$。

线电流为 $I_L = \sqrt{3}I_P = 38\sqrt{3} A$。

2.5.4 三相电路的功率

不论负载是星形联结还是三角形联结,在三相电路中三相负载消耗的总有功功率等于各相负载消耗有功功率之和,即 $P = P_U + P_V + P_W$。在对称三相电路中,由于各相负载、电压幅值、电流幅值都相同,在星形联结或三角形联结中,则三相有功功率为

$$P = 3U_P I_P \cos\varphi = \sqrt{3} U_L I_L \cos\varphi \tag{2-63}$$

式中,φ 是对称负载的阻抗角,也是负载相电压与相电流的相位差。

同理,三相负载的总无功功率也等于三相负载的无功功率之和,即 $Q = Q_U + Q_V + Q_W$。在对称三相电路中,无功功率为

$$Q = 3U_P I_P \sin\varphi = \sqrt{3} U_L I_L \sin\varphi \tag{2-64}$$

对称三相电路中,三相负载的总视在功率等于三相负载的视在功率之和,即

$$S = 3U_P I_P = \sqrt{3} U_L I_L \tag{2-65}$$

总有功功率、无功功率与视在功率的关系为

$$S = \sqrt{P^2 + Q^2} \tag{2-66}$$

【例 2-20】 三相对称负载,每相复阻抗为 $Z=(6+\mathrm{j}8)\Omega$,接在 380V 线电压上,试求负载分别为星形(Y)联结和三角形(△)联结时,每相负载的线电流和总有功功率。

解:阻抗为 $Z=6+\mathrm{j}8=10\angle53.1°\Omega$。

(1) 星形联结时,有 $U_P = \dfrac{U_L}{\sqrt{3}} = \dfrac{380}{\sqrt{3}}\mathrm{V}$,$I_L = I_P = \dfrac{U_P}{|Z|} = \dfrac{380}{10\sqrt{3}}\mathrm{A}$。

总有功功率为 $P = \sqrt{3} U_L I_L \cos\varphi = \sqrt{3} \times 380 \times \dfrac{380}{10\sqrt{3}} \times \cos 53.1° = 8664\mathrm{W}$。

(2) 三角形联结时,有 $U_P = U_L = 380\mathrm{V}$,$I_L = \sqrt{3} I_P = \sqrt{3} \times \dfrac{U_P}{|Z|} = \sqrt{3} \times \dfrac{380}{10} = 38\sqrt{3}\mathrm{A}$。

总有功功率为 $P = \sqrt{3} U_L I_L \cos\varphi = \sqrt{3} \times 380 \times \sqrt{3} \times 38 \times \cos 53.1° = 25992\mathrm{W}$。

注意:在电源电压不变时,同一负载由星形联结改为三角形联结时,功率增加为原来的 3 倍。一般超过 4kW 的大功率用电设备都采用三角形联结。

思考练习

一、填空题

2.1 图 2-42 中给出了电压 u_1、u_2 的波形图,u_1 的初相为_____,u_2 的初相为_____,u_1 的相位超前 u_2 为_____。

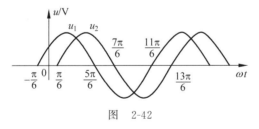

图 2-42

2.2 在 RLC 串联电路中,已知电流为 5A,电阻为 30Ω,感抗为 80Ω,容抗为 40Ω,那么电路的总阻抗为_____Ω,电路从电源吸收的有功功率为_____W,无功功率为_____var。

二、选择题

2.3 某正弦电流的有效值为 7.07A,频率为 $f=100\mathrm{Hz}$,初相角为 $\varphi=-45°$,则该电流的瞬时表达式为( )。

  A. $i = 7.07\sin(100\pi t - 45°)\mathrm{A}$ B. $i = 7.07\sin(100\pi t + 45°)\mathrm{A}$

  C. $i = 7.07\sqrt{2}\sin(200\pi t + 45°)\mathrm{A}$ D. $i = 7.07\sqrt{2}\sin(200\pi t - 45°)\mathrm{A}$

2.4 下列表达式正确的是( )。

  A. $u=\omega L$ B. $U_L=\omega L I_L$ C. $u_L=\omega L i_L$ D. $\dot{I}_L=\dfrac{U}{\mathrm{j}\omega L}$

2.5 RLC 串联电路的性质取决于( )。

  A. 各元件的参数和电源的频率   B. 外加电压的大小

  C. 各元件的参数   D. 电路的功率因数

2.6 在 RLC 串联电路中,已知 $R=3\Omega$,$X_L=6\Omega$,$X_C=8\Omega$,则电路的性质为( )。

  A. 感性   B. 容性   C. 阻性   D. 不能确定

2.7 在三相对称电路中,负载星形联结时中性线电流( )。

  A. 等于相电流   B. 等于相电流的 1.732 倍

  C. 等于相电流的 3 倍   D. 等于零

三、分析计算题

2.8 写出下列正弦量的相量形式。

(1) $u_1=220\sqrt{2}\sin(\omega t+120°)\mathrm{V}$

(2) $u_2=20\sqrt{2}\sin\omega t\,\mathrm{V}$

(3) $i_1=7.07\sin(\omega t-30°)\mathrm{A}$

(4) $i_2=10\sqrt{2}\sin(\omega t-200°)\mathrm{A}$

2.9 写出下列相量对应的正弦量($f=50\mathrm{Hz}$)。

(1) $\dot{U}_1=10\sqrt{2}\angle 50°\mathrm{V}$

(2) $\dot{I}_1=5\angle(45°)\mathrm{A}$

(3) $\dot{U}_2=(6+\mathrm{j}8)\mathrm{V}$

(4) $\dot{I}_2=-\mathrm{j}10\mathrm{A}$

2.10 已知 $i_1=10\sqrt{2}\sin(\omega t-90°)\mathrm{A}$,$i_2=10\sqrt{2}\sin\omega t\,\mathrm{A}$,试求 $i=i_1+i_2$。

2.11 电压 $u=100\sin(314t-60°)\mathrm{V}$ 施加在电阻两端,若电阻为 $R=20\Omega$,选定 u、i 为关联参考方向,试写出其电流的瞬时值表达式,并作电压和电流的相量图。

2.12 已知 10Ω 电阻上通过的电流为 $i=5\sqrt{2}\sin\left(628t+\dfrac{\pi}{4}\right)\mathrm{A}$,设 u、i 为关联参考方向,试求电阻消耗的功率 P 和电压的瞬时值表达式。

2.13 施加在 $L=0.2\mathrm{H}$ 电感两端的电压为 $u=141.4\sin(100t-60°)\mathrm{V}$,设 u、i 为关联参考方向,试求电感的感抗 X_L、电流解析式 i 和电感的无功功率 Q_L,并画出电压与电流的相量图。

2.14 某电感接在一个频率为 $f=50\mathrm{Hz}$ 的电压两端时,感抗是 25Ω,若接在频率为 $f=5\mathrm{kHz}$、电压为 220V 的电源上,试求其感抗和电流 I 分别为多少。

2.15 一个 $C=100\mu\mathrm{F}$ 的电容接在电压 $u=220\sqrt{2}\sin(1000t+30°)\mathrm{V}$ 的电源上,设 u、i 为关联参考方向,求通过电容的电流 i 和电容的无功功率 Q_C,并绘出电压和电流的相量图。

2.16 某电容接在 220V 的工频交流电路中,通过的电流为 5A,试求元件的电容 C。

2.17 如图 2-43 所示,已知电压表 V_1、V_2、V_3 读数均为 50V,试求电路中电压表 V 的读数。

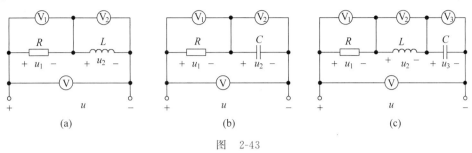

图 2-43

2.18 如图 2-44 所示电路中，已知 $u=100\sqrt{2}\sin 2t\,\text{V}, R=8\,\Omega, L=3\,\text{H}$。试求电路中的 $i、u_R、u_L$，并绘出所求电压与电流的相量图。

2.19 在图 2-45 所示 RC 电路中，已知端电压为 $u=100\sin(1000t-60°)\,\text{V}, R=20\,\Omega, C=50\,\mu\text{F}$，试求 $i、u_R、u_C$，并画所求电压与电流的相量图。

2.20 在图 2-46 所示电路中，已知 $R=30\,\Omega, L=50\,\text{mH}, C=100\,\mu\text{F}$，端电压为 $u=141.4\sin(1000t+90°)\,\text{V}$，求电路的电流 i 和各元件上电压 u 的瞬时表达式，并画出所求电压和电流的相量图。

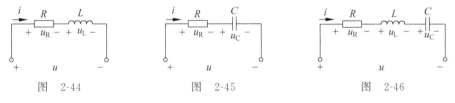

图 2-44　　　　　　图 2-45　　　　　　图 2-46

2.21 RL 串联电路接在 $u=100\sin(1000t+30°)\,\text{V}$ 的电源上，已知 $R=8\,\Omega, X_L=8\,\Omega$，试求串联电路有功功率、无功功率和视在功率。

2.22 RLC 电路接在 $u=141.4\sin(1000t+30°)\,\text{V}$ 的电源上，已知 $R=8\,\Omega, L=14\,\text{mH}, C=125\,\mu\text{F}$，求电路的电流 i、有功功率、无功功率和视在功率。

2.23 星形联结的对称三相电源，已知线电压为 760V，若以 $\dot{U}_U$ 为参考相量，即初相为 30°，试求相电压，并写出电压 $\dot{U}_U、\dot{U}_V、\dot{U}_W、\dot{U}_{UV}、\dot{U}_{VW}、\dot{U}_{WU}$ 的相量。

2.24 对称三相负载进行三角形联结，线电压为 380V，各相复阻抗为 $Z=(60+\text{j}80)\,\Omega$，试求负载的相电流和总有功功率。

2.25 一个 4kW 的三相感应电动机，绕组为星形联结，接在线电压为 $U_L=380\text{V}$ 的三相电源上，功率因数为 $\cos\varphi=0.85$，试求负载的相电压和相电流。

第 3 章 线性动态电路分析

前面两章分析的直流电路和交流电路均是在稳定状态的电路,即为稳态电路,但是在实际电路中会出现电路状态变化过程,在含有储能元件的电路中,若不考虑这一变化过程可能会发生意想不到的结果,譬如我们在插插座时会遇到冒火花现象。

本章主要介绍动态电路的换路定理和一阶线性 RL 和 RC 电路的零输入响应、零状态响应和全响应。

3.1 换路定律概述

学习目标

(1) 了解动态过程、动态电路的概念及动态变化发生的条件。
(2) 掌握换路定律及其解题方法。

3.1.1 动态过程

前面两章分析线性电路中,当电源电压(激励)为恒定值或呈周期性规律变化时,电路中各部分的电压或电流(响应)也是恒定的或呈周期性规律变化,即电路中电源与各部分电压或电流变化规律相同,电路这种工作状态称为稳定状态,简称稳态。但是实际中还有会遇到从一种稳态向另一种稳态变化的过程。如图 3-1(a)所示电路,在开关 S 闭合前,电路中的电流为 $i_L=0$,在开关 S 闭合达到稳定状态后,电路中电流为 $i_L=\dfrac{U_S}{R}$,在电流由 0 变为 $\dfrac{U_S}{R}$,这中间经历一个过程才能达到一个稳态值,如图 3-1(b)所示。如上所述,电路从一种稳态变为另一种稳态需要的中间过程,称为动态过程,亦称过渡过程或暂态过程。

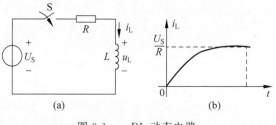

图 3-1 　RL 动态电路

产生动态过程的原因是发生变化时储能元件的能量不能跃变（或突变）。电感和电容都是储能元件，电路中至少含有一个储能元件电感 L 或电容 C 的电路称为动态电路。动态电路产生动态过程是有内因和外因的，内因是电路中含有储能元件（L 或 C）；外因是电路发生电路结构或参数改变，也就是说发生了换路，如电路接通、断开、短路、电压改变等。动态过程的实质是储能元件的充、放电过程。

电路的动态过程一般比较短暂，它的作用和影响都非常重要。有些电路设计时专门利用其动态过程来实现延时、波形产生等；但在电力系统中，动态过程会产生比稳态要大很多的过电压或过电流，对此要采取保护措施，否则电器设备就会毁坏。因此研究动态过程，掌握其规律是非常重要的。

3.1.2 换路定律

视频讲解

由于电感的储能为 $w_L=\dfrac{1}{2}Li_L^2$，在 u_L 为有限值时，电感储能不能跃变，即通过电感的电流 i_L 不能跃变。电容储能为 $w_C=\dfrac{1}{2}Cu_C^2$，在 i_C 为有限值时，而电容的储能为 $w_C=\dfrac{1}{2}Cu_C^2$，电容储能不能跃变，即电容两端的电压 u_C 不能跃变。

设：$t=0$ 表示换路瞬间（定为计时起点），$t=0_-$ 表示换路前最后一瞬间，$t=0_+$ 表示换路后开始一瞬间，即换路的初始值。

电容元件上的电压和电感元件中的电流不能跃变，这就是换路定律，用公式表示为

$$\begin{cases} u_C(0_+)=u_C(0_-) \\ i_L(0_+)=i_L(0_-) \end{cases} \tag{3-1}$$

注意：

（1）换路定律仅用于确定换路瞬间 u_C、i_L 的初始值。

（2）只有电容的电压与电感的电流不能跃变，其余变量如 i_C、u_L、u_R、i_R、电压源的电流都可在换路时跃变。

3.1.3 初始值的计算

初始值的计算，即 $t=0_+$ 时电路中的电压、电流初始值的计算，解题步骤如下：

① 根据换路前的电路求换路前瞬间的 $u_C(0_-)$、$i_L(0_-)$，注意电路视为一稳态，此时电感短路，电容开路。

② 根据换路定律求换路瞬间的 $u_C(0_+)$、$i_L(0_+)$。

③ 画出 $t=0_+$ 时的等效电路。$u_C(0_+)=u_C(0_-)=U_S$ 时，电容用电压源 U_S 代替，$u_C(0_+)=u_C(0_-)=0$ 时，电容用短路线代替；$i_L(0_+)=i_L(0_-)=I_S$ 时，电感用电流源 I_S 代替，$i_L(0_+)=i_L(0_-)=0$ 时，电感进行开路处理。

④ 用直流电路分析方法，计算换路瞬间的其他电流、电压值。

【例 3-1】 在图 3-2(a)所示电路中，开关 S 闭合前，电容两端电压为零，求开关 S 闭合瞬间各元件电压和各支路电流的初始值。

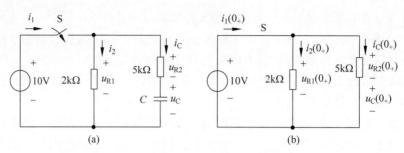

图 3-2 例 3-1 图

解：由题意知，开关 S 闭合前有 $u_C(0_-)=0$。

开关 S 闭合后，根据换路定律，可得 $u_C(0_+)=u_C(0_-)=0$。

当 $t=0_+$ 时等效电路图如图 3-2(b)所示。

由 KVL，可得 $u_{R1}(0_+)=10\text{V}, u_{R2}(0_+)=10\text{V}$。

$$i_2(0_+)=\frac{10}{2\times 10^3}\text{A}=5\text{mA}, i_C(0_+)=\frac{10}{5\times 10^3}\text{A}=2\text{mA}。$$

由 KCL 可得 $i_1(0_+)=i_2(0_+)+i_C(0_+)=2+5=7\text{mA}$。

【**例 3-2**】 在图 3-3(a)所示电路中，电路已稳定，$t=0$ 时，合上开关 S。试求初始值 $i_1(0_+)$、$i_L(0_+)$ 和 $u_L(0_+)$。

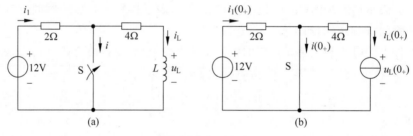

图 3-3 例 3-2 图

解：开关 S 闭合前，电感相当于短路，则有

$$i_L(0_-)=\frac{12}{2+4}=2\text{A}$$

开关 S 闭合前，根据换路定律，可得 $i_L(0_+)=i_L(0_-)=2\text{A}$。

当 $t=0_+$ 时等效电路如图 3-3(b)所示。

由 KVL 可得 $2i_1(0_+)-12=0$，则 $i_1(0_+)=6\text{A}$。

根据 KCL 可得 $i(0_+)=i_1(0_+)-i_L(0_+)=6-2=4\text{A}$。

根据 KVL 有 $4\times 4+u_L(0_+)=0$，则 $u_L(0_+)=-16\text{V}$。

3.2 一阶电路的分析

可用一阶微分方程描述的电路称为一阶电路。除了电源（电压源或电流源）与电阻元件，只含一个储能元件（电容或电感）的电路都是一阶电路。

分析一阶电路的过程就是根据激励（电压源或电流源）求电路的响应（电压和电流值）。

根据初始条件的不同,电路的响应可分为三种。

零输入响应:指输入激励信号为零,仅有储能元件的初始储能所激发的响应。零输入响应也是储能元件放电的过程。

零状态响应:指电路初始状态为零,电路仅有外加电源作用所激发的响应。零状态响应也是储能元件充电的过程

全响应:指电路初始状态和输入都不为零的一阶电路。

学习目标

(1)掌握 RC、RL 一阶电路零输入响应的概念及响应变化规律。

(2)掌握 RC、RL 一阶电路零状态响应的概念及响应变化规律。

(3)熟悉一阶电路中时间常数的概念。

下面先分析零输入响应、零状态响应电路。

3.2.1 零输入响应

零输入响应有 RC 电路和 RL 电路两种。

1. RC 电路零输入响应

图 3-4 所示电路中,开关 S 在 A 位置时电路处于稳定状态,电容元件已充电,即电容电压为 $u_C(0_-)=U_S$。在 $t=0$ 时刻,开关 S 从 A 点切换到 B 点,电路发生换路,电容元件开始对电阻元件 R 放电。

由于电容两端电压不能突变,根据换路定律可知:$u_C(0_+)=u_C(0_-)=U_S$。

此时电路中仅由电容和电阻组成,电路中的电压和电流都是由 $u_C(0_+)=U_S$ 引起,这时电路中的电压和电流为零输入状态,也是电容放电的过程。

根据 KVL,列出电压方程 $u_R-u_C=0$。

图 3-4 中,$u_R=i_R R$,电容两端的电压与通过的电流为非关联参考方向,则有 $i_C=-C\dfrac{\mathrm{d}u_C}{\mathrm{d}t}$,所以电压方程为

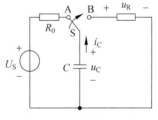

图 3-4 RC 零输入电路

$$RC\frac{\mathrm{d}u_C}{\mathrm{d}t}+u_C=0 \tag{3-2}$$

式(3-2)是一阶常系数齐次线性微分方程,可得该微分方程的解为

$$u_C(t)=u_C(0_+)\mathrm{e}^{-\frac{t}{RC}}$$

将初始条件 $u_C(0_+)=U_S$ 代入上式,则

$$u_C(t)=U_S\mathrm{e}^{-\frac{t}{RC}}$$

令 $\tau=RC$,τ 为时间常数,电阻 R 的单位为欧姆,电容 C 的单位为法,则时间常数 τ 的单位为秒。可表示为

$$u_C(t)=u_C(0_+)\mathrm{e}^{-\frac{t}{\tau}}=U_S\mathrm{e}^{-\frac{t}{\tau}} \tag{3-3}$$

图 3-4 中,电阻两端电压为 $u_R(t)=u_C(t)=u_C(0_+)\mathrm{e}^{-\frac{t}{\tau}}=U_S\mathrm{e}^{-\frac{t}{\tau}}$

电路中的电流为 $i_C(t) = \dfrac{u_R(t)}{R} = \dfrac{u_C(t)}{R} = \dfrac{u_C(0_+)}{R}e^{-\frac{t}{\tau}} = \dfrac{U_S}{R}e^{-\frac{t}{\tau}}$

2. RL 电路零输入响应

图 3-5 所示电路中,开关 S 在 A 位置时电路处于稳定状态,电感元件充电电流为 $i_L(0_-) = \dfrac{U_S}{R_0}$。在 $t=0$ 时刻,开关 S 从 A 点切换到 B 点,电路发生换路,电感元件开始释放磁场能。

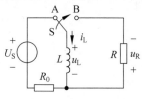

图 3-5 RL 零输入电路

由于电感的电流不能突变,根据换路定律可知:$i_L(0_+) = i_L(0_-) = \dfrac{U_S}{R_0}$。

此时电路中仅由电感和电阻组成,电路中无电源,电路中的电压和电流为零输入状态。根据 KVL,列出电压方程 $u_R + u_L = 0$。

图 3-5 中,$u_R = i_L R$,电感两端的电压与通过的电流为关联参考方向,则有 $u_L = L\dfrac{di_L}{dt}$,所以电压方程为

$$L\dfrac{di_L}{dt} + i_L R = 0 \tag{3-4}$$

式(3-4)是一阶常系数齐次线性微分方程,可得该微分方程的解为

$$i_L(t) = i_L(0_+)e^{-\frac{Rt}{L}}$$

将初始条件 $i_L(0_+) = \dfrac{U_S}{R_0}$ 代入上式,则

$$i_L(t) = \dfrac{U_S}{R_0}e^{-\frac{Rt}{L}}$$

令 $\tau = \dfrac{L}{R}$,τ 为时间常数,电阻 R 的单位为欧姆,电感 L 的单位为亨,则时间常数 τ 的单位为秒。可表示为

$$i_L(t) = i_L(0_+)e^{-\frac{t}{\tau}} = \dfrac{U_S}{R_0}e^{-\frac{t}{\tau}} \tag{3-5}$$

图 3-5 中,电阻两端电压为 $u_R(t) = i(t)R = Ri_L(0_+)e^{-\frac{t}{\tau}}$。

电感两端电压为 $u_L(t) = -u_R(t) = Ri_L(0_+)e^{-\frac{t}{\tau}}$。

3. 一阶响应的时间常数

由式(3-3)和式(3-5),可知零输入响应,即电容放电和电感释放磁场能的过程,对应通式可写为

$$f(t) = f(0_+)e^{-\frac{t}{\tau}} \tag{3-6}$$

式中,$f(0_+)$ 为 $t=0_+$ 时的初始值,τ 为时间常数,其中对 RC 电路,$\tau = RC$,对 RL 电路,$\tau = \dfrac{L}{R}$。

式(3-6)表明零输入响应 u_C 和 i_L 是按指数规律衰减的,变化曲线如图3-6所示。时间常数 τ 是表示衰减快慢的物理量,时间常数 τ 越大,衰减越慢。当 $t=\tau$ 时,$f(\tau)=0.368f(0_+)$;$t=2\tau$ 时,$f(2\tau)=0.135f(0_+)$;$t=3\tau$ 时,$f(3\tau)=0.05f(0_+)$;$t=4\tau$ 时,$f(4\tau)=0.018f(0_+)$;$t=5\tau$ 时,$f(5\tau)=0.007f(0_+)$。理论上 $\tau=\infty$,电路才达到稳定,实际上当 $t=5\tau$,储能元件的响应已衰减到初始值的 0.7%。工程中,当 $t \geqslant 5\tau$ 时,可认为动态过程基本结束。

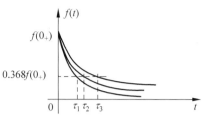

图3-6 不同时间常数下的 $f(t)$ 变化曲线

【例3-3】 图3-7所示电路中,已知电路在换路前已达稳态,求开关 S 由 A 切换到 B 后电容电压 $u_C(t)$ 和电流 $i_C(t)$。

解:换路前电容开路,由题意可知
$$u_C(0_-)=80\text{V}$$
开关切换到 B 后,根据换路定律得
$$u_C(0_+)=u_C(0_-)=80\text{V}$$

时间常数为 $\tau=RC=4\times 10^3 \times 10\times 10^{-6}=4\times 10^{-2}\text{s}$,则 $u_C(t)=u_C(0_+)\text{e}^{-\frac{t}{\tau}}=80\text{e}^{-\frac{t}{0.04}}=80\text{e}^{-25t}\text{V}$,$i_C(t)=\frac{u_R(t)}{R}=\frac{u_C(t)}{R}=\frac{80\text{e}^{-25t}}{4\times 10^3}=0.02\text{e}^{-25t}\text{A}$。

【例3-4】 在图3-8所示电路中,电路已稳定,求打开开关 S 后,电感的电流 $i_L(t)$ 和电感的电压 $u_L(t)$。

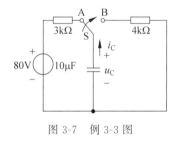

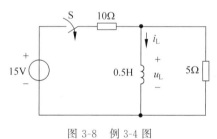

图3-7 例3-3图 　　　　　　图3-8 例3-4图

解:S 打开前,电感短路,有
$$i_L(0_-)=\frac{15}{10}=1.5\text{A}$$
打开 S,根据换路定律,得
$$i_L(0_+)=i_L(0_-)=1.5\text{A}$$
时间常数为 $\tau=\frac{L}{R}=\frac{0.5}{5}=0.1\text{s}$,则 $i_L(t)=i_L(0_+)\text{e}^{-\frac{t}{\tau}}=1.5\text{e}^{-\frac{t}{0.1}}=1.5\text{e}^{-10t}\text{A}$。
根据 KVL,可得 $u_L(t)=-i_L(t)R=-5\times 1.5\text{e}^{-10t}=-7.5\text{e}^{-10t}\text{V}$。

4. 一阶零输入响应的推广

若电路除了电容外其他部分为只含电阻的无源二端网络 N_0,如图3-9(a)所示,把无源二端网络 N_0 用等效电阻 R_0 代替,等效电路如图3-9(b)所示。在 $u_C(0_+)\neq 0$ 条件下,此时有

$$\tau = R_0 C$$

$$u_C(t) = u_C(0_+) e^{-\frac{t}{\tau}}$$

$$i_C(t) = \frac{u_C(t)}{R_0}$$

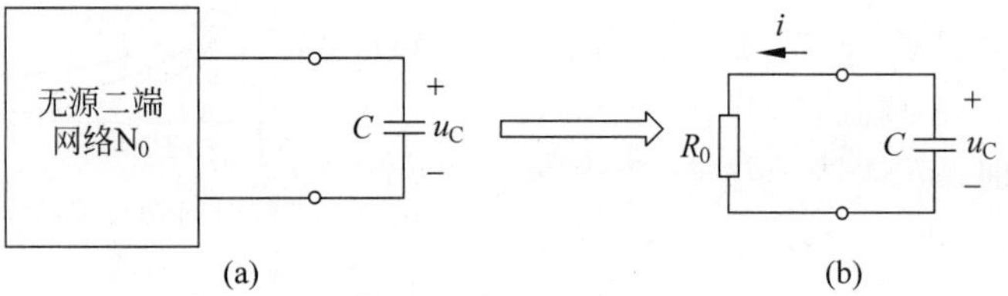

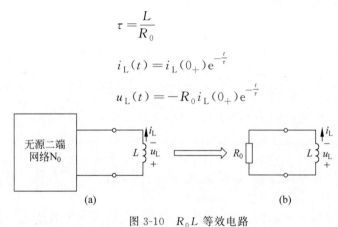

图 3-9 $R_0 C$ 等效电路

同理，若电路除了电感外其他部分为只含电阻的无源二端网络 N_0，如图 3-10(a)所示，把无源二端网络 N_0 用等效电阻 R_0 代替，等效电路如图 3-10(b)所示。在 $i_L(0_+) \neq 0$ 条件下，此时有

$$\tau = \frac{L}{R_0}$$

$$i_L(t) = i_L(0_+) e^{-\frac{t}{\tau}}$$

$$u_L(t) = -R_0 i_L(0_+) e^{-\frac{t}{\tau}}$$

图 3-10 $R_0 L$ 等效电路

【例 3-5】 图 3-11 所示电路中，已知换路前电路已达稳态，求开关 S 断开后的电容电压 $u_C(t)$ 和电流 $i_C(t)$。

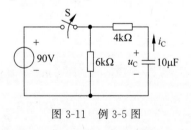

图 3-11 例 3-5 图

解：换路前电容开路，由题意可知

$$u_C(0_-) = 90 \text{V}$$

开关 S 断开后，根据换路定律，得

$$u_C(0_+) = u_C(0_-) = 90 \text{V}$$

时间常数为 $\tau = R_0 C = (4+6) \times 10^3 \times 10 \times 10^{-6} = 0.1 \text{s}$。

则

$$u_C(t) = u_C(0_+) e^{-\frac{t}{\tau}} = 90 e^{-\frac{t}{0.1}} = 90 e^{-10t} \text{ V}$$

$$i_C(t) = \frac{u_C(t)}{R_0} = \frac{90 e^{-10t}}{(4+6) \times 10^3} = 9 \times 10^{-3} e^{-10t} \text{ A} = 9 e^{-10t} \text{ mA}$$

3.2.2 零状态响应

1. RC 零状态响应

在图 3-12 所示电路中,开关 S 闭合前,电容未充电且处于稳态,即 $u_C(0_-)=0$。当 $t=0$ 时,开关 S 闭合,发生换路,电路中的电源通过电阻 R 给电容元件 C 充电。由于换路前 $u_C(0_-)=0$,换路后电路中的电流、电压都是由电源激励产生的响应,称为零状态响应。

开关 S 闭合后,根据换路定律可知

$$u_C(0_+)=u_C(0_-)=0$$

根据 KVL,列出电源方程为

$$iR+u_C=U_S$$

因为 $i=\dfrac{\mathrm{d}u_C}{\mathrm{d}t}$,代入上式,则有

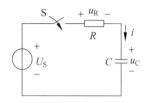

图 3-12 RC 零状态电路

$$RC\dfrac{\mathrm{d}u_C}{\mathrm{d}t}+u_C=U_S \tag{3-7}$$

式(3-7)为一阶常系数非齐次线性微分方程,当 $u_C(0_+)=0$ 时,式(3-7)的解为

$$u_C(t)=U_S(1-\mathrm{e}^{-\frac{t}{RC}}) \tag{3-8}$$

式(3-8)中,时间常数为 $\tau=RC$,当 $t=\infty$,$u_C(\infty)=U_S$。式(3-8)又可写为

$$u_C(t)=u_C(\infty)(1-\mathrm{e}^{-\frac{t}{\tau}}) \tag{3-9}$$

式(3-9)表明电容电压 u_C 是按指数规律增加的,变化曲线如图 3-13 所示。时间常数 τ 表示电容充电的快慢,时间常数 τ 越小,充电越快。当 $t=\tau$ 时,$u_C(\tau)=0.632u_C(\infty)$;当 $t=5\tau$ 时,$u_C(5\tau)=0.993u_C(\infty)$,已经很接近另一个稳态值 $u_C(\infty)=U_S$。理论上 $\tau=\infty$,电路才达到稳定,实际上当 $t=5\tau$,电容元件电压已增加到稳态值的 99.3%。工程中,当 $t\geqslant 5\tau$ 时,可认为动态过程基本结束。

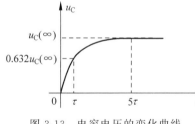

图 3-13 电容电压的变化曲线

换路后,图 3-13 所示电路中电阻两端的电压根据 KVL 可得

$$u_R(t)=U_S-u_C(t)=U_S-U_S(1-\mathrm{e}^{-\frac{t}{\tau}})=U_S\mathrm{e}^{-\frac{t}{\tau}}$$

电路中的电流为 $i(t)=\dfrac{u_R(t)}{R}=\dfrac{U_S}{R}\mathrm{e}^{-\frac{t}{\tau}}$。

由以上两式可知,在 RC 电路零状态响应中,电阻两端的电压和电路中的电流在换路后都按指数规律衰减。

【例 3-6】 在图 3-14 所示电路中,开关 S 闭合前 $u_C(0_-)=0$,试求开关 S 闭合后的时间常数 τ、$u_C(t)$ 和 $i(t)$。

解:开关闭合后,根据换路定律,可知

$$u_C(0_+)=u_C(0_-)=0$$

换路结束后,电容视为开路,此时有

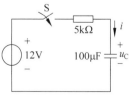

图 3-14 例 3-6 图

$$u_C(\infty)=12\text{V}$$

时间常数为 $\tau=RC=5\times10^3\times100\times10^{-6}=0.5\text{s}$。

则有

$$u_C(t)=u_C(\infty)(1-\text{e}^{-\frac{t}{\tau}})=12(1-\text{e}^{-\frac{t}{0.5}})=12(1-\text{e}^{-2t})\text{V}$$

$$i(t)=\frac{12-12(1-\text{e}^{-2t})}{5\times10^3}\text{A}=2.4\text{e}^{-2t}\text{mA}$$

2. RL 零状态响应

在图 3-15 所示电路中,开关 S 闭合前,电路处于稳态,即 $i_L(0_-)=0$。当 $t=0$ 时,开关 S 闭合,发生换路,电路中的电源通过电阻 R 给电感元件 L 充电。由于换路前 $i_L(0_-)=0$,电路中的电流、电压都是由电源激励产生的响应,称为零状态响应。

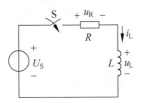

图 3-15 RL 零状态电路

开关 S 闭合后,根据换路定律可知

$$i_L(0_+)=i_L(0_-)=0$$

根据 KVL,列出电压方程为

$$i_L R+u_L=U_S$$

因为 $u_L=L\dfrac{\text{d}i_L}{\text{d}t}$,代入上式,则有

$$L\frac{\text{d}i_L}{\text{d}t}+Ri_L=U_S \tag{3-10}$$

式(3-10)为一阶常系数非齐次线性微分方程,当 $i_L(0_+)=0$ 时,式(3-10)的解为

$$i_L(t)=\frac{U_S}{R}(1-\text{e}^{-\frac{Rt}{L}}) \tag{3-11}$$

式(3-11)中,时间常数为 $\tau=\dfrac{L}{R}$,当 $t=\infty$,$i_L(\infty)=\dfrac{U_S}{R}$。式(3-11)又可写为

$$i_L(t)=i_L(\infty)(1-\text{e}^{-\frac{t}{\tau}}) \tag{3-12}$$

式(3-12)表明,电感的电流 i_L 是按指数规律增加的,变化曲线如图 3-16 所示。时间常数 τ 表示电感充电的快慢,时间常数 τ 越大,充电越慢。当 $t=\tau$ 时,$i_L(\tau)=0.632 i_L(\infty)$;当 $t=5\tau$ 时,$i_L(5\tau)=0.993 i_L(\infty)$,已经很接近另一个稳态值 $i_L(\infty)=U_S/R$。理论上 $\tau=\infty$,电路才达到稳定,实际上当 $t=5\tau$ 时,电感元件电流已增加到稳态值的 99.7%。工程中,$t\geqslant 5\tau$ 时,可认为动态过程基本结束。

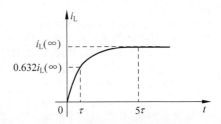

图 3-16 电感电流的变化曲线

换路后,图 3-16 所示电路中电感两端的电压根据 KVL 可得

$$u_L(t)=U_S-Ri_L(t)=U_S-R\times\frac{U_S}{R}(1-\text{e}^{-\frac{t}{\tau}})=U_S\text{e}^{-\frac{t}{\tau}}$$

由上式可知,在 RL 电路零状态响应中,电感两端的电压在换路后是按指数规律衰减的。

【例 3-7】 电路如图 3-17 所示,开关 S 闭合前 $i_L(0_-)=0$,求闭合后 $i_L(t)$ 和 $u_L(t)$。

解：开关 S 闭合后,根据换路定律可得

$$i_L(0_+)=i_L(0_-)=0$$

电感储能稳定后达新稳态值,电感视为短路,此时有

$$i_L(\infty)=\frac{8}{20}=0.4\text{A}$$

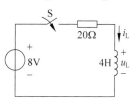

图 3-17 例 3-7 图

时间常数为 $\tau=\dfrac{L}{R}=\dfrac{4}{20}=0.2\text{s}$。

则

$$i_L(t)=i_L(\infty)(1-\mathrm{e}^{-\frac{t}{\tau}})=0.4\times(1-\mathrm{e}^{-\frac{t}{0.2}})=0.4(1-\mathrm{e}^{-5t})\text{A}$$

$$u_L(t)=8-20\times 0.4\times(1-\mathrm{e}^{-5t})=8\mathrm{e}^{-5t}\text{V}$$

总结：根据式(3-9)和式(3-12)可知,储能元件在零状态响应电路对应的响应为

$$f(t)=f(\infty)(1-\mathrm{e}^{-\frac{t}{\tau}}) \tag{3-13}$$

式(3-13)中, $f(\infty)$ 为 $t=\infty$ 时的新稳态值,RC 电路中 $\tau=RC$,RL 电路中 $\tau=L/R$。

3. 零状态响应的推广

若动态电路如图 3-18(a)和图 3-19(a)所示,其中 N 为只含电源和电阻的线性有源二端网络,可应用戴维南定理把有源二端网络 N 等效为一个理想电压源 U_{OC} 和一个电阻 R_0 的串联电路,如图 3-18(b)和图 3-19(b)所示。

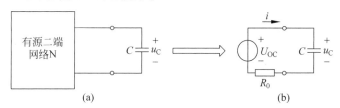

图 3-18 RC 电路及其等效电路

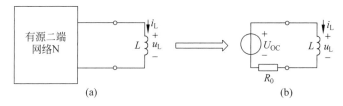

图 3-19 RL 电路及其等效电路

图 3-18 中若 $u_C(0_+)=u_C(0_-)=0$,则 $\tau=RC$, $u_C(\infty)=U_{OC}$,电容的电压为

$$u_C(t)=U_{OC}(1-\mathrm{e}^{-\frac{t}{\tau}})$$

图 3-19 中若 $i_L(0_+)=i_L(0_-)=0$,则 $\tau=L/R_0$, $i_L(\infty)=U_{OC}/R_0$,通过电感的电流为

$$i_L(t)=\frac{U_{OC}}{R_0}(1-\mathrm{e}^{-\frac{t}{\tau}})$$

【例 3-8】 电路如图 3-20(a)所示,开关 S 闭合前,电路已达稳态,当 $t=0$ 时开关 S 闭合。求 $t\geqslant 0$ 的电容电压 $u_C(t)$。

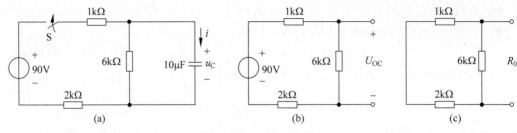

图 3-20 例 3-8 图

解：开关 S 闭合前，由题意可知 $u_C(0_-)=0$。

S 闭合后，根据换路定律得 $u_C(0_+)=u_C(0_-)=0$。

换路后在电容两端断开电路，如图 3-20(b)所示。

$$U_{OC}=\frac{90\times6\times10^3}{(1+6+2)\times10^3}=60\text{V}$$

当如图 3-20(b)所示二端网络中电源不起作用时，如图 3-20(c)所示，等效电阻为

$$R_0=\frac{(1+2)\times6}{1+2+6}=2\text{k}\Omega$$

则时间常数为 $\tau=R_0 C=2\times10^3\times10\times10^{-6}=2\times10^{-2}\text{s}$。

换路结束新稳态值为 $u_C(\infty)=U_{OC}=60\text{V}$。

则有 $u_C(t)=U_{OC}(1-e^{-\frac{t}{\tau}})=60(1-e^{-\frac{t}{2\times10^{-2}}})=60(1-e^{-50t})\text{V}$。

3.3 三要素法求解一阶电路

初始状态为零的动态过程为零状态响应。激励源为零的动态过程为零输入响应。而电路中储能元件的初始状态和输入激励源都不为零的一阶动态电路，则称为全响应。

学习目标

(1) 熟悉全响应的概念及特点。

(2) 掌握全响应的解题方法及应用。

对于一阶线性电路的全响应，根据叠加定理，全响应等于零输入响应和零状态响应的叠加，即

$$f(t)=f(0_+)e^{-\frac{t}{\tau}}+f(\infty)(1-e^{-\frac{t}{\tau}})$$

整理后，为

$$f(t)=f(\infty)+[f(0_+)-f(\infty)]e^{-\frac{t}{\tau}} \tag{3-14}$$

式(3-14)中第一项 $f(\infty)$ 为稳态值，第二项 $[f(0_+)-f(\infty)]e^{-\frac{t}{\tau}}$ 为瞬态值，全响应也等于稳态值和瞬态值的叠加。

由式(3-14)可知：

① $f(0_+)=f(\infty)$ 时，$f(t)=f(\infty)$ 为稳态值，电路无动态过程。

② $f(0_+)>f(\infty)$ 时，换路后响应从初始值 $f(0_+)$ 开始放电直到新稳态值 $f(\infty)$，变化曲线如图 3-21(a)所示。

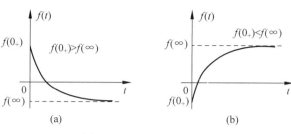

图 3-21 全响应变化曲线

③ $f(0_+)<f(\infty)$ 时，换路后响应从初始值 $f(0_+)$ 开始充电直到新稳态值 $f(\infty)$，变化曲线如图 3-21(b)所示。

对于任何形式的一阶线性动态电路，求解动态过程的任一电压或电流响应，都可用通用表达式

$$f(t)=f(\infty)+[f(0_+)-f(\infty)]e^{-\frac{t}{\tau}}$$

只要求得初始值 $f(0_+)$、新稳态值 $f(\infty)$ 和时间常数 τ，就可直接写出一阶线性动态电路在电路中电压或电流的全响应，这种方法称为三要素法。

三要素法的解题步骤如下所述。

① 确定初始值 $f(0_+)$。

根据换路定律解题步骤求解电压或电流响应的初始值 $f(0_+)$。

② 确定稳态值 $f(\infty)$。

根据新的稳态电路(直流电路：在换路后的电路中将电容开路，电感短路)的特征确定所求电压或电流响应。

③ 求时间常数 τ。

含电容元件的电路中时间常数为 $\tau=R_0 C$，含电感元件电路中时间常数为 $\tau=L/R_0$，其中 R_0 为除了储能元件(电容或电感)外二端电路中电源都不起作用时的等效电阻。

④ 将初始值 $f(0_+)$、稳态值 $f(\infty)$ 和时间常数 τ 代入动态过程通用表达式，画出响应曲线。

【例 3-9】 在图 3-22 所示电路中，开关闭合前电路处于稳态，当 $t=0$ 时合上开关 S。应用三要素法求 $t \geqslant 0$ 时的电容电压 $u_C(t)$。

解：开关闭合前，电容相当于开路，由题意可知
$$u_C(0_-)=9\text{V}$$
开关 S 闭合后，根据换路定理可得
$$u_C(0_+)=u_C(0_-)=9\text{V}$$
开关闭合后，电路处于稳定状态时，电容相当于开路，此时有
$$u_C(\infty)=\frac{9\times 6}{3+6}=6\text{V}$$

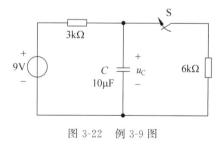

图 3-22 例 3-9 图

开关闭合后，电压源不起作用时，等效电阻为
$$R_0=\frac{3\times 6}{3+6}=2\text{k}\Omega$$
时间常数为 $\tau=R_0 C=2\times 10^3\times 10\times 10^{-6}=0.02\text{s}$。

则电容电压为

$$u_C(t)=u_C(\infty)+[u_C(0_+)-u_C(\infty)]e^{-\frac{t}{\tau}}=6+(9-6)e^{-\frac{t}{0.02}}=6+3e^{-50t}\text{V}$$

【例 3-10】 在图 3-23 所示电路中，开关 S 闭合前电路处于稳定状态，在 $t=0$ 时开关 S 闭合，求开关 S 闭合后多久电感电流为 0.04A。

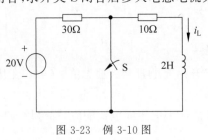

图 3-23 例 3-10 图

解：开关 S 闭合前，电感短路。

$$i_L(0_-)=\frac{20}{10+30}=0.5\text{A}$$

根据换路定律，可知

$$i_L(0_+)=i_L(0_-)=0.05\text{A}$$

开关闭合后，$t=\infty$，即达到新的稳态时，电感放电完成。

$$i_L(\infty)=0$$

开关闭合后，断开电感 L 后，戴维南等效电路的等效电阻为 $R_0=10\Omega$，时间常数为 $\tau=\dfrac{L}{R_0}=\dfrac{2}{10}=0.2\text{s}$。

则 $i_L(t)=i_L(\infty)+[i_L(0_+)-i_L(\infty)]e^{-\frac{t}{\tau}}=0+(0.5-0)e^{-\frac{t}{0.2}}=0.5e^{-5t}\text{A}$。

当 $i_L(t)=0.04\text{A}=0.5e^{-5t}\text{A}$ 时，有 $t\approx0.51\text{s}$。

思考练习

3.1 在图 3-24 所示电路中，电路已稳定。当 $t=0$ 时，合上开关 S，试求初始值 $i_C(0_+)$、$i_1(0_+)$ 和 $i(0_+)$。

3.2 在图 3-25 所示电路中，开关 S 闭合前电路处于稳定状态，求开关闭合后各电流初始值和电感上电压 u_L 的初始值。

3.3 电路如图 3-26 所示，开关 S 打开前，电路处于稳定状态，试求开关打开后的 $u_C(0_+)$、$u_R(0_+)$、$i_L(0_+)$ 和 $i_C(0_+)$。

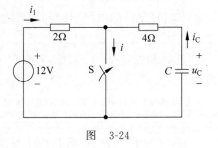

图 3-24

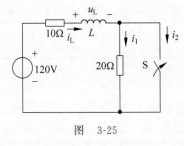

图 3-25

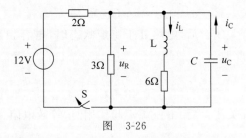

图 3-26

3.4 电路如图 3-27 所示，开关 S 闭合前电感、电容均无储能。试绘出 $t=0_+$ 和 $t=\infty$ 时的等效电路，并求初始值 $i_1(0_+)$、$i_2(0_+)$ 和稳态值 $i_1(\infty)$、$i_2(\infty)$。

3.5 在图 3-28 所示电路中,开关置于位置 A 且电路处于稳定状态,在 $t=0$ 时开关 S 从位置 A 打到位置 B,试求 $t \geqslant 0$ 时的电容两端电压 $u_C(t)$ 和电路中电流 $i(t)$。

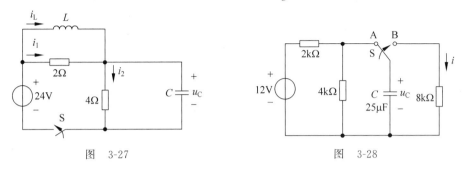

图 3-27　　　　　　　　　　　图 3-28

3.6 电路如图 3-29 所示,开关 S 闭合且电路处于稳态,当 $t=0$ 时 S 打开,求 $t \geqslant 0$ 时的电感两端电压 $u_L(t)$ 和电流 $i_L(t)$。

3.7 在图 3-30 所示电路中,开关 S 处于位置 B 且电路处于稳定状态,在 $t=0$ 时开关从位置 B 打到位置 A,试求 $t \geqslant 0$ 时的电容两端电压 $u_C(t)$ 和电路中电流 $i(t)$,并定性画出它们的变化曲线。

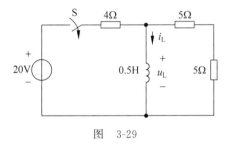　　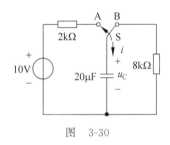

图 3-29　　　　　　　　　　　图 3-30

3.8 在图 3-31 所示电路中,开关 S 闭合前,电路处于稳定状态,当 $t=0$ 时开关 S 闭合。求 $t \geqslant 0$ 时的电感电流 $i_L(t)$ 和电压 $u_L(t)$,并绘出它们的曲线图。

3.9 在图 3-32 所示电路中,开关 S 闭合前电路处于稳定状态,在 $t=0$ 时开关 S 闭合。用三要素法求 $t \geqslant 0$ 时的电压 $u_C(t)$、$i_C(t)$,并绘出响应曲线。

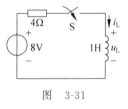

图 3-31

3.10 如图 3-33 所示电路中,电感线圈无储能,在 $t=0$ 时开关 S 闭合,应用三要素法求 $t \geqslant 0$ 时电路的响应 $i_L(t)$ 和 $u_L(t)$。

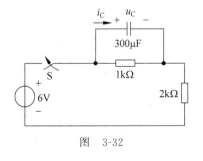　　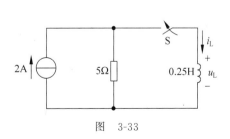

图 3-32　　　　　　　　　　　图 3-33

第 4 章

变压器

变压器是利用电磁感应原理将某一等级的交流电压或电流变换成同频率的另一等级交流电的电器设备。在电力系统中，变压器用于改变供电系统的电压，在电力系统的经济输送、灵活分配和安全用电中起着重要的作用。在电子线路中变压器常用改变电压、耦合电路、传送信号和实现阻抗的匹配等。变压器是输配电的基础设备，广泛应用于工业、农业、交通、城市社区等领域。

本章主要介绍单相变压器、三相变压器和自耦变压器的结构特点、工作原理和应用。

4.1 单相变压器

单相变压器是用来变换单相交流电的电器设备，通常其额定容量较小。在电子线路、冶金、焊接、测量系统、控制系统、实验中有着广泛的应用。

学习目标

(1) 掌握变压器的基本组成与工作原理。
(2) 熟悉变压器同名端及判断方法。
(3) 了解变压器的运行特性。

4.1.1 变压器的基本结构与工作原理

视频讲解

1. 变压器的基本结构

单相变压器主要由铁芯和绕组两大部分组成。

1) 铁芯

铁芯是变压器中主要的磁路部分，也是绕组线圈的支撑骨架，为了减少铁芯电涡流损耗，通常用厚度为 0.35～0.5mm 的两面有绝缘漆的磁性能良好的硅钢片叠压而成。铁芯分为铁芯柱和铁轭两部分，如图 4-1 所示，铁芯柱上缠有绕组线圈，铁轭的作用是闭合磁路。按线圈套装铁芯情况来分，铁芯的基本结构形式有芯式和壳式两种。

2) 绕组

绕组是变压器的电路部分，为了降低电阻值，多用双丝绝缘扁线或漆包圆线绕成。变压器中工作电压高的绕组称为高压绕组，工作电压低的绕组称为低压绕组。线圈与铁芯、线圈与线圈、线圈各层之间都是绝缘的。目前单相变压器通常采用高、低压绕组同芯地套在同一铁芯柱上的芯式绕组，为了便于绕组与铁芯之间的绝缘，常见低压绕组装在里面，高压绕组

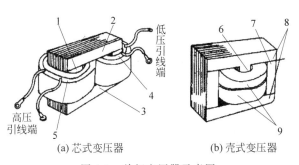

(a) 芯式变压器　　　　(b) 壳式变压器

图 4-1　单相变压器示意图

图注：1—铁芯柱；2—上铁轭；3—下铁轭；4—低压绕组；5—高压绕组；
6—铁芯柱；7—分支铁芯柱；8—铁轭；9—绕组

装在外面，如图 4-1 所示。壳式变压器是绕组被铁芯包围。

变压器的符号如图 4-2 所示。

2．变压器的工作原理

通常与电源一侧连接的绕组称为一次绕组（或初级绕组、原边），与负载连接的绕组称为二次绕组（或次级绕组、副边）。

1) 空载运行和电压变换

将变压器一次绕组接在交流电压 u_1 上，二次绕组侧开路（与负载断开），这种运行状态称为变压器空载运行。如图 4-3 所示，变压器空载运行时，二次绕组的电流 $i_2=0$，电压为开路电压 u_2，一次绕组中的电流为空载电流 i_{01}。图中 N_1 为一次绕组的匝数，N_2 为二次绕组的匝数。

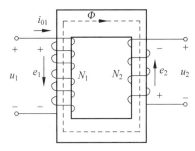

图 4-2　变压器的符号　　　图 4-3　变压器空载运行

空载运行时，一次绕组通过的电流 i_{01} 就是励磁电流，在铁芯中产生交变磁通 Φ，穿过一次绕组与二次绕组，于是分别产生感应电势 e_1 和 e_2。由法拉第电磁感应定律可得

$$e_1 = N_1 \frac{d\Phi}{dt}$$

$$e_2 = N_2 \frac{d\Phi}{dt}$$

e_1 和 e_2 的有效值分别为

$$E_1 = 4.44 f N_1 \Phi_m$$

$$E_2 = 4.44 f N_2 \Phi_m$$

式中，f 为交流电的频率，Φ_m 为磁通的最大值。显然有

$$\frac{E_1}{E_2}=\frac{N_1}{N_2} \tag{4-1}$$

因漏感及线圈铜阻很小,可以忽略,则电源电压为 $U_1 \approx E_1$,二次侧开路电压为 $U_2 = E_2$。因此有

$$\frac{U_1}{U_2} \approx \frac{E_1}{E_2}=\frac{N_1}{N_2}=K \tag{4-2}$$

式(4-2)中,K 为一、二次绕组的匝数比,称为变压器的电压比。若 $K>1$,$N_1>N_2$,为降压变压器;若 $K<1$,$N_1<N_2$,为升压变压器。由此可见,变压器具有变换电压的作用,并且电压的大小与匝数成正比。

【例 4-1】 某一单相变压器,已知一次绕组接到 $U_1 = 220\text{V}$ 的交流电源上,其匝数为 $N_1 = 200$,测得二次绕组的电压为 $U_2 = 11\text{V}$,求变压器的电压比和二次绕组匝数 N_2。

解:根据 $\dfrac{U_1}{U_2} \approx \dfrac{N_1}{N_2}=K$,可得

$$K \approx \frac{U_1}{U_2}=\frac{220}{11}=20$$

$$N_2 = \frac{N_2}{K}=\frac{200}{20}=10 \text{ 匝}$$

2)负载运行和电流变换

变压器的一次绕组接入电源,二次绕组接入负载,称为变压器负载运行,如图 4-4 所示。此时在感应电动势的作用下,二次绕组中有电流 i_2,一次绕组中的电流由 i_{01} 增到 i_1,铁芯中的磁通和空载时相比基本不变,若忽略一、二次绕组的漏感及线圈铜阻,则有 $U_1 \approx E_1$,$U_2 \approx E_2$,即

$$\frac{U_1}{U_2} \approx \frac{E_1}{E_2}=\frac{N_1}{N_2}=K$$

变压器是输送电能的设备,在传送能量的过程中线圈和铁芯的损耗很小,励磁电流也很小,忽略铁芯的损耗和绕组铜耗,根据能量守恒原理有

$$U_1 I_1 = U_2 I_2$$

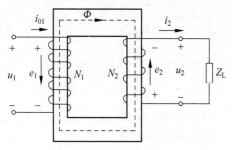

图 4-4 变压器负载运行

则有

$$\frac{I_1}{I_2}=\frac{U_2}{U_1} \approx \frac{N_2}{N_1}=\frac{1}{K} \tag{4-3}$$

由此可知,变压器具有变换电流的作用,电流的大小与匝数成反比,即匝数较少的绕组通过的电流大,通常为粗导线绕制;匝数较多的绕组通过的电流小,通常为细导线绕制。

3)阻抗变换

如图 4-5 所示,变压器负载运行时,从一次侧看进去的阻抗为 $|Z_i|=\dfrac{U_1}{I_1}$,负载阻抗为 $|Z_L|=\dfrac{U_2}{I_2}$,则有

$$\frac{|Z_i|}{|Z_L|} = \frac{U_1}{U_2} \times \frac{I_2}{I_1} = K^2$$

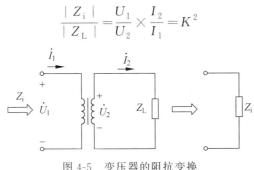

图 4-5 变压器的阻抗变换

所以有
$$|Z_i| = K^2 |Z_L| \tag{4-4}$$

式(4-4)表明,变压器具有变换阻抗的作用。变压器二次绕组接入负载$|Z_L|$后,变压器的阻抗变为$K^2|Z_L|$,变化了K^2倍。

电子线路和通信工程中,常用变压器来实现阻抗匹配。

【例 4-2】 某晶体管收音机原来配有阻抗为 4Ω 的扬声器,现在要改接为 8Ω 的扬声器,已知变压器的一次绕组匝数为 $N_1=240$,二次绕组匝数为 $N_2=60$,若一次绕组匝数不变,试问变压器二次绕组的匝数应如何变动,才能匹配。

解: $R_L=4\Omega$ 时,变压器的阻抗为
$$|Z_i| = K^2 |Z_L| = \left(\frac{240}{60}\right)^2 \times 4 = 64\Omega$$

若 $R_L=8\Omega$,在阻抗匹配中阻抗保持不变,则有
$$|Z_i| = K^2 |Z_L| = \left(\frac{240}{N_2}\right)^2 \times 8 = 64$$

解得 $N_2 \approx 85$,即二次绕组的匝数增加为 85。

3. 变压器的额定值

1) 额定电压 U_{1N} 和 U_{2N}

额定电压 U_{1N} 是指根据变压器的绝缘强度和允许发热而规定的一次绕组正常工作电压。

额定电压 U_{2N} 是指一次绕组加额定电压 U_{1N} 时,二次绕组的开路电压。

2) 额定电流 I_{1N} 和 I_{2N}

额定电流 I_{1N} 是根据变压器的允许发热条件而规定的一次绕组长期工作允许通过的最大电流。额定电流 I_{2N} 是根据变压器的允许发热条件而规定的二次绕组长期工作允许通过的最大电流。

3) 额定容量 S_N(VA)

额定容量 S_N 是指变压器正常工作时,二次绕组的视在功率。若忽略损耗,则有 $S_N = U_{2N}I_{2N} = U_{1N}I_{1N}$。

4.1.2 变压器同名端的判断

在同一交变磁通作用下,两绕组上产生的感应电压瞬时极性始终相同的端子,称为同名

端。根据不同的情况,同名端的判断方法不同,常见判断方法如下。

1. 已知绕组绕向时同名端判断

若已知变压器两绕组的缠绕方向,从两绕组输入(或输出)电流时若两线圈产生的磁通方向相同,则电流从同名端流入。在图 4-6 所示电路中,若电流自端钮 1、3 流入,根据右手定则可知,磁通 Φ_1、Φ_2 的方向均向上,端钮 1 和端钮 3 则为同名端,端钮 2 和端钮 4 也为同名端。同名端常用符号"·"或者"*"来标识,变压器的符号如图 4-7 所示。

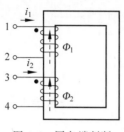

图 4-6　同名端判断　　　　图 4-7　变压器的符号

2. 无法辨明绕组绕向时同名端判断

若变压器因被封装无法判别绕组的绕向,可采用直流电源的辅助判别方法,如图 4-8 所示,在变压器一组绕组两端接直流电源,另一组绕组接直流电压表。若端钮 1 接电源正极,端钮 3 接电压表的红表棒(正极),在电源接通的瞬间电压表正偏,则证明端钮 1 和端钮 3 是同名端,这种判断方法也称为"三正"法。

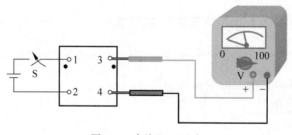

图 4-8　直流"三正"法

4.1.3　变压器的运行特性

1. 变压器的外特性

变压器负载实际运行时,因一、二次侧都存在漏阻抗,故当负载电流通过时,变压器内部将产生阻抗压降,使二次侧端电压随负载电流的变化而变化。当电源电压和负载的功率因数等于常数时,二次侧端电压随负载电流变化的规律,称为变压器的外特性。不同性质的负载,变压器外特性变化曲线不同,如图 4-9 所示。当为阻性负载时,二次侧电压 U_2 随着电流 I_2 的增大而减小,但是电压减小幅度不大;当为感性负载时,二次侧电压 U_2 随着电流 I_2 的增大而减小,且变化较大;当为容性负载时,二次侧电压 U_2 随着电流 I_2 的增大而增大。

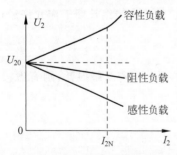

图 4-9　变压器外特性曲线

2. 变压器的效率特性

1) 损耗

变压器在能量传递过程中会产生损耗,变压器的损耗主要包括铁损耗 ΔP_{Fe} 和铜损耗 ΔP_{Cu} 两部分。变压器的铁损耗包括铁芯中磁滞和涡流损耗,它取决于铁芯中磁通密度大小、磁通交变的频率和硅钢片的质量。变压器结构一定时,变压器的铁损耗与一次侧外加电源电压的大小有关,而与负载大小无关。当电源电压一定时,其铁损耗就基本不变了,所以铁损耗又被称为"不变损耗"。变压器的铜损耗主要是电流在一次、二次绕组直流电阻上的损耗,其大小与负载电流的平方成正比,所以把铜损耗称为"可变损耗"。变压器的总损耗 ΔP 为

$$\Delta P = \Delta P_{Fe} + \Delta P_{Cu} \tag{4-5}$$

根据能量守恒定律,则有

$$P_1 = P_2 + \Delta P = P_2 + \Delta P_{Fe} + \Delta P_{Cu} \tag{4-6}$$

式(4-6)中,P_1 是一次侧输入功率,P_2 是二次侧输出功率。

2) 变压器的效率和效率特性

变压器效率的大小反映变压器运行的经济性能好坏,是表征变压器运行性能的一个重要指标。变压器的效率 η 是指变压器的输出功率 P_2 与输入功率 P_1 之比,用百分数表示,即

$$\eta = \frac{P_2}{P_1} \times 100\% = \frac{P_2}{P_2 + \Delta P_{Fe} + \Delta P_{Cu}} \times 100\% \tag{4-7}$$

在功率因数一定时,变压器的效率与其运行时的实际电流称为变压器的效率特性曲线,如图 4-10 所示,其中,I_N 为变压器的额定电流。由图 4-10 可知,空载时,$\eta=0$;负载增大时,效率增加很快;当负载达到某一数值时,效率最大,然后又开始降低。铜损耗与铁损耗相等时,效率最高。

由于无机械损耗,故变压器的效率比旋转电机高,一般中、小型电力变压器效率在 95% 以上,大型电力变压器效率可达 99% 以上。

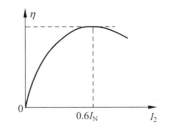

图 4-10 变压器的效率特性曲线

4.2 三相变压器

电力供电系统中采用三相供电,供电过程中需要对三相电进行升压或降压变换,所以变换三相交流电压需要三相变压器。三相变压器也称作电力变压器。

学习目标

(1) 熟悉变压器的基本结构。
(2) 了解三相变压器绕组的联结组别。
(3) 熟悉三相变压器的主要参数。
(4) 了解三相变压器的用途。

4.2.1 三相变压器的结构

三相变压器由铁芯、绕组、油箱和冷却装置、保护装置、绝缘套管和分接开关等组成。铁芯和绕组与单相变压器一样是主要组成；油箱和冷却装置是变压器的外壳，油箱是变压器油的容器，变压器油起到冷却和绝缘的作用，其设计外形也有助于散热作用；保护装置主要采用气体继电器和防爆管，防止出现故障时油箱爆裂；绝缘套管主要是一次绕组和二次绕组引出到油箱外部的绝缘套管，同时对地起绝缘作用；分接开关是通过改变绕组的匝数，来调节电压，调节范围一般是额定电压的±5%。

三相变压器的一种形式是把三个单相变压器拼合在一起组成的三相变压器组，如图 4-11 所示，各相的变压比与单相相同，三个单相仅仅在电路上相互联结，三相磁路彼此独立，互不关联。另一种形式是从三相变压器组演变而来的三相变压器，如图 4-12 所示，三相既有电路联结，磁路也相互依附，彼此相关，变压比为各相的相电压之比。

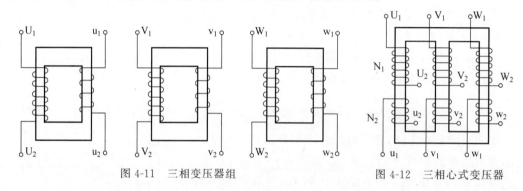

图 4-11 三相变压器组　　　　　图 4-12 三相心式变压器

三相变压器的铁芯结构可采用不同的形式，如图 4-13 所示。如图 4-13(a)所示结构形式，由于对称三相电的磁通也对称（各磁通幅值相等，相位依次相差 120°），所以中间铁芯的总磁通为零，则中间铁芯可以取消，可采用如图 4-13(b)所示结构。实际制作时，常把三个铁芯排在一个平面，如图 4-13(c)所示，这种结构比三相变压器组效率高、体积小，且节省材料、成本低。因此这种三相变压器应用较为广泛。

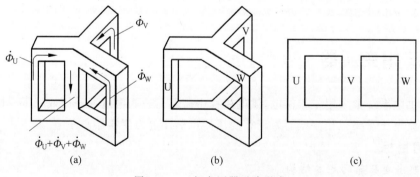

图 4-13 三相变压器磁路形式

4.2.2 三相变压器的绕组联结组别

按照一、二次绕组电压的相位关系，把变压器的绕组联结成各种不同的组合，称为变压器的联结组别。在三相变压器中,一次绕组或二次绕组主要采用星形联结或三角形联结,如图 4-14 所示。若采用星形联结,高压绕组用符号 Y 表示,低压绕组用符号 y 表示,如果引出中性线用 YN 或 yn 表示。若采用三角形联结,高压绕组用符号 D 表示,低压绕组用符号 d 表示。联结组别很多,我国生产的三相变压器常用 Y,yn、Y,D、YN,d 等三种联结方式。

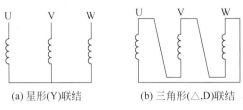

图 4-14 三相变压器联结组别

4.2.3 三相变压器的铭牌和主要参数

电力变压器上都有一个铭牌,用于标注其型号和主要技术参数,以便使用者正确安全使用,如图 4-15 所示。

		电力变压器			
	产品型号	S7-500/10		标准代号××××	
	额定容量	500kVA		产品代号××××	
相数 3相	开关位置	额定电压		额定电流	
		高压	低压	高压	低压
联结组 Y,yn0	Ⅰ	10.5kV		27.5A	
	Ⅱ	10kV	400V	28.9A	721.7A
阻抗电压 4%	Ⅲ	9kV		30.4A	
冷却方式 油冷		××变压器厂		××年××月	

图 4-15 三相变压器铭牌示例

1. 三相变压器的型号

变压器的型号由两部分组成,前一部分用汉语拼音字母表示表示变压器的类别、结构特征和用途,后一部分用数字表示变压器的容量和高压绕组的电压(kV)等级。D 表示单相,S 表示三相。如图 4-15 所示,其产品型号为 S7-500/10,表示为三相变压器、容量为 500kVA、高压为 10kV,其中 7 指的是产品设计序号。

2. 额定电压 U_{1N} 和 U_{2N}

U_{1N} 是指根据变压器的绝缘强度和发热允许而规定一次绕组正常工作的电压有效值。U_{2N} 是指一次绕组加额定电压 U_{1N} 时,变压器空载时二次绕组的电压有效值。值得注意的是,在三相变压器中,额定电压均指线电压。

3. 额定电流 I_{1N} 和 I_{2N}

额定电流 I_{1N} 是根据变压器的允许发热条件而规定的一次绕组长期工作允许通过的最大电流有效值。额定电流 I_{2N} 是根据变压器的允许发热条件而规定的二次绕组长期工作允许通过的最大电流有效值。

三相变压器中,额定电流均指线电流。

4. 额定容量 S_N

额定容量 S_N 是指变压器正常工作时,二次绕组的视在功率。常用千伏安(kVA)为单位。

三相变压器的容量为 $S_N = \dfrac{\sqrt{3} U_{2N} I_{2N}}{1000}$。

5. 额定频率

我国规定,额定工频为 50Hz。

6. 联结组别

铭牌中还标有变压器的联结组别,如图 4-15 所示,联结组别 Y,yn0,"Y"表示一次高压绕组为星形联结,"yn"表示二次绕组也为星形联结但有中性线引出,"0"表示一次绕组和二次绕组相位差为零。

除了以上这些,铭牌中其他参数不再一一介绍。

4.2.4 变压器的用途

三相变压器在电力系统中发挥着至关重要的作用,主要用于变换电压和调节电流,主要用途有以下几方面。

1. 电力传送和配电系统中的应用

在电力系统中,大、中型发电机通常是 6.3kV、10.5kV、13.8kV 等几种,发电机产生的三相电通过三相变压器升压实现高压输电,目前高压输电有 110kV、220kV、330kV、500kV 等几个等级。在有功功率和功率因数一定的条件下,电压的升高相应地减小了输电线上的电流,这样就可以采用细导线输电,节省了输电材料,同时也减小了线路上发热能量损耗。终端用户需要低压输电,这就需要三相变压器在输电线路上把高压变换成低压,匹配到各个用电场所,满足用户的要求。三相变压器在电力系统中保障了电能的高效传输和可靠供应。

2. 工业生产电力和电子设备中的应用

工业生产电力、电子设备中往往需要不同的电压和电流供电,满足不同的设备和机器的需求。三相变压器可以把高压变换成低压,也可以把低压变换成高压,通过改变输入与输出电压的比值来控制设备的运作。例如,许多电动机需要高压启动,正常运行时又需要低压运行。三相变压器的电压、电流变换为电器设备提供了合适的电源,保证了工业生产的正常运行。

总之,三相变压器是电力系统中不可或缺的一部分,在电力输配电、日常生产生活、交通运输、国防科技等领域发挥着重要的作用。

4.3 自耦变压器

自耦变压器是一种特殊变压器,它与前面讨论的单相变压器基本原理相同,但又有其特点和用途。

学习目标

(1) 了解自耦变压器的结构。
(2) 熟悉自耦变压器的工作原理。
(3) 了解自耦变压器的应用。

4.3.1 自耦变压器的结构

前面讲的单相双绕组变压器,一、二次绕组是独立分开的。若在变压器中只有一组绕组,二次绕组是从一次绕组一个抽头引出来的,如图 4-16 所示,这种一次绕组和二次绕组具有公共部分的绕组的变压器称为自耦变压器。自耦变压器的一、二次绕组之间不仅有电磁耦合,还有电的直接联系。自耦变压器有单相的,也有三相的。

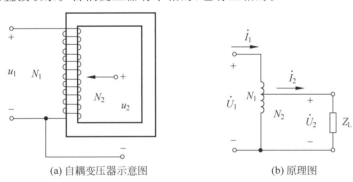

(a) 自耦变压器示意图　　(b) 原理图

图 4-16　单相自耦变压器

4.3.2 自耦变压器的工作原理

自耦变压器的原理与普通双绕组变压器相同,在忽略变压器的铁损耗和铜损耗时,电压变换和电流变换关系如下:

$$\frac{U_1}{U_2} = \frac{N_1}{N_2} = K$$

$$\frac{I_1}{I_2} = \frac{N_2}{N_1} = \frac{1}{K}$$

改变滑动触头的位置,改变变压比 K,可得到不同的输出电压。实验室中用的调压器就是根据此原理制作的。但是当自耦变压器的变压比 $K>2$ 时,自耦变压器的优点就不明显了,所以通常自耦变压器的变压比 K 为 1.2~2。

4.3.3 自耦变压器的应用

自耦变压器的优点是结构简单，可以改变输出电压，硅钢片和铜线数量比一般变压器要少，节省铜量，效率高，所以得到了广泛应用，如实验室用的单相变压器，三相异步电动机中启动用的三相自耦变压器等。

但是由于自耦变压器的一次侧电路与二次侧电路有直接联系，高压侧故障会波及低压侧，所以自耦变压器不能作为安全隔离变压器，而且使用时要求自耦变压器接线一定要正确，外壳必须接地。为了避免这种危险，一次绕组和二次绕组侧都必须装避雷器。

思考练习

一、填空题

4.1 某理想变压器接在 220V 电源上，其一次绕组匝数为 110，二次绕组匝数为 50，则二次绕组电压为 _____ V。若二次绕组流过的负载电流为 11A，则一次绕组电流为 _____ A。

4.2 单相变压器的额定容量计算公式是 _____，三相变压器的额定容量计算公式是 _____。

二、选择题

4.3 变压器是传递（　　）电能的电器设备。
   A. 直流 　　　　　　　　　　　B. 交流
   C. 直流和交流 　　　　　　　　D. 上述说法都不正确

4.4 （　　）时，变压器为降压变压器。
   A. $K>1, N_1>N_2, U_1>U_2$ 　　B. $K<1, N_1<N_2, U_1<U_2$
   C. $K>1, N_1<N_2, U_1>U_2$ 　　D. $K<1, N_1>N_2, U_1<U_2$

4.5 额定电压为 220V/110V 的变压器，若低压绕组误接到 220V 的交流电源上，则变压器（　　）。
   A. 低压绕组被烧坏 　　　　　　B. 高压绕组无电压
   C. 高压绕组产生 440V 的高压 　　D. 高压绕组被烧坏

4.6 变压器的二次绕组的电压，在接（　　）负载时，下降较多。
   A. 阻性 　　　B. 感性 　　　C. 容性 　　　D. 以上均不正确

4.7 变压器的二次侧额定电压是指一次绕组加额定电压时，二次侧的（　　）电压。
   A. 开路 　　　B. 短路 　　　C. 接额定负载 　　　D. 接任意负载

4.8 变压器在传递能量的过程中存在（　　）。
   A. 铜损耗和涡流损耗 　　　　　B. 铜损耗和铁损耗
   C. 磁滞损耗和涡流损耗 　　　　D. 铁损耗和磁滞损耗

4.9 三相变压器中额定电流指的是（　　）。
   A. 相电流 　　　B. 线电流 　　　C. 瞬时电流 　　　D. 最大电流

三、分析计算题

4.10 为什么变压器的铁芯要用硅钢片叠压而成？能否用整块的铁芯？

4.11 某一变压器的一次绕组的匝数为 $N_1=400$，其端电压为 $U_1=220\text{V}$，二次绕组有三组绕组，其电压分别是 $U_{21}=110\text{V}$，$U_{22}=55\text{V}$，$U_{23}=36\text{V}$，试求二次绕组的匝数分别为多少。

4.12 信号源电压为 10V，内阻为 100Ω，负载电阻 R_L 为 4Ω，欲使负载获得最大功率，阻抗需要匹配，今在信号源和负载之间接入某一变压器。试求：(1)变压器的变压比和二次绕组的电压 U_2；(2)若变压器的一次绕组为 440 匝，二次绕组需要多少匝？

4.13 某一自耦变压器的额定容量为 800VA，$U_1=220\text{V}$，$N_1=880$，$U_2=100\text{V}$，试求：(1)应在绕组的何处抽出一接线端钮？(2)有负载时 I_1 和 I_2 分别为多少？

第 5 章

三相异步电动机

交流电机包括异步电机和同步电机两大类。其中异步电机广泛应用于工业、农业和家用电器领域,驱动各类机械运转,具有结构简单、制造、使用和维护方便,以及运行效率高等特点。据统计,我国总用电量的约 2/3 由异步电机消耗。而同步电机,由于其转速与电源频率保持严格不变的同步关系,因此主要在各类发电厂中用作发电机,并在一些大、中型不需要调速的生产机械中使用。

值得一提的是,新能源电动汽车产业也与交流电机密切相关。早期电动汽车采用交流异步电机驱动,随着行业的快速发展,交流电机技术不断创新迭代,许多新一代电动汽车也采用永磁同步电机作为驱动电机,成为新能源汽车领域的核心动力技术之一。例如 2023 款比亚迪的宋 L 双电机版车型中,前轴搭载 150kW 的交流异步电机,后轴搭载 230kW 的永磁同步电机。

本章首先介绍三相异步电动机的原理及其特性方程,再学习常用低压电器的原理与应用,如断路器、接触器、按钮、时间继电器等。利用相关低压电器就可以实现对三相异步电动机的启动、调速及制动控制,这种控制方式属于较为传统的继电器控制,在一些控制任务简单、成本要求较低的场景下,仍具有一定的应用优势。随着集成电路技术的发展与普及,PLC(可编程逻辑控制器)在工业自动化和控制领域中得到广泛应用,相比于继电器控制,PLC 控制方式能通过编写控制程序实现各种功能,执行更为复杂的控制任务,并不会增加系统的硬件成本,具有很好的灵活性和可扩展性。最后一节对 PLC 进行了简要介绍。

5.1 三相异步电动机的结构

三相异步电动机是由尼古拉·特斯拉(Nikola Tesla)于 1887 年提出并创造出来的。他的设计利用了交变电流产生旋转磁场的原理来推动转子转动。这一发明在电机控制领域产生了深远的影响,那么三相异步电动机具有怎样的结构呢?

学习目标

(1) 了解三相异步电动机的基本结构。

(2) 熟悉三相异步电动机的星形接法与三角形接法。

三相异步电动机主要由静止的定子和旋转的转子组成,定子、转子之间的空气间隙,称为气隙,如图 5-1 所示。

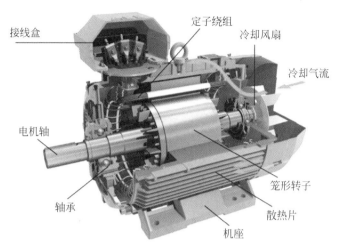

图 5-1　三相异步电机结构

5.1.1　定子

定子主要由定子铁芯、定子绕组以及机壳（含机座、端盖、风罩、接线盒等）组成。

1．定子铁芯

定子铁芯是电动机磁路的一部分，一般由导磁性能良好的 0.5mm 厚绝缘硅钢片叠压而成，并在其内圆上均匀开槽，用来嵌放定子绕组，如图 5-2 所示。

2．定子绕组

定子绕组是电动机电路的一部分，将涂有绝缘漆的导线绕制成许多个线圈，再将线圈的两条边按一定规则嵌放在定子铁芯的两个槽中，再将若干线圈串联，形成三个绕组，如图 5-3 所示。定子绕组也可以采用双层绕组的形式，即定子槽中嵌放两个线圈的各一条边。对于容量较大的电机，绕组中的线圈也会采用串、并联结合的连接方式。

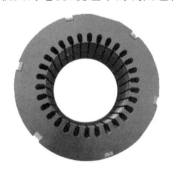
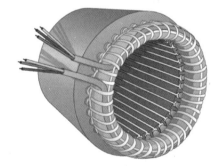

图 5-2　三相异步电机定子铁芯　　　图 5-3　三相异步电机定子绕组

定子绕组分为 U、V、W 三相，绕组首端用 U_1、V_1、W_1 标注，末端用 U_2、V_2、W_2 标注。对于大、中容量的三相异步电动机，定子绕组通常采用星形接法，对于小容量的三相异步电机，可根据需要接成星形或三角形接法，如图 5-4 所示。

3．接线盒

接线盒便于使用者将定子绕组与三相电源相连接。定子三相绕组的 6 个端头在出厂时

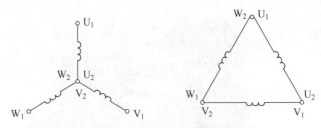

图 5-4　定子绕组的星形与三角形接法

便引到了接线盒中的 6 个接线柱上,如图 5-5(a)所示。

若需要电动机接为星形接法,则使用两个短接片将 U_2、V_2、W_2 接线柱短接,再将 U_1、V_1、W_1 与外界三相电源相连,如图 5-5(b)所示;若需要电动机接为三角形接法,则使用三个短接片,将 U_1 与 W_2、V_1 与 U_2、W_1 与 V_2 分别短接,再将 U_1、V_1、W_1 与外界三相电源相连,如图 5-5(c)所示。

(a) 接线盒内部结构

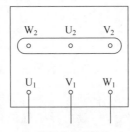
(b) 绕组的星形接法

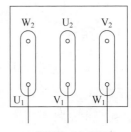
(c) 绕组的三角形接法

图 5-5　三相异步电动机的接线盒

4. 机座

机座是电动机的外壳,用于固定和支撑定子铁芯及端盖。中小型异步电动机机座一般采用铸铁铸成,大型异步电动机机座常用钢板焊接而成。

5.1.2　转子

转子主要由转子铁芯、转子绕组和转轴三部分组成,转轴两侧依靠定子的端盖和轴承支撑。

1. 转子铁芯

转子铁芯也是电机磁路的一部分,同样采用 0.5mm 厚的绝缘硅钢片叠压而成,转子铁芯呈圆柱形,在其外圆周上开有槽,用来嵌放转子绕组,如图 5-6 所示。转子铁芯的槽通常是斜的,这种斜槽设计可以使铁芯中的磁通分布更加均匀,减小磁通谐波和铁芯损耗,改善电动机的启动性能。

2. 转子绕组

转子绕组是电动机电路的一部分,其作用是产生感应电动势和电流,进而生成电磁力和电磁转矩,驱动电机转动。但注意的是,转子绕组与定子绕组并没有电路的

图 5-6　三相异步电动机转子铁芯

直接联系,二者是通过电机的主磁通耦合进行的能量传递,这一点与变压器十分相似。转子绕组按结构不同分为笼形和绕线式。

笼形转子绕组是异步电动机中一种常见的转子构造,其设计采用铜条绕组或铸铝绕组,分别适用于不同容量范围的电动机。铜条绕组制作时将转子铁芯的所有槽中插入铜条,两侧通过端环焊接起来形成闭合回路,主要用于容量较大的异步电动机。而铸铝绕组制作时则直接将铝液浇铸在转子铁芯槽中,这样槽内的导条、两侧的端环和风扇叶片一次性铸成,实现对铜材的节约和制造工艺的简化,通常应用于容量较小的异步电动机。

如果把铁芯去掉,则转子绕组的形状很像一个笼子,故称为笼形绕组,如图 5-7 所示。笼形转子绕组结构的简单性、制造的便捷性以及运行的可靠性使其被广泛应用。

图 5-7 笼形转子绕组

绕线式转子绕组是一种三相对称绕组,其构成方式类似于定子绕组,由嵌放于转子铁芯槽内的线圈按照特定的规律排列组成,如图 5-8 所示。通常情况下,该三相绕组被连接成星形,其中三个末端在电动机内部被连在一起,三个首端与安装在转轴上的三个集电环相连接,而集电环与转轴之间通过绝缘材料隔离,这样做的目的是通过电刷装置,可将绕组首端引至电动机外部,在电动机运行时根据需要串联合适阻值的电阻,以改善电动机的启动性能或者调节电动机的转速。

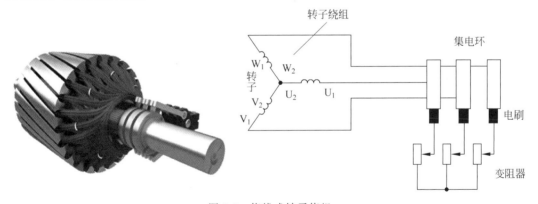

图 5-8 绕线式转子绕组

5.1.3 气隙

异步电动机的气隙尺寸相对于同容量的直流电动机明显较小。气隙的尺寸对异步电动机的运行性能和相关参数具有显著影响,较大的气隙导致较高的励磁电流,而该电流呈无功性质,因而引发电动机功率因数的下降;然而,气隙也不宜过小,以避免加工和装配过程中的困难,并降低运行时定子与转子之间的摩擦和碰撞的可能性。因此,异步电动机的气隙尺寸受到机械条件的制约,通常维持在最小可接受范围内。一般中、小型电机的气隙约为0.2~1.5mm。

5.2 三相异步电动机的工作原理

视频讲解

电磁感应现象是电磁学中最重大的发现之一,它揭示了电、磁之间的相互联系和转化。不论是直流电机、交流电机还是变压器,其工作原理均基于电磁感应。

学习目标

(1) 了解三相异步电动机的旋转磁场如何产生。
(2) 理解如何改变旋转磁场的大小和方向。
(3) 理解三相异步电动机的功率转换过程。
(4) 熟悉三相异步电动机铭牌的具体含义。

三相异步电动机原理模型如图5-9所示。该模型中有一个可手动旋转的U形磁铁,由于磁铁的N极与S极之间会产生磁场,所以转动手柄时,在U形磁铁的内部空间中便产生了一个旋转磁场。模型中还有一个闭合导体回路,该导体回路的旋转轴与U形磁铁转轴同心。当手动旋转磁铁时,会发现中间的导体跟着同方向旋转。

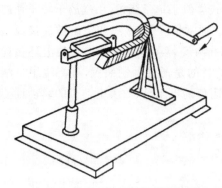

图5-9 三相异步电动机原理模型

这是因为转动的磁场与导体的两条边产生了相对运动,即导体切割磁力线,也可描述为导体回路中的磁通量发生了变化。当导体所在平面与磁场平行时,磁通量为0;垂直时,磁通量最大。根据电磁感应定律,导体上会产生感应电动势,由于导体是闭合回路,继而形成感应电流。导体上的感应电流也处于U形磁铁产生的磁场之中,由于磁场的作用,在导体上会产生电磁力,从而生成与磁场旋转方向一致的电磁转矩,使导体加速旋转起来。随着导体转速的升高,导体与磁场间的相对速度则会减小,这导致其感应电动势、感应电流减小,因此电磁转矩减小,当最终电磁转矩与摩擦阻转矩相平衡时,导体便匀速转动。

可见旋转磁场是三相异步电动机能够转动的重要条件,而真正三相异步电动机的旋转磁场则是依靠定子绕组中的交流电流产生,转子绕组相当于模型中的多个闭合导体回路的组合。

5.2.1 旋转磁场的产生

假设三相异步电动机定子铁芯有6个槽,嵌放了3个线圈,即对应U、V、W三相绕组。每相绕组所在的2个槽在空间上相距180°,两相绕组在空间上相隔120°,称为三相对称绕组。所有绕组的首、末端均在定子铁芯的同一侧,如图5-10(a)所示。将6个端头连接成星形接法后再接入三相交流电源,如图5-10(b)所示。

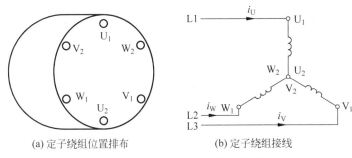

(a) 定子绕组位置排布　　　(b) 定子绕组接线

图 5-10　两极电机定子绕组接线

实际三相异步电动机的定子槽数不止 6 个,例如 24 槽,使用时通过线圈的特定排布和连接,可使邻近的 4 槽中流过相同电流,也就是每相绕组由 4 个线圈组成。虽然槽数变多,但这对于分析磁场旋转方向和大小,与简化的 6 槽结构一致。

三相绕组中的电流 i_U、i_V、i_W 满足有效值相等、相位相差 120° 的特性,如图 5-11 所示。

零时刻时,i_U 为零,i_V 为负,i_W 为正,因此可画出定子铁芯 6 个槽中的电流实际方向,其中 ⊙ 表示电流流入、⊗ 表示电流流出,如图 5-12(a) 所示。再通过右手螺旋定则,可得到定子电流产生的合成磁场的方向,该磁场相当于 N 极在上、S 极在下的两极磁场。

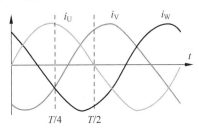

图 5-11　定子绕组中的三相交流电流

同理,继续分析电流在 $T/4$、$T/2$、$3T/4$ 时产生的磁场方向,如图 5-12(b)、图 5-12(c)、图 5-12(d) 所示。

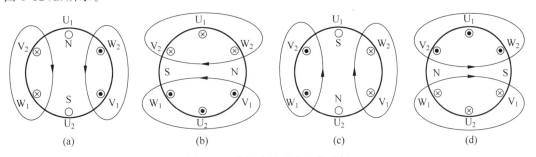

图 5-12　定子电流所产生的磁场

由此可见,当三相对称绕组通入三相对称电流后可产生顺时针旋转的磁场。并且电流经过一个周期,磁场旋转一圈,若电源频率为 f,则磁场转速为 $60f/\min$。

1. 旋转磁场的转速

某三相异步电机定子铁芯具有 12 个槽,共 6 个线圈,每两个线圈串联成一个绕组,例如 U_1U_2、$U_1'U_2'$ 为 U 相绕组的两个线圈,如图 5-13(a) 所示。同样将三相绕组连接成星形接法,通入三相对称电流,如图 5-13(b) 所示。在零时刻,得到一个四极磁场,按照两极电机例子中的方式,分析电流为 $T/4$、$T/2$、$3T/4$ 时的磁场位置,可得出磁场转速为两极电机的一半。以此类推,若旋转磁场的极对数为 p,则电流经过一个周期,磁场旋转 $1/p$ 圈。故旋转磁场的转速为

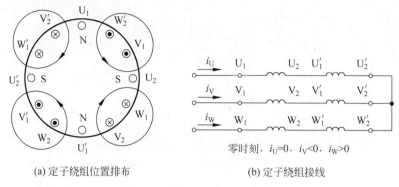

(a) 定子绕组位置排布 (b) 定子绕组接线

图 5-13 四极电机定子绕组接线

$$n_1 = \frac{60f_1}{p} \tag{5-1}$$

式中，n_1——旋转磁场转速，又称同步转速(r/min)；f_1——交流电源频率(Hz)；p——旋转磁场极对数。

2. 旋转磁场的方向

旋转磁场的方向本质上是由绕组中电流的相位顺序决定的，即从超前的电流转向滞后的电流，如图 5-14(a)所示，由于电流 i_U 超前 i_V，i_V 超前 i_W，所以磁场的旋转方向是由 i_U 所在的 U 相绕组，转向 i_V 所在的 V 相绕组，再转向 i_W 所在的 W 相绕组。

因此，若要改变磁场的旋转方向，可通过变化三相绕组中电流的相序来实现，也就是将定子绕组接入三相电源的 3 根导线中的任意两根对调位置，如图 5-14(b)所示。图中将电源 L3 接至 W_1，电源 L2 接至 V_1，由于电源本身的相序未做改动，因此，当前 W 相绕组实际流过的是图 5-14(a)中的 i_V，V 相绕组实际流过的是图 5-14(a)中的 i_W，i_V 依旧超前 i_W。所以当前磁场的旋转方向是由 i_U 所在的 U 相绕组，转向 i_V 所在的 W 相绕组，再转向 i_W 所在的 V 相绕组，磁场变为逆时针方向旋转。

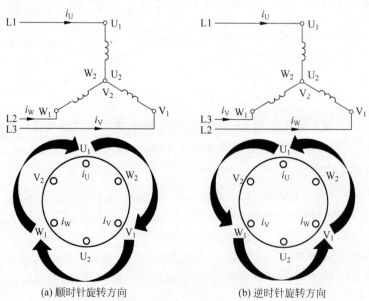

(a) 顺时针旋转方向 (b) 逆时针旋转方向

图 5-14 旋转磁场的方向

3. 转差率

在三相异步电动机中，转子的转速 n 与旋转磁场的同步转速 n_1 方向一致，但二者不可能相等。因为若二者相等，转子绕组与旋转磁场之间便没有相对运动，也没有导体切割磁力线的现象发生，这将不会产生感应电动势、感应电流和电磁转矩，导致电动机无法旋转。因此，三相异步电动机的转子转速始终保持低于同步转速，即 $n < n_1$，这就是"异步"电动机名称的含义。

转子与旋转磁场的相对速度即同步转速 n_1 与转子转速 n 之差，称为转速差 Δn。Δn 与 n_1 之比称为转差率，用 s 表示。

$$s = \frac{n_1 - n}{n_1} \tag{5-2}$$

转差率是异步电动机的重要参数，对电动机的运行有极大影响，转差率的值通常很小，一般为 1%～5%。

5.2.2 三相异步电动机铭牌

三相异步电动机的铭牌上详细标注了其型号、额定值以及在额定运行条件下的相关技术数据，如图 5-15 所示。电动机在铭牌规定的额定值和工作条件下运行时，称作额定运行。

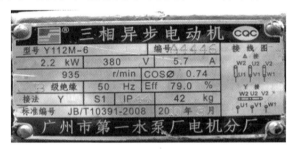

图 5-15 某三相异步电动机的铭牌

1. 三相异步电动机型号

以 Y112M-6 型三相异步电动机为例，电动机型号的具体含义如图 5-16 所示。

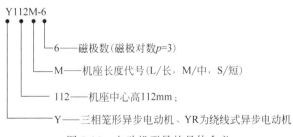

图 5-16 电动机型号的具体含义

2. 三相异步电动机额定值

(1) 额定功率 P_N：指电动机在额定运行状态时传递给负载的输出功率，单位为 kW。

(2) 额定电压 U_N：指电动机在额定运行状态时，供电电源应提供给定子绕组的线电压，单位为 V。有时铭牌上会标出 "220/380V" 两个额定电压值，这表示，当电源线电压为

220V时,电动机定子绕组应按三角形连接;而电源为380V时,定子绕组应按星形连接。

(3) 额定电流 I_N:指电动机在额定运行状态时,定子绕组中的线电流,单位为 A。

(4) 额定频率 f_N:指在额定工况下,电动机所接电源的频率,单位为 Hz。

(5) 额定转速 n_N:指在额定工况下,电动机转子的转速,单位为 r/min。

(6) 额定效率 η_N:指在额定工况下,电动机的效率。

(7) 额定功率因数 $\cos\varphi_N$:指在额定工况下,电动机的功率因数。

(8) 绝缘等级:指电动机内绝缘材料的最高耐热温度,如表 5-1 所示。

表 5-1 电动机内绝缘材料的最高耐热温度

电机绝缘等级	A 级	E 级	B 级	F 级	H 级
最高允许温度(℃)	105	120	130	155	180
绕组温升限值(K)	60	75	80	100	125
性能参考温度(℃)	80	95	100	120	145

(9) 防护等级:第一个数字代表的是固体防护等级,它表示能够防止多大尺寸的固体物体侵入,IP44 可以防止直径大于 1.0mm 的固体物体侵入;第二个数字代表的是液体防护等级,它表示能够防止多大的水压侵入,IP44 可以防止任何方向的溅水对其造成有害影响。

【例 5-1】 Y112M-2 型 50Hz 三相异步电动机,额定转速为 2880r/min,求其额定转差率,及转差率为 0.05 时的转速。

解: 由型号可知,该电动机为两极电机,则同步转速为

$$n_1 = \frac{60f_1}{p} = \frac{60 \times 50}{1} = 3000 \text{r/min}$$

额定转差率为

$$s_N = \frac{n_1 - n_N}{n_1} = \frac{3000 - 2880}{3000} = 0.04$$

转差率为 0.05 时的转速为 $n = (1-s)n_1 = (1-0.05) \times 3000 = 2850\text{r/min}$。

5.2.3 三相异步电动机的功率

三相异步电动机由定子绕组输入电功率,再转换成电磁功率,然后经由气隙传递给转子,最终在转轴上输出机械功率,在这个功率传递的过程中也会出现各种损耗。

输入功率为

$$P_1 = \sqrt{3}U_1 I_1 \cos\varphi_1 \tag{5-3}$$

式(5-3)中,U_1——定子绕组线电压;I_1——定子绕组线电流;$\cos\varphi_1$——定子绕组功率因数。

输入功率扣除定子上的损耗后,即为通过气隙传递给转子的电磁功率 P_{em},其计算公式如下:

$$P_{em} = P_1 - \Delta p_{Fe} - \Delta p_{Cus} \tag{5-4}$$

式(5-4)中,Δp_{Fe}——电动机总铁耗。由于铁芯损耗与绕组电流频率成正比,定子绕组电流频率为电源频率 f_1,而转子绕组上的电流频率为转差率 s 倍的 f_1,通常很小,故三相

异步电动机的定子铁耗 Δp_{Fes} 远大于转子铁耗 Δp_{Fer}，因此可以忽略转子铁耗，认为电动机总铁耗只有定子铁耗。

Δp_{Cus}——定子铜耗，由定子绕组电流发热而产生。

电磁功率减去转子绕组上的铜损耗 Δp_{Cur}，就是传递给电动机轴上的机械功率 P_m，其计算公式如下：

$$P_m = P_{em} - \Delta p_{Cur} \tag{5-5}$$

在电动机的等效电路分析中有

$$\Delta p_{Cur} = sP_{em} \tag{5-6}$$

因此机械功率 P_m 可写成

$$P_m = (1-s)P_{em} \tag{5-7}$$

上述表明，电动机转速越低，则转差率 s 越大，铜耗也就越大，电动机效率就会下降，并且温升就会越高，因此通常不会使电动机工作在转差率较大的状态。

在三相异步电动机运行时，由于轴承以及风阻等摩擦阻转矩的存在，也要产生一部分损耗功率，称为机械损耗，记为 Δp_m。

除以上各部分损耗外，由于定子、转子磁动势中含有谐波成分，还要产生一部分附加损耗，记为 Δp_{add}，而附加损耗一般不容易计算，往往根据经验估算，在大容量电动机中约为 0.5% 倍的额定功率，小容量电动机的附加损耗相对大些，可根据额定功率的 1%～3% 计算。

机械损耗和附加损耗构成电动机的空载损耗，记为 Δp_0，转子轴上的机械功率 P_m 减去空载损耗，才是真正传递给负载的输出功率 P_2。

$$P_2 = P_m - \Delta p_0 = P_m - \Delta p_m - \Delta p_{add} \tag{5-8}$$

综上分析，三相异步电动机运行时，其功率传递流程如图 5-17 所示。

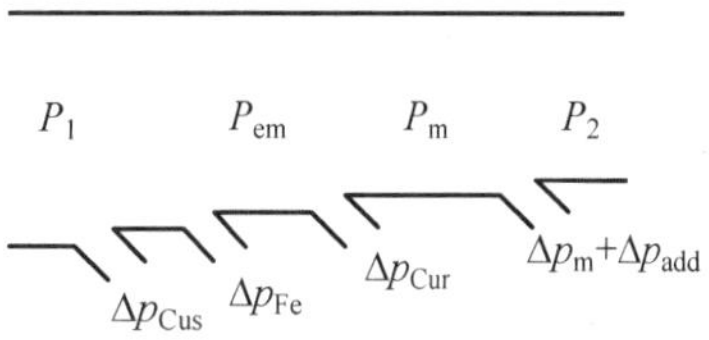

图 5-17 三相异步电动机的功率传递流程

因此可得，电源输入电功率 P_1 与转轴上的输出功率 P_2 关系为

$$P_2 = P_1 - \Delta p_{Cus} - \Delta p_{Fe} - \Delta p_{Cur} - \Delta p_m - \Delta p_{add} \tag{5-9}$$

5.3 三相异步电动机的电磁转矩与机械特性

在直线运动系统中，我们关注运动物体所受到的力，因为力可以改变物体的运动状态。在分析电动机这样的旋转运动系统时，我们需要关注什么？旋转运动系统中转矩的作用类似于力在直线运动系统中的作用，如果物体受到的合成转矩为零，则物体保持静止或匀速转动；合成转矩与转动方向一致，则物体加速；合成转矩与转动方向相反，则物体减速。因此我们要关注系统中的转矩，特别是电磁转矩。

学习目标

(1) 熟悉三相异步电动机电磁转矩的计算。

(2) 理解电动机固有机械特性，以及其中特殊的工作点。

5.3.1 三相异步电动机的转矩

三相异步电动机运转时受 3 个转矩的作用,即电磁转矩 T_e,负载转矩 T_L 和空载转矩 T_0,如图 5-18 所示。电磁转矩是电动机转子电流受到电磁力所产生的转矩,通常是驱动性质的,即与转速方向一致;负载转矩是负载作用于电动机后,对电动机轴产生的转矩,通常是阻碍电动机转动的;空载转矩是除负载转矩外,电动机所受到的其他阻转矩,不论电动机是否携带负载,这种阻转矩一定会存在,并且方向永远和转速方向相反,比如轴承上的摩擦阻力就形成了一部分空载转矩,由于空载转矩的值相对较小,某些情况下可忽略不计。

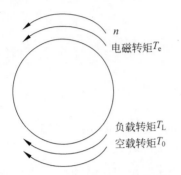

图 5-18 电动机运行时所受到的转矩

功率等于转矩乘以角速度,即 $P=T\omega$,可根据式(5-8),用功率计算出电磁转矩、空载转矩,如下:

$$\frac{P_2}{\omega} = \frac{P_m}{\omega} - \frac{\Delta p_0}{\omega}$$

$$T_2 = T_e - T_0 \tag{5-10}$$

式中,ω——转子的角速度,单位为 rad/s;T_e——电磁转矩,$T_e = \dfrac{P_m}{\omega} = \dfrac{P_m}{2\pi n/60} = 9.55\dfrac{P_m}{n} = 9.55\dfrac{P_m}{(1-s)n_1} = 9.55\dfrac{P_{em}}{n_1}$;$T_0$——空载转矩;$T_2$——输出转矩,额定工况时,称为额定转矩,记为 T_N:$T_N = 9.55\dfrac{P_N}{n_N}$。

在分析电动机运行时,电磁转矩起主要驱动作用,减去空载转矩后,就是传递到转轴上的输出转矩。而输出转矩与负载转矩的大小关系就决定了转轴是匀速、加速还是减速的运动状态。

5.3.2 三相异步电动机的机械特性

三相异步电动机的机械特性是指电动机的电磁转矩 T_e 与转速 n 之间的关系,即 $n=f(T_e)$,在使用机械特性分析电动机运行状态时,定子绕组的电源电压、频率以及绕组参数需要为固定值,不应变化。

因为异步电动机的转速 n 与转差率 s 之间满足 $n=n_1(1-s)$ 的线性关系,所以通常也用 $s=f(T_e)$ 表示机械特性。

1. 物理表达式

根据电流在磁场中受到电磁力的作用,继而形成电磁转矩,可推导出电磁转矩的物理表达式为

$$T_e = C_T \Phi_m I'_r \cos\varphi_2 \tag{5-11}$$

式中,C_T——电动机的转矩常数;Φ_m——电动机每极磁通;I'_r——电动机等效电路分析

时,折算到定子侧的转子电流;$\cos\varphi_2$——转子电路的功率因素。

2. 参数表达式

$$T_e = \frac{3pU_1^2 \dfrac{R_r'}{s}}{2\pi f_1 \left[\left(R_s + \dfrac{R_r'}{s}\right)^2 + (X_s + X_r')^2\right]} \quad (5\text{-}12)$$

式(5-12)中,电动机磁极对数 p、定子相电压 U_1、电源频率 f_1、定子每相绕组电阻 R_s 和漏电抗 X_s、折算到定子侧的转子电阻 R_r' 和漏电抗 X_r' 等,都是不随转差率 s(或转速 n)变化的常量,因此可由式(5-12)画出电动机机械特性曲线,如图5-19所示。图中竖轴左侧为转差率 s 的刻度值,右侧为转速 n 的刻度值。

3. 实用表达式

$$T_e = \frac{2T_m}{\dfrac{s}{s_m} + \dfrac{s_m}{s}} \quad (5\text{-}13)$$

在工程计算中,使用式(5-12)计算电磁转矩较为烦琐,为了计算方便,往往根据实用表达式计算。实用表达式中,s_m 为临界转差率,即电动机输出最大电磁转矩时所对应的转差率,T_m 为最大电磁转矩。

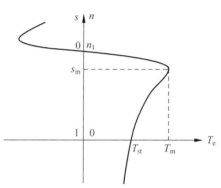

图5-19 三相异步电动机机械特性曲线

通过电动机手册给出的技术数据,可查得电动机过载能力 λ_m 值,它表示最大电磁转矩与额定转矩之比,通常笼形异步电动机的过载能力为 1.6~2.2。再将电动机额定功率 P_N、额定转速 n_N 代入式(5-14),便可计算出 T_m 与 s_m,这样实用表达式中就只剩下转差率 s 一个变量,代入值后,即可求出电磁转矩 T_e。

$$\begin{cases} T_N = 9.55 \dfrac{P_N}{n_N} \\ T_m = \lambda_m T_N \\ s_N = \dfrac{n_1 - n_N}{n_1} \\ s_m = s_N(\lambda_m + \sqrt{\lambda_m^2 - 1}) \end{cases} \quad (5\text{-}14)$$

以上三种机械特性表达式的使用场景各有不同,物理表达式用于对电机的运行做定性分析;参数表达式用于分析各种参数对电动机运行的影响;实用表达式适用于工程计算。

5.3.3 三相异步电动机固有机械特性

固有机械特性指三相异步电动机在额定电压和额定频率下,定子绕组按规定的接线方式连接,且定子、转子回路中不外接任何电器元件时的机械特性,如图5-20所示。

固有机械特性中有以下几个特殊点。

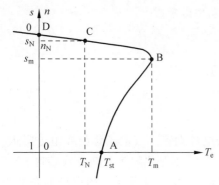

图 5-20 三相异步电动机固有机械特性曲线

1. 启动工作点 A

电动机接通电源开始启动的一瞬间,工作在 A 点,其特点是转速 $n=0$,对应的电磁转矩称为启动电磁转矩 T_{st},当电动机发生堵转时,也工作在该点,故又称堵转点。电动机启动时应注意启动转矩需大于负载转矩,否则将造成电动机堵转,导致电流过大,损坏电动机。

启动转矩 T_{st} 与额定转矩 T_N 之比称为启动转矩倍数 K_T,用于衡量电动机的启动性能,其值在电机手册上可查。笼形异步电动机的启动转矩倍数一般为 1~2.2。

$$K_T = \frac{T_{st}}{T_N} \tag{5-15}$$

2. 临界工作点 B

该工作点的特点是对应电动机所能达到的最大电磁转矩 T_m,且此时的转差率称为临界转差率 s_m。

电动机带恒转矩负载匀速工作在 DB 段上的某点时,也就是此时电磁转矩与负载转矩、空载转矩相平衡。若负载转矩突然增加,则该平衡会被打破,电动机会受到与旋转方向相反的合成转矩,导致电动机转速下降。随着转速的下降,根据 DB 段的机械特性可发现,电磁转矩会随之上升,直到电磁转矩上升到重新与负载转矩、空载转矩相平衡时,电动机又在新的工作点上匀速转动。说明电动机能从一个静态工作点转移到另一个静态工作点。

假设电动机在 AB 段上的某点匀速运转,同样是负载转矩的突然增加,导致转速下降。但 AB 段机械特性的特点是转速越小,电磁转矩越小,导致合成转矩越大,这就使转速更快地下降,而不能到达新的转矩平衡的静态工作点。

因此,电动机带恒转矩负载时,能够在 DB 段稳定运行,但无法在 AB 段稳定运行。

3. 额定工作点 C

额定工作点是电动机带额定负载时的工作点,此时 $n=n_N$,$T_e \approx T_N$,电动机可长期在该工作点运行。

4. 理想空载点 D

当电动机不带负载,且理想条件下(空载转矩为零),电动机工作在理想空载点。此时电动机转速与同步转速一致,转差率为零,电磁转矩为零。实际运行时,电动机不会工作在该点。

5.4 常用低压电器

低压电器是指在交流 50Hz、1200V 以下及直流 1500V 以下的电路中使用的电器,具有根据外界信号和需求,手动或自动进行电路的接通、断开,实现对电路或电气设备的切换、控制、保护、检测和调节等功能。低压电器作为电气控制系统的基本组成元件,广泛应用于住宅、商业和工业领域。电气技术人员必须深入了解常用低压电器的结构和工作原理,并具备选用、检测和调整这些元器件的能力,才能有效分析电气控制系统,处理常见故障或进行维修。

学习目标

(1) 掌握常用几种低压电器的工作原理、符号和使用方法。

(2) 能够设计简单的电气原理图。

5.4.1 低压电器的分类

1. 按动作原理分类

(1) 手动电器:人工操作发出动作指令的电器,如刀开关、组合开关及按钮等。

(2) 自动电器:按照操作指令或参数变化自动动作的电器,如接触器、继电器、熔断器和行程开关等。

2. 按用途和所控制的对象分类

(1) 低压控制电器:这类电器主要用于控制电路的通断,实现对电动机、照明等设备的启动、停止和调速等功能。常见的低压控制电器包括接触器、继电器、行程开关等。

(2) 低压配电电器:配电电器用于将电源分配到不同的电路或设备。它们确保电力系统能够高效、安全地运行。低压配电电器主要包括配电箱、断路器、熔断器、隔离开关等。

(3) 低压主令电器:主令电器是用于发出操作指令的电器,例如按钮、转换开关。它们通常存在于控制电路中,通过发出信号来控制其他电器的动作。

(4) 低压保护电器:保护电器的目的是在电路出现过载、短路、过电压等异常情况时,保护电路和设备不受损害。低压保护电器包括熔断器、漏电保护器、过电压保护器、热继电器等。

(5) 低压执行电器:执行电器是将控制信号转换为机械动作的设备,它们直接作用于被控制的机械设备。低压执行电器包括电磁铁、电磁阀、电动机、液压或气动执行器等。

5.4.2 隔离开关

隔离开关通常用于低压配电系统,它在电路中提供明显的断开点,以确保在维护、检修或更换设备时电路处于安全状态。它通常不具备保护功能,仅用于隔离电源,实物如图 5-21 所示。

(a) 负荷开关

(b) 闸刀开关

(c) 高压隔离开关

图 5-21 隔离开关

隔离开关结构较为简单,主要的设计是在断开状态下,触头之间有足够的间隙,以防止在电压作用下产生电弧击穿。按功能分,其类型有开启式刀开关,俗称闸刀开关;以及封闭式负荷开关,其具有在非故障条件下接通或分断一定负荷电流的能力。隔离开关的文字符号与图形符号如图 5-22 所示。

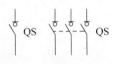

图 5-22　隔离开关的文字符号与图形符号

隔离开关的主要特点包括:提供明显的断开指示,确保操作人员能够看到电路是否处于断开状态;通常不具备自动断开功能,需要手动操作;在断开位置时,触头之间有足够的间隙,以防止电弧产生。

隔离开关选型时,主要考虑以下 3 点。

(1)根据适用场合的需求选择开关类型、极数及操作方式。

(2)额定电压:隔离开关的额定电压应等于或高于电路的工作电压。通常,隔离开关的额定电压应是回路标称电压的 1.1 倍或 1.2 倍。

(3)额定电流:隔离开关的额定电流应大于或等于电路中的额定电流。对于电动机负载,考虑其启动电流相对过大,标准值应大于最大负载电流的 1.5~2 倍。

5.4.3　低压断路器

低压断路器,也称自动空气开关,除完成通、断电路功能外,还能在低压电气系统受到过载、短路、欠压、失压等异常情况时,起到自动保护的作用,避免电路和设备受到损害。低压断路器广泛应用于住宅、商业和工业建筑的配电系统中,实物如图 5-23 所示。

图 5-23　低压断路器

低压断路器由操作机构、主触头、多种保护脱扣器以及灭弧系统构成,如图 5-24 所示。其操作机构允许通过手动或电动方式实现主触头 2 的闭合与断开,一旦主触头闭合,自由脱扣机构 4 随即锁定主触头,确保其处于闭合状态。过电流脱扣器 6 的线圈与热脱扣器 7 的热元件串联于主电路中,而欠电压脱扣器的线圈 9 则与电源并联。

在电路遭遇短路或严重过载时,过电流脱扣器 6 的衔铁受到磁力作用而吸合,触发自由脱扣机构 4 动作,导致主触头迅速断开,从而切断故障电流;在过载情况下,热脱扣器 7 的热元件因电流产生的热量而使双金属片弯曲,进而推动自由脱扣机构 4 动作,同样实现主触头的断开;欠电压脱扣器 9 则在电源电压低于设定阈值时,通过衔铁的释放动作触发自由脱扣机构 4;此外,分励脱扣器 10 为远程控制断路提供了可能,其线圈在正常状态下处于断电状态,而在需要远程断路时,通过按下按钮 SB,线圈通电,衔铁吸合,推动自由脱扣机构 4

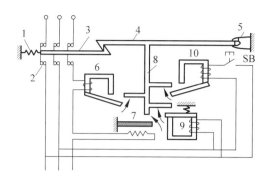 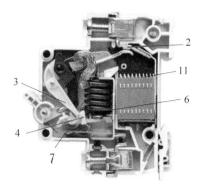

图 5-24　低压断路器原理结构

图注：1—分闸弹簧；2—主触头；3—锁扣；4—自由脱扣机构；5—轴；6—过电流脱扣器；7—热脱扣器；
8—连杆；9—欠压、失压脱扣器；10—分励脱扣器（分体式或一体式）；11—灭弧栅片

动作，实现对断路器的远程控制。这些组件的协同作用，确保了低压断路器在各种异常工况下能够迅速响应，有效保护电路免受损害。断路器的文字符号与图形符号如图 5-25 所示。

隔离开关主要用于安全隔离，而断路器则用于电路保护，在实际应用中，两者通常配合使用，以确保电气系统的安全和可靠运行。在送电和断电过程中，隔离开关和断路器的操作顺序非常重要。

图 5-25　断路器的文字符号与图形符号

（1）当系统送电时，应有以下操作。

① 操作人员应确保断路器处于断开状态，然后合上母线侧的隔离开关。这样做的目的是确保在合上负荷侧隔离开关之前，母线侧已经与电源连接，但不会向负载供电。

② 在母线侧隔离开关闭合后，再合上负荷侧的隔离开关。这将允许电流流向负载，但此时断路器仍然处于断开状态，以防止意外供电。

③ 最后，合上断路器，这样电流就可以流向负载，系统开始正常运行。

（2）当系统断电时，应注意以下事项。

① 操作人员应断开断路器，切断负载的电源。这是为了确保在后续操作中不会有电流流过隔离开关。

② 在断路器断开后，先拉开负荷侧的隔离开关。

③ 最后拉开母线侧的隔离开关，完成整个断电过程。

（3）当断路器选型时，主要考虑以下 3 个关键因素。

① 额定电压：断路器的额定工作电压应不低于所在电路的额定电压，以确保在正常工作条件下能够稳定运行。

② 额定电流：断路器的额定电流应大于或等于电路的负载电流，以保证在正常工作负载下不会因过载而动作。

③ 短路通断能力：断路器应具备足够的短路通断能力，以应对电路中可能出现的最大短路电流，确保在发生短路时能够迅速切断电路，防止设备损坏。

5.4.4　交流接触器

交流接触器是一种被广泛应用的自动式开关电器，其主要功能是在交流电路中实现对

负载的远程控制和频繁通、断操作。交流接触器可用于控制三相异步电动机的启动、停止、正反转以及多速运行等,它在自动化生产线、泵站、风机、压缩机等设备中扮演着关键角色,确保电气系统的高效运行。实物如图 5-26 所示。

交流接触器的核心部件包括电磁线圈、铁芯、触点系统、灭弧装置和弹簧机构。触点通常分为主触点和辅助触点,主触点用于承载较大的负载电流,而辅助触点则用于控制信号的传递,并分为(辅助)常开触点和(辅助)常闭触点,如图 5-27 所示。

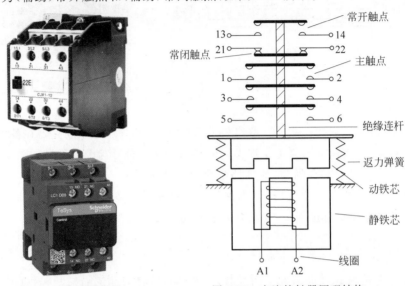

图 5-26 交流接触器　　图 5-27 交流接触器原理结构

当交流接触器线圈通电时,产生的磁力吸引动铁芯向下吸合,并带动绝缘连杆使触点动作,即主触点和常开触点闭合,常闭触点断开;线圈断电或线圈电压降到 85% 以下的额定电压时,动铁芯在弹簧力的作用下释放,触点也随之复位,回到线圈通电前的状态。交流接触器的文字符号与图形符号如图 5-28 所示。

(a) 主触点　　(b) 辅助常开触点　　(c) 线圈　　(d) 辅助常闭触点

图 5-28 交流接触器的文字符号与图形符号

交流接触器选型依据以下 3 个关键因素。

(1) 交流接触器的额定电压是指主触点所承受的电压值,应大于或等于主触点所在的负载回路的额定电压,通常有交流 220V、380V、500V 几种类型。

(2) 交流接触器的额定电流应大于或等于主触点所在的负载回路的额定电流。

(3) 交流接触器线圈电压要与控制回路电源电压相匹配,以确保交流接触器能够可靠动作,通常有交流 36V、110V、220V、380V 几种类型。

5.4.5　熔断器

熔断器是一种可使电路免受严重过载和短路损害的保护电器,其结构简单,价格便宜,被广泛应用于低压配电系统中。使用时将其串联在被保护电路的靠近电源侧,当电路发生短路时,过大的电流使其熔丝因过热而快速熔断,从而切断电路电源,起到保护作用。

熔断器主要由熔体、熔管和底座组成,如图 5-29 所示。熔体是熔断器的核心,由易熔金属材料(如铅锡合金)做成丝状或片状;熔管是安装熔体的外壳,其两端的金属帽与内部的熔体相连,中间由耐高温绝缘材料制成,如石英玻璃、陶瓷,起支撑作用,有些熔断器会在熔管内部填充石英砂,以加强其灭弧功能;底座上装有接线端子方便将熔断器连接到电路中。

熔断器的文字符号与图形符号如图 5-30 所示。

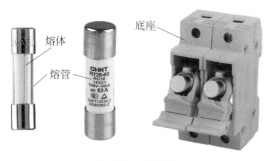

图 5-29　熔断器

图 5-30　熔断器的文字符号与图形符号

熔断器选型时主要考虑以下几个因素。

(1) 熔断器的额定电压是指其长期工作时和分段后能承受的电压,选型时应大于或等于电器设备的额定电压。

(2) 熔体额定电流的选择,与所带负载类型有关。

① 对于一般的控制电路、照明电路或电热设备等,熔体的额定电流略大于或等于负载电流即可。

② 对于单台电动机负载,考虑到电动机启动电流过大的影响,为保证电动机能够顺利启动,可按式(5-16)进行选型,其中 I_{RN} 为熔体额定电流,I_N 为电动机额定电流。如果电动机频繁启动,系数还可以适当加大到 3.5。

$$I_{RN} = (1.5 \sim 2.5)I_N \tag{5-16}$$

对于多台电动机负载,可按式(5-17)进行选型,其中 I_{Nmax} 为多台电动机中容量最大电动机的额定电流,$\sum I_N$ 为其余电动机额定电流之和。

$$I_{RN} = (1.5 \sim 2.5)I_{Nmax} + \sum I_N \tag{5-17}$$

5.4.6　热继电器

热继电器是一种基于电流热效应原理工作的保护继电器,主要用于电动机的过载保护。它能够监测电动机的电流,当电流因电动机过载而超过设定值并持续一段时间后,热继电器的触点就会动作,从而切断电动机的电源,防止电动机因过载而损坏。

热继电器的核心结构包括双金属片、加热元件、动作机构、触点系统、整定调整装置以及手动复位按钮,如图 5-31 所示。双金属片由两种不同膨胀系数的金属压焊而成,作为温度敏感元件;加热元件一般为电阻丝,串联在电动机主回路中。

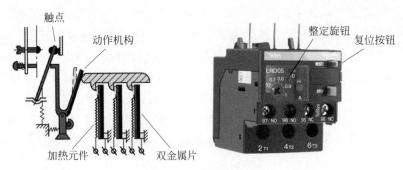

图 5-31 热继电器结构

在正常工作条件下,电动机的电流保持在整定电流值以下,加热元件产生的热量不足以使双金属片弯曲至触点动作。然而,一旦电流超过整定电流值,加热元件产生的热量将导致双金属片弯曲,并且经过一段时间的积累,进而推动触点动作,从而切断电动机的电源,实现过载保护。这种保护机制确保了电动机在承受异常负载时能够及时得到保护,避免因过热而造成损坏。

热继电器的整定电流是通过调整凸轮的位置和反力弹簧的强度来实现的,这允许用户根据电动机的具体工作电流来设定合适的保护电流值。在实物中使用螺丝刀调整整定旋钮,使整定电流为电动机额定电流即可,不宜过大,否则可能会导致电动机过载时,热继电器不会动作;也不宜过小,否则可能会导致误动作。此外,热继电器通常具备手动复位功能,以便在故障排除后迅速恢复电动机的运行。热继电器的文字符号与图形符号如图 5-32 所示。

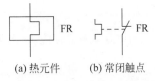

(a) 热元件　(b) 常闭触点

图 5-32 热继电器的文字符号与图形符号

5.4.7 按钮

按钮是一种主令电器,在电气控制系统中用于发出控制指令,如图 5-33 所示。由于按钮是手动操作,其触点只允许流过 5A 以下的电流,因此只能用于控制电路中,通过控制其他接触器或继电器的动作,从而实现主电路中电动机或其他负载的接通或断开。通常按钮选型时,绿色钮帽作为启动按钮,红色钮帽作为停止按钮。

按钮的结构原理较为简单,如图 5-34 所示。按下按钮后,触点动作,即常开触点闭合,常闭触点断开;松开按钮后,在弹簧的作用下,触点复位。按钮的文字符号与图形符号如图 5-35 所示。

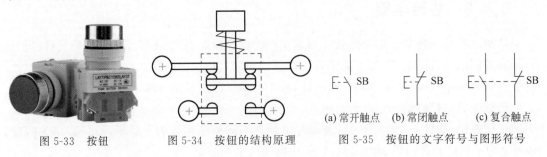

图 5-33 按钮　　图 5-34 按钮的结构原理　　图 5-35 按钮的文字符号与图形符号

5.4.8 时间继电器

时间继电器是一种能够实现触点延时闭合或延时断开的自动控制电器,广泛应用于各种电气自动控制系统中,达到对动作的延时控制,如图 5-36 所示。机械式时间继电器使用物理钟摆或空气阻尼等机械装置来实现延时功能,但整定精度较差;电子式时间继电器使用电子电路(如 RC 电路)来实现延时,通常具有更高的精度和可调性。

图 5-36 时间继电器

时间继电器根据延时方式分为通电延时型和断电延时型。通电延时型时间继电器,当其线圈通电后,延时触点延时动作,线圈断电后,延时触点立刻复位,符号如图 5-37 所示。有的时间继电器含有瞬动触点,不论线圈通电或断电,均没有延时效果。

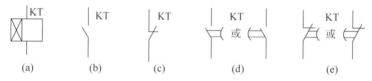

图 5-37 通电延时型时间继电器的文字符号与图形符号

图注:(a)线圈 (b)瞬动常开触点 (c)瞬动常闭触点 (d)通电延时常开触点 (e)通电延时常闭触点

断电延时型时间继电器,当其线圈通电后,延时触点立刻动作,线圈断电后,延时触点延时复位,符号如图 5-38 所示。

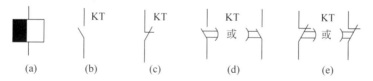

图 5-38 断电延时型时间继电器的文字符号与图形符号

图注:(a)线圈 (b)瞬动常开触点 (c)瞬动常闭触点 (d)断电延时常开触点 (e)断电延时常闭触点

5.5 三相异步电动机常用控制电路

使用 5.4 节所讲的低压电器可以实现三相异步电动机的多种控制功能,如电动机点动、长动运行,电动机正反转的切换,电动机降压启动以及转速调节,等等。那么在电气原理图中,该如何设计呢?

学习目标

(1) 理解自锁、电气互锁和机械互锁在电动机控制电路中的作用。
(2) 熟悉星-三角启动的工作原理，以及启动电流、启动转矩的计算。
(3) 能够根据控制要求，设计简单的电气原理图。

5.5.1 三相异步电动机的启动条件

三相异步电动机的启动是指电动机通电后，转速从零开始上升到某一匀速的过程。研究三相异步电动机的启动，主要关注两个要素。

1. 启动转矩是否满足要求

启动转矩应大于启动时所带的负载转矩，否则电动机将无法启动，造成堵转。所以需要考虑不同生产机械的负载类型，比如电梯、起重设备通常为带负载启动，也就是启动时的负载转矩与正常运行时相同，这需要电动机应具有较大的启动转矩；机床主轴电动机为空载启动，在主轴转动起来后，才会加工工件形成负载，相对于带负载启动，这种方式对启动转矩要求不高；而通风机、水泵等设备启动时具有很小的负载转矩，但随着转速的上升，负载转矩成平方增大。

2. 启动电流是否满足要求

由于三相异步电动机本身的特性，直接接通电源启动时，启动电流 I_{st} 较大，$I_{st}=(4\sim 7)I_N$。若电源的容量较小，那么就有可能造成电源产生过大的压降，从而影响连接在同一电源下其他用电设备的运行，所以电动机的启动电流要满足一定的要求，不能太大。直接启动的条件可根据下方经验公式判断。

$$K_I = \frac{I_{st}}{I_N} \leqslant \frac{3}{4} + \frac{供电变压器容量}{4 \times 电动机额定功率} \tag{5-18}$$

若式(5-18)成立，则说明电动机能够在该电源下直接启动，式中，K_I 为电动机启动电流倍数；若式(5-18)不成立，则说明需要采取措施降低电动机的启动电流，或增加电源容量。

5.5.2 三相异步电动机的单向运行控制

1. 开关控制

三相异步电动机开关控制原理如图 5-39 所示。通过操作电源开关 QS，实现电动机的运行控制，这种方式仅适用于不频繁启动的小容量电动机，并且不能实现远距离控制和自动控制。

2. 接触器控制

通过按钮操纵接触器主触点的开合，实现控制电动机的运行，同时采用熔断器作为短路保护，热继电器作为过载保护。

1) 点动控制

三相异步电动机点动控制原理如图 5-40 所示。工作过程为：按下按钮 SB→SB 常开触点闭合→接触器 KM 线圈得电→KM 主触点闭合→电动机 M 启动；释放按钮 SB→SB 常开触点断开→接触器 KM 线圈失电→KM 主触点断开→电动机 M 停转。即按下按钮，电动机运行,释放按钮,电动机停转,故称点动控制。

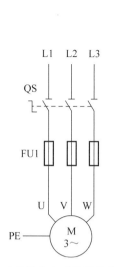

图 5-39 三相异步电动机开关控制原理

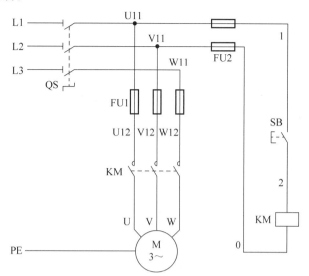

图 5-40 三相异步电动机点动控制原理

2)长动控制

三相异步电动机长动控制原理如图 5-41 所示。当按下启动按钮 SB1 后,接触器 KM 线圈得电,主触点动作,电动机运行。但由于 KM 辅助常开触点在其线圈得电期间也会闭合,导致流过线圈的电流分流,一半经过 SB1 常开,一半经过 KM 常开,这使得释放 SB1 后,电流依旧可以通过接触器 KM 自身的常开触点保持线圈得电,这种设计被称为"自锁"。

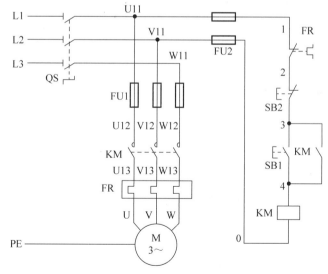

图 5-41 三相异步电动机长动控制原理

由于接触器 KM 的自锁,电动机便会长期运行,如果需要电动机停转,可以操作停止按钮 SB2,使控制回路断电,接触器 KM 线圈失电后,其主触点也随之复位,电动机停止运行。

电路的保护环节如下。

① 短路保护。由熔断器 FU1、FU2 实现主电路和控制电路的短路保护,为扩大保护范

围,通常将熔断器安装在靠近电源端。

② 过载保护。将热继电器的热元件串联在电动机主回路中,当电动机长期过载时,串联在控制电路中的热继电器常闭触点断开,使接触器 KM 线圈失电,主触点复位,进而切断电动机电源,使电动机不再过载运行,实现对电动机的过载保护。

5.5.3 三相异步电动机的正反转控制

视频讲解

在生产加工过程中,往往需要生产机械运动部件能够实现两个方向的运动,如传送带的前进和后退、起重机吊钩的上升和下降,这就需要设备中的电动机可以实现正反转的切换。根据三相异步电动机的工作原理,电动机的旋转方向与磁场旋转方向一致,而磁场的旋转方向由定子三相绕组中电流的相序决定,因此可以通过接触器的配合,在电动机主回路中,将三相电源进线中的任意两线对调,即可改变定子电流相序。

1. 正-停-反控制

三相异步电机正反转控制原理如图 5-42(a)所示。在主电路中,若接触器 KM1 主触点闭合,则三相电源与电动机的连接方式是:L1-U、L2-V、L3-W;若接触器 KM2 主触点闭合,则三相电源与电动机的连接方式是:L1-W、L2-V、L3-U。由此可见 KM1 和 KM2 可以分别控制电动机两个方向的旋转,但要注意的是,若 KM1 与 KM2 主触点同时闭合,则会导致主电路电源短路,因此需要在控制电路中进行互锁设计,以防止两个接触器的线圈同时得电。

在控制电路中,将 KM1、KM2 的常闭触点分别与对方的线圈串联,形成"电气互锁"。操作正转按钮 SB1 时,KM1 线圈得电并形成自锁,主电路中电动机正转运行。此时若再操作反转按钮 SB2,由于 KM2 线圈上方的 KM1 常闭触点由于自锁的作用而保持断开,因此 KM2 线圈不会得电,这样就可以避免误操作导致短路的情况发生。若需要电动机反转,可以先操作停止按钮 SB3,使 KM1 线圈失电、KM1 常闭触点复位,再操作反转按钮 SB2,使电动机正常反转。因此这种控制方式被称为"正-停-反"控制,其缺点是操作不便。

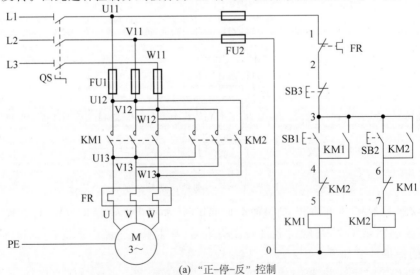

(a) "正-停-反"控制

图 5-42 三相异步电动机正反转控制原理

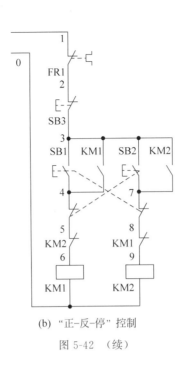

(b) "正-反-停" 控制

图 5-42 （续）

2. 正-反-停控制

在 KM1 线圈上方串联反转按钮 SB2 的常闭触点，在 KM2 线圈上方串联正转按钮 SB1 的常闭触点，这样便形成了"机械互锁"，如图 5-42(b)所示。当 KM1 得电自锁，电动机保持正转状态时，若直接操作反转按钮 SB2，由于 SB2 常闭触点的断开，可使 KM1 线圈失电，KM1 的常闭触点复位，进而使 KM2 线圈得电且自锁，电动机开始反转。

这种方式既保证了 KM1 和 KM2 线圈不会同时得电，又能够不经停止按钮，直接实现电动机的正反转切换，故称"正-反-停"控制。实际应用中，为保证电路安全可靠，往往是两种互锁形式同时存在。

5.5.4 三相异步电动机降压启动控制

视频讲解

由于三相异步电动机直接启动的启动电流过大，在某些条件下并不适用直接启动，因此可采用降压启动的方式，通过减少定子绕组上的电压，来限制启动电流，当启动过程结束后，再将定子绕组上的电压恢复为正常值。但是由于电动机的启动转矩与定子电压的平方成正比，所以采用降压启动时，也会使启动转矩减小很多，因此降压启动仅适合空载或轻载启动的电力拖动系统。

常用的降压启动方法包括定子绕组串电阻降压启动、星-三角降压启动、自耦变压器降压启动、延边三角形降压启动等。这里主要介绍前两种降压启动。

1. 定子绕组串电阻降压启动

三相异步电动机定子绕组串电阻降压启动控制原理如图 5-43 所示。按下启动按钮 SB2，接触器 KM1 得电自锁，同时时间继电器 KT 线圈得电，主电路中电阻 R 被串联至电动机定子绕组回路中，由于电阻的分压作用，导致定子绕组的电压减小，因此启动电流成比例减小。由于 KT 是通电延时型时间继电器，所以在延时时间到达时，延时常开触点才会闭合,导致 KM2 得电自锁、KM1 与 KT 线圈失电,主电路中切除了启动电阻 R,使电动机恢复全压运行。

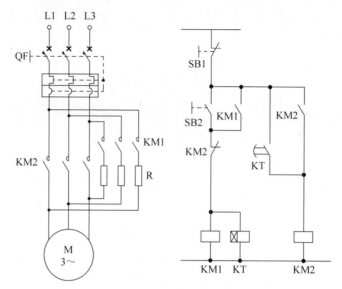

图 5-43 三相异步电动机定子绕组串电阻降压启动控制原理

这种启动方法设备简单、操作方便,但启动电阻的阻值需要准确计算才能使系统启动电流降低至要求值,并且启动时,在电阻上会消耗电能,故适用于小容量电动机不经常启动的场合。对于大容量电动机,也可将电阻换成电抗器实现降压启动,以避免电能浪费。

2. 星-三角降压启动

星-三角(Y-△)降压启动是指启动时将电动机定子绕组接成星形接法,以降低定子绕组的启动电压、减小启动电流,待启动结束后,再把定子绕组改接成三角形接法,恢复全压运行。星-三角降压启动也只适用于正常运行时为三角形接法的电动机。

三相异步电动机星-三角降压启动控制原理如图 5-44 所示。在主电路中,KM1 的作用为电源引入,KM2 的作用是将三相绕组首尾相连,形成三角形接法,KM3 的作用是将三相绕组的末端短接,形成星形接法。要注意的是,若三个接触器的主触点同时闭合,则会造成主电路电源短路,因此在控制电路中要有 KM2 与 KM3 的电气互锁设计,使二者线圈不能同时得电。

使用时,操作启动按钮 SB2,接触器 KM1 得电自锁,同时 KM3、KT 线圈得电,主电路中电动机星形接法启动,KT 延时时间到达后,其延时触点动作,KM3 线圈失电、KM3 常闭触点复位,接着 KM2 线圈得电并形成自锁,KT 线圈也会失电,而主电路中,电动机改为三角形接法全压运行。

根据三相电路特点,当定子绕组处于星形接法降压启动时,启动电流为

$$I'_{st} = I_{stY} = \frac{U_L}{\sqrt{3} Z_K} \tag{5-19}$$

式中,U_L——电源线电压;Z_K——启动时绕组等效阻抗。

而当定子绕组处于三角形接法直接启动时,启动电流为

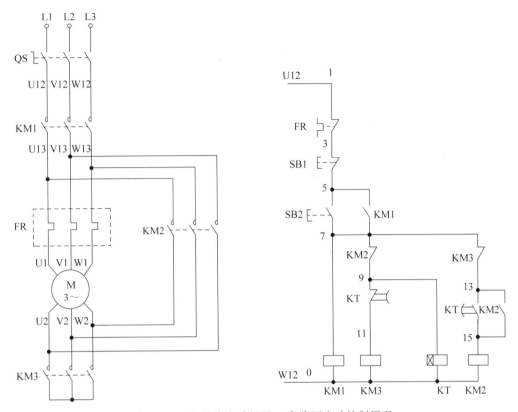

图 5-44 三相异步电动机星-三角降压启动控制原理

$$I_{st} = I_{st\triangle} = \sqrt{3}\frac{U_L}{Z_K} \tag{5-20}$$

因此启动电流比值为

$$\frac{I'_{st}}{I_{st}} = \frac{I_{stY}}{I_{st\triangle}} = \frac{1}{3} \tag{5-21}$$

由于启动转矩与定子绕组相电压的平方成正比,而三角形接法的负载相电压是星形接法相电压的 $\sqrt{3}$ 倍,因此有

$$\frac{T'_{st}}{T_{st}} = \frac{T_{stY}}{T_{st\triangle}} = \left(\frac{U_L/\sqrt{3}}{U_L}\right)^2 = \frac{1}{3} \tag{5-22}$$

由式(5-21)和式(5-22)可见,采用星-三角降压启动方式,电动机启动电流与启动转矩均降低至直接启动的 1/3,具有较好的限流效果,但考虑其启动转矩的降低,故仅适用于 30kW 以下的中小容量电动机空载或轻载启动。

【例 5-2】 一台三相笼形异步电动机的数据为额定功率 $P_N=40\text{kW}$,额定电压 $U_N=380\text{V}$,额定转速 $n_N=2930\text{r/min}$,额定效率 $\eta_N=0.9$,额定功率因数 $\cos\Phi_N=0.85$,$I_{st}/I_N=5.5$,$T_{st}/T_N=1.2$,定子绕组为三角形接法,试计算:

(1) 额定电流 I_N。

(2) 星-三角降压启动时的启动电流和启动转矩。

(3) 供电变压器允许启动电流为 150A,能否在下列情况下采用星-三角降压启动?

① 负载转矩为 $0.25T_N$ 时。
② 负载转矩为 $0.5T_N$ 时。

解：

(1) $I_N = \dfrac{P_N}{\sqrt{3}U_N \eta_N \cos\varphi_N} = \dfrac{40\times1000}{\sqrt{3}\times380\times0.9\times0.85} = 79.44\text{A}$。

(2) 直接启动电流为 $I_{st} = K_I I_N = 5.5\times79.44 = 437\text{A}$。

额定转矩为 $T_N = 9.55\dfrac{P_N}{n_N} = 130.38\text{N}\cdot\text{m}$。

直接启动转矩为 $T_{st} = K_T T_N = 1.2T_N = 156.45\text{N}\cdot\text{m}$。

采用星-三角降压启动时：

启动电流为 $I'_{st} = \dfrac{1}{3}I_{st} = \dfrac{1}{3}\times437\text{A} = 145.7\text{A}$。

启动转矩为 $T'_{st} = \dfrac{1}{3}T_{st} = 52.15\text{N}\cdot\text{m}$。

(3) 采用星-三角降压启动时：

$I'_{st} < 150\text{A}$，启动电流满足要求。

$$T'_{st} = \dfrac{1}{3}T_{st} = \dfrac{1}{3}\times K_T T_N = \dfrac{1}{3}\times 1.2T_N = 0.4T_N$$

可见：当 $T_L = 0.25T_N$ 时，$T'_{st} > T_L$，可以启动；当 $T_L = 0.5T_N$ 时，$T'_{st} < T_L$，不能启动。

5.6 可编程逻辑控制器简介

视频讲解

20 世纪 60 年代时的工业控制系统主要依赖于继电器、定时器、计数器等电器元件，然而，传统的继电器控制系统存在布线烦琐、可维护性差、灵活性不足等问题，也正因为这些局限性的问题推动了可编程逻辑控制器的问世。

学习目标

(1) 了解 PLC 的基本结构、工作原理。

(2) 了解 PLC 的编程语言。

可编程逻辑控制器(Programmable Logic Controller，PLC)是一种在工业自动化领域中广泛应用的数字化控制设备，实物如图 5-45 所示。

图 5-45 不同品牌的 PLC

首个 PLC 在 1968 年被美国 Modicon 公司研发出来，它的目标是替代那些复杂且难以维护的继电器系统。PLC 的诞生标志着控制领域的一次革命，使控制系统从机械化、电气化向数字化的发展方向迈出重要一步。现如今,PLC 的发展经历了从简单的逻辑控制到现代集成化、网络化、智能化的工业自动化平台的转变,已成为工业自动化领域不可或缺的核心组件,广泛应用于制造、能源、交通、建筑等多个行业。

与传统的继电器控制系统相比,PLC 具有显著的优势。首先,PLC 的可编程性允许工程师通过软件编程灵活地改变控制逻辑,而无须对硬件进行物理改动,这极大地提高了系统的适应性和可维护性;其次,PLC 的集成化设计减少了外部接线,降低了故障率,提高了系统的可靠性;此外,PLC 的实时监控和诊断功能使得系统维护更加便捷,减少了停机时间;在成本方面,虽然 PLC 的初始投资可能高于继电器系统,但其长期运行成本更低,维护和升级更加经济高效。

1. PLC 的基本结构

PLC 的基本结构如图 5-46 所示。主要包括中央处理器(CPU)、输入/输出(I/O)模块、电源模块、通信接口和编程设备。CPU 是 PLC 的大脑,负责处理输入信号、执行用户编写的控制程序,并生成相应的输出信号;I/O 模块用于接收外界的输入信号和向执行器发送输出控制信号;通信接口用来与其他 PLC 或外设模块(如触摸屏、变频器、伺服驱动器)进行高效的数据交换;电源模块为 PLC 提供稳定的电力供应。

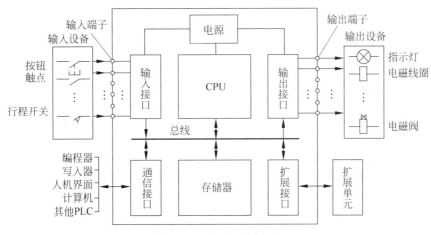

图 5-46 PLC 的基本结构

2. PLC 的工作原理

PLC 的工作原理基于循环扫描,这是 PLC 持续监测输入、执行用户程序和产生输出的核心机制,如图 5-47 所示。以下是 PLC 循环扫描的基本过程。

1) 输入扫描阶段

在这个阶段,PLC 通过输入端口读取所有输入信号的数据,包括数字输入(如开关状态)和模拟输入(如温度、速度值),并将这些数据存入输入映像寄存器。即使在输入扫描阶段之后信号值发生变化,输入映像寄存器中的内容也不会改变,直到下一个循环周期的输入扫描阶段。

2) 程序执行阶段

根据当前输入数据和上一个周期的输出数据,对用户编写的控制程序进行逐条执行,运算结果被存入输出映像寄存器。

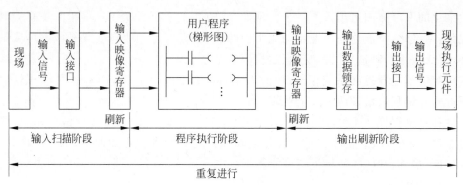

图 5-47　PLC 的循环扫描过程

3）输出刷新阶段

根据输出映像寄存器的数据刷新所有的输出锁存电路,然后通过输出端口驱动相应的外部执行元件工作,如指示灯。也可将输出信号传递给其他元器件或设备作为输入信号。

PLC 的扫描周期是指 PLC 完成一次完整的输入扫描、程序执行和输出刷新的时间间隔,它是衡量 PLC 实时性的重要参数。扫描周期的长短取决于 PLC 的硬件性能、程序的复杂度以及系统的要求。在工业自动化中,为了确保系统的实时性和可靠性,通常希望扫描周期尽可能短。然而扫描周期过短可能会导致 CPU 负载过高,影响系统的稳定性。因此需要在实时性和系统稳定性之间找到一个平衡点。

在实际应用中,PLC 的扫描周期通常在几毫秒到几十毫秒之间。对于要求快速响应的系统,如机器人控制或运动控制,可能需要更短的扫描周期;而对于不那么严格的系统,如温度监控或数据采集,较长的扫描周期也是可以接受的。

3. PLC 的编程语言

IEC 61131-3 是国际电工委员会(IEC)制定的关于 PLC 的编程规范,它专注于编程语言的语法和语义。这一部分标准详细描述了用于 PLC 编程的各种编程语言的规则,确保了不同制造商的 PLC 之间可以实现一定程度的互操作性。IEC 61131-3 标准涵盖了以下编程语言:

① 梯形图(Ladder Diagram,LD):梯形图是最常用的 PLC 编程语言,它使用图形化的符号来表示逻辑控制流程,类似于电气控制电路图。标准中定义了梯形图的语法规则,包括继电器、定时器、计数器等元素的使用。

② 功能块图(Function Block Diagram,FBD):功能块图是一种基于图形的编程语言,它使用预定义的功能块来构建控制逻辑。

③ 指令表(Instruction List,IL):指令表是一种类似于计算机中的助记符汇编语言。

④ 结构化文本(Structured Text,ST):结构化文本是一种高级编程语言,类似于 C 语言,它支持结构化编程和高级编程概念。标准中为结构化文本语言提供了详细的语法规则,包括数据类型、运算符、结构体、控制语句和函数的定义。

⑤ 顺序功能图(Sequential Function Chart,SFC):顺序功能图是一种用于描述顺序控制流程的图形化语言,程序由步、转移条件和动作组成。

IEC 61131-3 标准的主要目的是确保不同 PLC 系统之间的编程语言具有一致性,这样工程师可以在不同的 PLC 平台上使用相同的编程技能,有助于降低学习成本,提高工程师的生产力。此外,标准中还提供了一些通用的编程概念,如变量声明、程序结构、注释和文档,以及如何将程序下载到 PLC 中。这些通用概念有助于简化编程过程,使得工程师能够更容易地理解和维护 PLC 程序。通过遵循这一标准,PLC 制造商可以确保其产品能够支持国际通用的编程实践,从而提高产品的市场竞争力。

4. PLC 的实际应用

使用 PLC 实现电动机正反转控制,如图 5-48 所示。其中,硬件上的接线如图 5-48(a)所示,PLC 的 X0、X1、X2 输入端口接收 SB2、SB3、SB1 按钮发出的信号,并通过 Y0、Y1 输出端口控制 KM1、KM2 接触器线圈得电,进而控制电动机正转或反转。

实现电动机正反转控制的梯形图程序如图 5-48(b)所示。梯形图中的线圈、常开、常闭与电气原理图中的功能一致,仅图形符号不同,若把梯形图顺时针旋转 90°,得到的结果就更加类似电气原理图。梯形图中也有互锁的设计,如 Y0 线圈左侧串联了 Y1 与 X1 的常闭触点,而 Y1 线圈左侧串联了 Y0 与 X0 的常闭触点,目的是使 Y0 与 Y1 不能同时输出信号,避免 KM1 与 KM2 线圈同时得电。注意:图 5-48(a)中也保留了硬件上的电气互锁,可以使系统运行更加可靠。

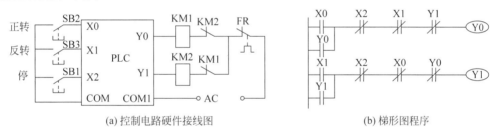

图 5-48 使用 PLC 实现电动机正反转控制

思考练习

一、填空题

5.1 三相异步电动机旋转磁场的转速称为_____,它与电源频率和_____有关。

5.2 三相异步电动机的额定频率 $f_N = 50\text{Hz}$,电机的极对数 $p = $ _____,电机的额定转速为 960r/min。

5.3 三相异步电动机的额定功率是指电动机在额定工作状态运行时的_____。

5.4 三相异步电动机机械负载加重时,其定子电流将_____。

5.5 三相异步电动机是否可直接启动,通常用经验公式_____来确定。

二、分析计算题

5.6 在额定工作条件下的 Y180L-6 型三相异步电动机,其转速为 960r/min,频率为 50Hz,则电机的同步转速是多少? 转差率是多少?

5.7 一台三相异步电动机的额定参数中:$U_N = 380\text{V}$、$f_N = 50\text{Hz}$、$P_N = 7.5\text{kW}$、$n_N = 960\text{r/min}$、$\cos\varphi_N = 0.872$、$\Delta P_{Cus} = 470\text{W}$、$\Delta P_{Fe} = 234\text{W}$、$\Delta P_m = 45\text{W}$、$\Delta P_{add} = 80\text{W}$,求电动机额定负载时的转差率 s_N 和转子频率 f_2、转子铜耗 ΔP_{Cur}、电动机效率 η。

5.8 有一台四极三相异步电动机的额定输出功率 $P_N=28\text{kW}$,额定转速 $n_N=1370\text{r/min}$,过载系数 $\lambda=2.0$,求电动机的额定转矩与最大转矩。

5.9 已知一台三相异步电动机的额定参数如下:$P_N=4.5\text{kW}$,$n_N=950\text{r/min}$,$\eta=84.5\%$,$\cos\varphi=0.8$,$U_N=220/380\text{V}$,启动电流与额定电流之比 $I_{st}/I_N=5$,最大转矩与额定转矩之比 $T_m/T_N=2$,启动转矩与额定转矩之比 $T_{st}/T_N=1.4$。试求:电动机的额定电流 I_N、启动电流 I_{st}、启动转矩 T_{st}、最大转矩 T_m。

三、设计题

5.10 试设计一个电气原理图,能够控制一台电动机实现既能手动也能自动切换的星-三角降压启动,并具有必要的保护环节。

5.11 设计某机床的液压泵电动机 M1 和主电机 M2 的控制电路,有如下要求:

(1) 必须先启动 M1,然后才能启动 M2;

(2) M2 可以单独停转;

(3) M1 停转时,M2 自动停转。

第6章 二极管及整流电路

20世纪40年代末,科学家发现了半导体(semiconductor)晶体对电信号的放大作用,从而改变了电子管在电子技术领域一统天下的局面,使电子技术步入了辉煌的半导体时代。半导体器件具有体积小、重量轻、低功耗、寿命长、转换效率高等电子管不具备的优点。如今各种各样的半导体器件层出不穷,基于半导体技术的集成电路功能越来越强大,其优越性更是无与伦比,把半导体的各项优势发挥到了极致。随着半导体器件和集成电路在现代电子技术中的广泛应用,各种电子设备在微型化、可靠性等方面得到极大提高。我们使用的计算机、手机、LED电视、智能手表以及直流充电器等都是半导体器件和集成电路应用的成果。

二极管和三极管是最基本的半导体器件,也是制作集成电路的基础。它们的结构、工作原理、特性和参数是学习电子技术和分析电子电路的每个电子爱好者所必须熟悉的。PN结是构成二极管和三极管的基本单元结构。本章从讨论半导体的导电特性和PN结的单向导电性开始,重点介绍半导体二极管器件。从这里开始,本书将带领读者踏入奇妙的电子世界。如果读者能结合所学的典型电路,动手在面包板上亲自搭建由元器件构成的电路进行实践,或者用电路仿真软件搭建电路进行仿真,将会发现学习电子技术非常有趣。

6.1 半导体的基本知识

当今信息时代,以半导体材料为芯片的各种产品已广泛进入人们的生产生活中,如我们身边的LED平板电视机、智能手机、计算机以及天上的人造卫星和空间站等。计算机是数字生活中的重要设备,它的核心部件是中央处理器(CPU)和存储器(RAM),是以大规模集成电路为基础制造出来的,而这些集成电路均由半导体材料制作而成,半导体材料为什么会有如此广泛的应用呢? 半导体材料具有哪些特性呢?

学习目标

(1) 了解半导体材料的特性。
(2) 熟悉本征半导体、杂质半导体。

6.1.1 半导体材料

半导体是导电能力介于导体和绝缘体之间的一类材料,常用的半导体材料有硅(Si)、锗(Ge)、砷化镓(GaAs),还有其他半导体材料如硼(B)、磷(P)、铟(In)和锑(Sb)等。Si是半导体中应用最广的材料,由于Si存世量大,设计与制造技术成熟,硅晶体管的价钱便宜,温度稳定性高，因而在电子元器件和集成电路的制造和应用中处于主导地位。制作集成电路要求半导体晶片（如 Si 片等）必须要有大的直径、高的晶体完整性、高的几何精度和高的洁净度，所以半导体材料是否容易制作是它能否大量应用的重要条件。Si 在这方面优势明显。Ge 也容易加工，但温度稳定性差，因而已较少应用。

为了使集成电路具有高效率、低能耗、高速度的性能，相继发展了 GaAs、InP 等半导体单晶材料和 SiC、GaN、ZnSe、金刚石等宽禁带半导体材料以及 SiGe/Si、SOI（Silicon On Insulator）等新型硅基材料。砷化镓制成的半导体晶体管的工作速度是硅管的 5 倍，因而可用于制作高速高频的电子线路，同时它还具有高温、低温性能好，噪声小，抗辐射能力强等优点，在制作微波器件和高速数字电路方面得到广泛应用。砷化镓是半导体材料中兼具多方面优点的新型材料，但制作工艺相对不成熟，成本比较昂贵。随着对砷化镓等新型材料的深入研究，制造工艺不断进步，砷化镓等新型材料有望挑战硅在半导体材料中的主导地位。

除了在导电能力方面与导体和绝缘体不同外，半导体还具有一些特殊的性质，如光敏特性、热敏特性及掺杂特性等，即半导体受到光照和热辐射时，或在纯净的半导体中掺入微量的其他特定元素（也叫"杂质"）后，它的导电能力将有明显的增强。正是利用半导体的这些特点，才制造出许多现代电子器件，为了理解这些特点，必须先了解半导体的内部结构。

6.1.2 本征半导体

完全纯净且结构完整的半导体晶体叫作本征半导体，它们都是四价元素，原子最外层轨道上具有 4 个电子，称为价电子。物质的物理、化学等性质是由价电子数决定的，半导体的导电性质也与价电子有关。现代半导体材料主要使用硅和锗，其外层均有 4 个价电子，而原子核和除价电子外的内层电子组成惯性核（相当于带有 4 个单位正电荷，在图 6-2 中用+4代表惯性核）。

制造半导体器件的硅和锗是单晶材料，具有金刚石结构，其晶体共价键结构如图 6-1 所示。它们的原子形成有序的排列，每个硅（锗）原子的 4 个价电子与相邻的 4 个硅（锗）原子的各一个价电子分别结成共用电子对，形成稳定的共价键，硅和锗的晶格结构如图 6-2 所示。

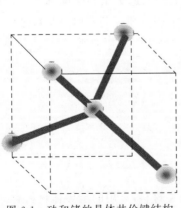

图 6-1 硅和锗的晶体共价键结构

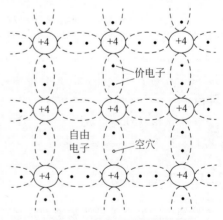

图 6-2 硅和锗的晶格结构图

1. **本征半导体中的两种载流子——电子和空穴**

在绝对温度0K时,本征半导体中没有载流子,呈绝缘体特性。在室温下,本征半导体中少数共价键中的电子因受热而获得能量,摆脱原子核的束缚,从共价键中挣脱出来,成为自由电子。与此同时,失去价电子的硅或锗原子在该共价键上留下了一个空位,因自由电子带负电荷,可把其留下的空位看成带正电荷的粒子,称其为空穴。由于本征硅或锗每产生一个自由电子必然会有一个空穴对应出现,即电子与空穴成对出现,所以称为电子空穴对,如图6-3所示。在室温下,本征半导体内产生的电子空穴对数目很少,因此其导电能力差。

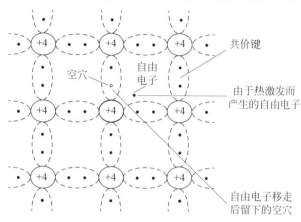

图6-3 共价键被打破而产生空穴和自由电子

2. **本征半导体的热敏特性和光敏特性**

本征半导体受热或光照后其导电能力大幅增强。当温度升高或光照增强时,本征半导体内的原子运动加剧,有较多的电子获得能量成为自由电子,即电子空穴对增多,所以本征半导体中电子空穴对的数目与温度和光照有密切关系。温度越高(温度每升高10℃左右,硅中的载流子浓度约增加一倍)、光照越好,本征半导体内载流子数目越多,导电性越强,这就是本征半导体的热敏特性和光敏特性。利用这种特性可以做成各种热敏元件和光敏元件,这些元件可用作控制路灯的光敏管、控制温度的热敏管等,在自动控制系统中有着广泛的应用。

6.1.3 杂质半导体

在本征半导体中掺入其他微量元素,可使其导电能力大幅加强。例如,在硅本征半导体中掺入千万分之几的其他微量元素,它的导电能力就会增强数百万倍,这就是本征半导体的掺杂特性。掺入的微量元素称为杂质,掺入杂质后的本征半导体称为杂质半导体。因掺入杂质的性质不同,杂质半导体可分为P(空穴)型半导体和N(电子)型半导体两大类。

1. **P型半导体**

如果在四价本征半导体中掺入微量三价元素,如硼(B)、铟(In)等,由于它的最外层只有3个价电子,在与周围4个本征原子组成共价键时,少一个电子而在共价键中产生一个空位,当相邻本征原子外层电子填补此空位时,本征原子共价键中失去一个电子而产生一个空穴,每掺入一个硼原子就能产生一个空穴,而无自由电子产生,所以,空穴数目远大于自由电子的数目,这种半导体叫作 P 型半导体,如图 6-4 所示。在 P 型半导体中,空穴是多数载流子,简称"多子",带正电;电子是少数载流子,简称"少子",带负电,但整个 P 型半导体呈现电中性。

2. N 型半导体

如果在四价本征半导体中掺入微量五价元素,如磷(P)、砷(As)等,磷原子的最外层有 5 个价电子,只有 4 个价电子与周围 4 个本征原子形成 4 对共价键,多余的第五个电子被挤出共价键成为自由电子,因此每掺入一个磷原子就能产生一个自由电子,而无空穴产生,所以自由电子的数目大量增加,在半导体内产生的自由电子数量多于空穴数量,这种半导体叫作 N 型半导体,如图 6-5 所示。在 N 型半导体中,电子是多数载流子,简称"多子",空穴是少数载流子,简称"少子",整个 N 型半导体呈现电中性。

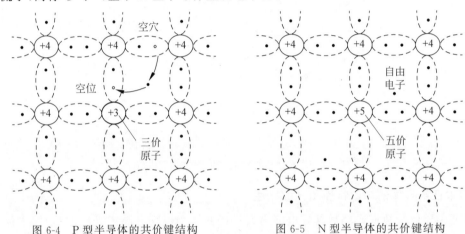

图 6-4 P 型半导体的共价键结构　　　图 6-5 N 型半导体的共价键结构

杂质半导体中"多子"的浓度取决于掺入杂质的多少,而"少子"的浓度与温度有密切的关系。

6.2　PN 结的形成及特性

PN 结是 P 型半导体与 N 型半导体交界面处形成的电学区域,是组成半导体器件的基本结构。

学习目标

(1) 熟悉 PN 结的形成。
(2) 掌握 PN 结的单向导电性。

6.2.1　PN 结的形成

用不同的掺杂工艺使同一半导体(如本征硅)一侧形成 P 型半导体,而另一侧形成 N 型半导体。此时,在它们的交界面处就出现了自由电子和空穴的浓度差别,如图 6-6 所示。

P 区的多子空穴浓度远高于 N 区的少子空穴浓度,而 N 区的多子自由电子浓度远高于

P区的少子自由电子浓度,由于存在载流子的浓度差,载流子将从浓度较高的区域向浓度较低的区域扩散。因此,P区的多子空穴向N区扩散,而N区的多子自由电子向P区扩散,由载流子扩散运动形成的电流叫扩散电流。当载流子通过两种半导体的交界面后,在交界面附近的区域里,P区扩散到N区的空穴与N区的自由电子复合,N区扩散到P区的自由电子与P区的空穴复合。扩散的结果破坏了P区和N区交界面附近的电中性条件。在P区一侧由于失去空穴,留下了不能移动的负离子;在N区一侧由于失去自由电子,留下了不能移动的正离子。这些不能移动的带电离子通常称为空间电荷,它们集中在P区和N区交界面附近,形成了一个很薄的空间电荷区(如图6-7中阴影部分所示),这就是我们所说的PN结。在这个区域内,多数载流子已扩散到对方区域并复合掉了,或者说消耗了,因此空间电荷区又叫耗尽层,它的电阻率很高。扩散作用越强,空间电荷区越宽。在出现了空间电荷区以后,正负离子的电荷在空间电荷区中形成了一个由N区指向P区的电场。由于这个电场是因内部载流子的扩散运动(而不是由外加电压)形成的,因此叫内电场。空间电荷区越宽,内电场越强。显然,内电场的方向与多子扩散方向相反,因此它阻碍P区和N区的多子继续向对方区域扩散。另一方面,在内电场作用下,P区和N区的少数载流子因受电场力作用将做定向运动。这种运动叫漂移运动,由此引起的电流叫漂移电流。这样,P区的少子自由电子向N区漂移,从而补充了N区交界面附近因扩散而失去的自由电子,使正离子减少;而N区的少子空穴向P区漂移,从而补充了P区交界面附近因扩散而失去的空穴,使负离子减少。因此,漂移运动的结果使空间电荷区变窄,其作用正好与扩散运动相反。

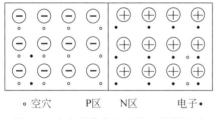
图6-6 浓度差使载流子发生扩散运动

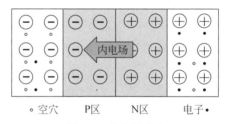
图6-7 内电场形成

由此可见,在有P区和N区的同一半导体内,多子的扩散运动和少子的漂移运动是相互联系又相互对立的。多子的扩散运动使空间电荷区加宽,内电场增强。内电场的建立和增强又阻止多子的扩散,增强少子的漂移,其结果使空间电荷区变窄,内电场减弱,有利于多子的扩散。如此相互制约,相互促进,最后多子的扩散运动和少子的漂移运动达到动态平衡。此时,扩散电流和漂移电流大小相等,方向相反,通过空间电荷区的净电流等于零。此时,空间电荷区的宽度和内电场的强度为定值。

空间电荷区内基本不存在导电的载流子,导电率很低,相当于介质,两侧的P区和N区则导电率相对较高,相当于导体,与电容的结构有相似之处,所以PN结具有电容效应,这种效应称为PN结的结电容。

6.2.2 PN结的单向导电性

PN结具有特殊性质——单向导电性。PN结在外加电压作用下,形成了电流。外加电压的极性不同,流过PN结的电流大小有极大差别。

视频讲解

1. PN 结外加正向电压

如图 6-8 所示，PN 结外加电压的正端接 P 区，负端接 N 区，称 PN 结处于正向偏置，这时外加电场方向与 PN 结内电场方向相反，所起作用也相反，即：助长扩散运动，抑制漂移运动。在这个外加电场作用下，PN 结原来扩散与漂移之间的动态平衡状态被打破，当 P 区空穴进入空间电荷区后，就要和原来的一部分负离子中和，使 P 区一侧的空间电荷量减少。同样，当 N 区电子进入 PN 结时，中和了部分正离子，使 N 区一侧的空间电荷量减少，结果使空间电荷区变窄，即耗尽区厚度变薄（从原来未加电压时的 11′ 变到 22′），内电场被削弱，有利于多子的扩散而不利于少子的漂移，扩散运动起主要作用。

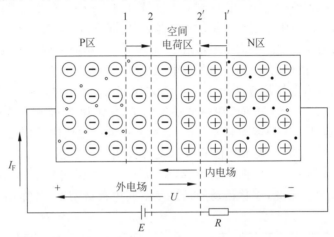

图 6-8　外加正向电压时的 PN 结

当外加电压升高，PN 结内电场便进一步减弱，扩散电流随之增加，在正常工作范围内，PN 结上外加电压只要稍有变化（如 0.1V），便能引起电流的显著变化，因此电流 I_F 将随外加电压的增加急速上升。这样，正向偏置的 PN 结表现为一个很小的电阻，在外电场作用下，多子将向 PN 结移动，结果，P 区的多子空穴将源源不断地流向 N 区，而 N 区的多子自由电子亦不断流向 P 区，这两股载流子的流动就形成了 PN 结的正向电流。表现在外电路上则形成一个流入 P 区的大电流，称为正向电流 I_F。

2. PN 结外加反向电压

如图 6-9 所示，外加电压的正端接 N 区，负端接 P 区，称 PN 结处于反向偏置。这时外加电场方向与 PN 结内电场方向相同，PN 结内电场被增强。所起作用为：抑制扩散运动，助长漂移运动。在这种外电场作用下，P 区中的空穴和 N 区中的自由电子都将进一步离开 PN 结，使耗尽区厚度加宽（从 22′ 变为 11′），这样 P 区和 N 区中的多数载流子就很难越过空间电荷区，因此扩散电流趋近于零。但此时，P 区和 N 区中的少数载流子更容易产生漂移运动而形成漂移电流，因此在这种情况下，PN 结的电流主要是漂移电流。漂移电流的方向与扩散电流相反，表现在外电路上是一个流入 N 区的电流 I_R，称为反向电流。由于少数载流子的浓度很小，因此 I_R 是很微弱的，一般为 μA 级（甚至是 nA 级）。同时，少数载流子是由本征激发产生的，其数值决定于温度，在一定温度 T 下，由于热激发而产生的少数载流子的数量是一定的，反向电流几乎不随外加电压而变化，电流的值趋于恒定，如图 6-9 所示。这时的反向电流 I_R 就是反向饱和电流，用 I_S 表示。由于 I_S 很小，因此 PN 结在反向偏置时,呈现出一个很大的电阻。此时可认为它基本是不导电的。但 I_S 受温度的影响较大,在有些实际应用中,还必须予以考虑。

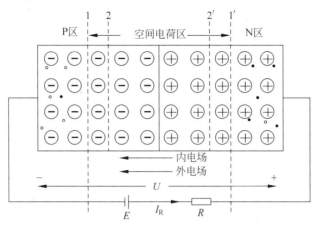

图 6-9　外加反向电压时的 PN 结

综上所述,当 PN 结正偏时,正向电阻很小,回路产生一个较大的电流,PN 结处于导通状态;当 PN 结处于反偏时,反向电阻很大,回路的电流几乎为零,PN 结处于截止状态。这就是 PN 结的单向导电性。

3. PN 结的伏安特性

PN 结的伏安特性是指 PN 结两端的外加电压与流过 PN 结的电流之间的关系曲线。根据理论分析,PN 结的伏安特性可用下式表示:

$$i = I_S(e^{\frac{u}{U_T}} - 1) \tag{6-1}$$

式中,i 为通过 PN 结的电流;u 为 PN 结两端的外加电压;U_T 为温度的电压当量。

常温下 $U_T = kT/q \approx 0.026\text{V}$,其中 k 为玻耳兹曼常数(1.38×10^{-23} J/K),T 为热力学温度,q 为电子电荷(1.6×10^{-19} C);e 为自然对数的底;I_S 为反向饱和电流。由式(6-1)可以画出其伏安特性曲线,如图 6-10 所示。

(1) 当 PN 结两端加正向电压时,电压 u 为正值,当 u 很小时,式(6-1)中 $e^{\frac{u}{U_T}} \approx 1$,$i \approx 0$,PN 结未导通,称为死区;当 u 比 U_T 大几倍时,式(6-1)中 $e^{\frac{u}{U_T}}$ 远大于 1,1 可以忽略。这样,PN 结的电流 i 与电压 u 成指数关系,如图 6-10 中的正向电压部分 a 所示,等效电阻小,正向电流大,称为正向导通区。

(2) 当 PN 结外加反向电压时,u 为负值。若 u 比 U_T 大几倍,指数项趋近于零,因此 $i = -I_S$,即反向电压达到一定数值后,PN 结的反向电流就是反向饱和电流,与外加反向电压的大小基本无关,为一常数 I_S,如图 6-10 中的反向电压部分 b 所示,反向电流小,等效电阻大,称为反向截止区;当 $|u| > U_{BR}$ 时,反向电流迅速增大,称为反向击穿区,如图 6-10 曲线中的线段 c 所示。

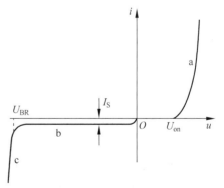

图 6-10　PN 结的伏安特性

4. 温度对 PN 结特性的影响

PN 结的特性对温度的变化特别敏感,反映在伏安特性上为:温度升高,正向特性曲线左移,反向特性曲线下移。具体变化规律为:温度每升高 1℃,正向电压减小 2~2.5mV;温度每升高 10℃,反向饱和电流 I_S 约增大一倍。

6.2.3 PN 结的反向击穿特性

当加到 PN 结两端的反向电压增大到一定数值(U_{BR})后,反向电流会急剧增加,如图 6-10 中左下侧部分 c 所示。这个现象就称为 PN 结的反向击穿。发生击穿所需反向电压 U_{BR} 称为反向击穿电压。产生 PN 结反向击穿的原因是:自由电子和空穴的数目在强电场作用下大幅增加,引起反向电流的急剧增加,这种现象产生的机理有雪崩击穿和齐纳击穿两种。雪崩击穿的物理过程为:当 PN 结外加反向电压增加时,空间电荷区中的电场随着增强,从而使在漂移运动中少子(既有电子也有空穴)的运动速度加快,并获得足够的动能。它们在晶体中不断地与晶体原子发生碰撞,使共价键中的电子激发形成新自由电子-空穴对,新电子-空穴与原有的电子-空穴一样,在电场作用下,又会受到电场的加速获得能量,并撞击别的原子,再产生电子-空穴对,这就是载流子的倍增效应。当反向电压增大到某一数值后,载流子的倍增情况就像在陡峭的积雪山坡上发生雪崩一样,载流子增加得多而快,使反向电流急剧增大,造成 PN 结击穿,称为雪崩击穿。雪崩击穿电压与半导体的掺杂浓度有关,掺杂浓度低时击穿电压数值大。另一种是齐纳击穿,只会在掺杂浓度特别大的 PN 结中出现,因为杂质浓度大,空间电荷区内电荷密度(即杂质离子密度)也大,因而空间电荷区很窄,在外加较小反向电压(一般为几伏)下,PN 结空间电荷区中就形成一个强电场,它能够将共价键中被束缚电子强行拉出,产生电子-空穴对,形成较大的反向电流,造成 PN 结击穿,这就是齐纳击穿。它的物理过程和雪崩击穿完全不同。雪崩击穿和齐纳击穿统称为电击穿。上述两种电击穿过程是可逆的,当加在 PN 结上的反向电压降低后,PN 结仍可以恢复原来的状态,但前提条件是反向电流和反向电压的乘积不超过 PN 结允许的耗散功率。

若反向电流和反向电压的乘积超过 PN 结允许的耗散功率,就会因为热量散不出去而使 PN 结温度上升,而结温升高使反向电流更加增大,电流增大又使结温进一步升高,如此恶性循环,很快会把 PN 结烧毁,这种现象称为热击穿。热击穿真正烧毁 PN 结,不可逆转。

必须指出,热击穿和电击穿的概念是不同的。电击穿往往可为人们所利用(如稳压管),而热击穿则是必须避免的。

6.3 二极管及其应用电路

收音机是如何从电波中提取出音频信号,使我们从耳机或喇叭中听到广播节目呢?直流充电器又是如何将交流电变为直流电呢?这些功能的实现都依赖二极管的独特作用。二极管的工作原理是什么?它在电路中有怎样的作用呢?

学习目标

(1) 熟悉二极管的结构和类型。
(2) 掌握二极管的伏安特性和主要参数。

(3) 掌握二极管的简化模型和简单应用电路。

6.3.1 基本结构与类型

1. 基本结构

晶体二极管(简称二极管)是具有一个 PN 结的半导体器件,其基本结构是将 PN 结两端各加上一根电极引线,再用管壳封装组成,如图 6-11(a)所示。二极管的两根引线分别称为正极和负极,也称阳极和阴极,P 型半导体一侧引出的电极称为正(阳)极,N 型半导体一侧引出的电极称为负(阴)极。

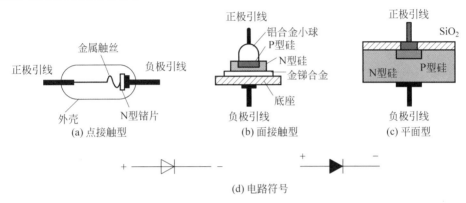

图 6-11 半导体二极管的结构及符号

2. 类型

二极管的分类按所用半导体材料分硅二极管和锗二极管;按用途分普通二极管和特殊二极管,通常所说的二极管是指普通二极管;按内部结构可分为点接触型、面接触型和平面型三类。

1) 点接触型二极管

点接触型二极管如图 6-11(a)所示,是由一根金属丝与半导体表面相接触,经过特殊工艺,在触点上形成 PN 结,做出引线,加上管壳封装而成。其突出优点是 PN 结面积很小,因此结电容很小,一般在 1pF 以下,适用于在高频(可达 1000MHz 以上)信号下工作。其缺点是不能承受较高的正向电压和通过大的正向电流。因此点接触型二极管多用于高频检波以及在脉冲数字电路中作开关元件。

2) 面接触型二极管

面接触型二极管如图 6-11(b)所示,其 PN 结是采用合金法工艺制作的,PN 结面积较大,结电容也较大,因此,它能通过较大的正向电流,且反向击穿电压高,工作温度也较高,但其工作频率低,所以多用在大功率低频整流电路中。

3) 平面型二极管

平面型二极管如图 6-11(c)所示,采用硅扩散法工艺制作而成,用二氧化硅做保护层,大幅减少了 PN 结两端的漏电流,质量好,批量生产中产品性能较一致。平面型二极管结面积较小的用作高频管或开关元件,结面积较大的用作大功率调整管。

根据二极管的不同结构类型,分别用于检波、整流、限幅、开关、稳压等电路中。

二极管的电路符号如图 6-11(d)所示,其中左边符号为国标符号,右边符号为国际符号。二极管符号形象地表示了电流流动的方向,即电流只能从正极流向负极,而不允许反方向流动。

6.3.2 伏安特性与主要参数

1. 伏安特性

二极管的伏安特性是指二极管两端的电压和流过二极管的电流之间的函数关系,其伏安特性和 PN 结的伏安特性基本相似。

1) 正向特性

如图 6-12(a)中的 a 段所示,曲线正向特性的起始部分称为死区,由于外加正向电压(P 正 N 负)较小,不足以削弱 PN 结的内电场,因而这时的正向电流几乎为零,二极管呈现为一个大电阻,好像有一个门槛,使正向电流从零开始明显增大的外加电压称为门槛电压(又称死区电压),记为 U_{th}。锗管的 U_{th} 约为 0.1V,硅管的 U_{th} 约为 0.5V。当外加正向电压大于 U_{th} 后,正向电流迅速增大,二极管进入正向导通区,电阻小,电流大。此时,若正向电流在一定范围内变化,正向管压降基本不变,其导通电压(记为 $U_{D(on)}$)锗管约为 0.2~0.3V,硅管约为 0.6~0.8V。利用 Multisim 仿真测试得到的二极管正向伏安特性曲线,如图 6-12(b)所示。

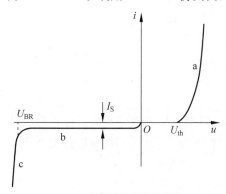 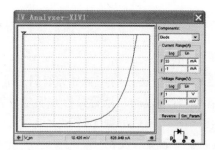

(a) 二极管的伏安特性曲线　　　　(b) 利用Multisim仿真测试得到的二极管正向伏安特性曲线

图 6-12　二极管的伏安特性

2) 反向特性

在反向电压(P 负 N 正)作用下 P 型半导体中的少数载流子(电子)和 N 型半导体中的少数载流子(空穴)很容易通过 PN 结,形成反向电流。由于管壳漏电流的影响,二极管的反向电流比理想 PN 结的 I_S 大,但总数值仍然很小,二极管进入反向截止区。二极管反向特性如图 6-12(a)中 b 段所示。一般情况下,硅管的反向电流比锗管的反向电流小得多,所以硅管的温度稳定性远优于锗管。

3) 反向击穿特性

当反向电压增加到一定数值后,反向电流剧增,这种现象称为二极管的反向击穿,如图 6-12(a)中 c 段所示,其原因和 PN 结反向击穿相同。

环境温度的变化对二极管的伏安特性影响较大,其规律与 PN 结的温度特性相似。

综上所述,二极管具有加正向电压导通、加反向电压截止的特性,即单向导电性。

2. 主要参数

半导体器件的参数是对其特性和极限运用条件的定量描述，是设计电路时正确选择和合理使用器件的依据。因此，正确理解参数的物理意义及其数值范围非常重要。

1) 最大整流电流 I_F

最大整流电流是二极管长期正常工作时，允许通过的最大正向平均电流。因为电流通过 PN 结要引起管子发热，电流太大，发热量超过限度，就会使 PN 结烧坏。使用中为确保安全，应选用 I_F 大于电路实际电流值的二极管，否则极不安全，将损坏二极管。

2) 最高反向工作电压 U_M

最高反向工作电压是反向加在二极管两端而不引起 PN 结击穿的最大安全工作电压。如果实际工作电压的峰值超过 U_M，二极管有可能被击穿损坏。为确保安全工作，一般手册上给出的最高反向工作电压约为击穿电压 U_{BR} 的一半。

3) 反向电流 I_R

反向电流是二极管加反向工作电压未被击穿时的反向电流值。其值越小，二极管单向导电性能越好。但是反向电流值会随温度的上升而显著增加，在实际应用中应加以注意。一般 Si 管的 I_R 比 Ge 管的小，所以 Si 管的温度稳定性比 Ge 管的好。

4) 最高工作频率 f_M

最高工作频率是保证二极管单向导电作用的最高工作频率。当工作频率超过 f_M 时，二极管的单向导电性能就会变差，甚至失去单向导电性。f_M 主要由 PN 结的结电容大小决定，结电容越大，f_M 就越小。由于结电容很小，对低频工作影响很小，当工作频率升高时，其影响就会增大，所以在作检波使用时，应选用 f_M 至少两倍于电路实际工作频率的二极管，否则不能正常工作。点接触型锗管由于其 PN 结面积比较小，故结电容很小，通常小于 1pF，其最高工作频率可达数百 MHz，而面接触型硅整流二极管，其最高工作频率只有 3kHz 左右。

6.3.3 二极管的简化模型及应用电路

视频讲解

1. 简化模型

由于二极管的伏安特性是非线性的，为了分析计算时方便，可根据不同情况将二极管进行不同的线性化等效处理，即建立二极管的简化模型。

1) 理想模型

如图 6-13(a)所示，作为理想开关，正向导通时 $U_D=0$，二极管相当于短路，其正向压降 U_F 和正向电阻 R_F 可以忽略；反向截止时 $I_S=0$，二极管相当于断路。用于对电路(整流电路、开关电路)进行定性分析和粗略估算。特性曲线如图 6-14(a)所示，虚线是实际二极管的伏安特性，粗实线是理想模型的等效伏安特性。

2) 恒压降模型

恒压降模型如图 6-13(b)所示，忽略二极管导通电阻(即 $r_D=0$)，导通时二极管两端管压降为恒定值 $U_D=U_{on}$；截止时 $I_S=0$，二极管相当于断路。用于在 R_F 和 I_S 可以忽略的情况下，对电路进行分析或估算。特性曲线如图 6-14(b)所示的粗实线部分。

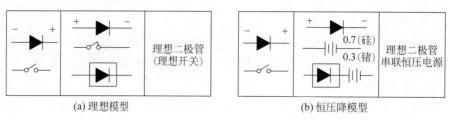

图 6-13 二极管的简化模型

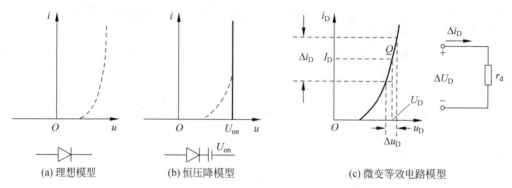

图 6-14 二极管简化模型伏安特性

3) 微变等效电路模型

为求动态电阻 r_d,只考虑二极管两端的电压在某一固定值附近作微小变化时所引起的电流变化,如图 6-14(c)所示,可以用曲线在该固定值处的切线来近似这一小段曲线。

由式(6-1)求导数,有

$$\frac{1}{r_d} = \frac{\Delta i}{\Delta u} \approx \frac{\mathrm{d}i}{\mathrm{d}u} = \frac{I_s}{U_T} e^{u/U_T} \approx \frac{I_D}{U_T}$$

所以

$$r_d \approx U_T / I_D$$

常温下 $U_T = kT/q \approx 0.026\mathrm{V}$,为温度电压当量,所以 $r_d = 26\mathrm{mV}/I_{DQ}$($I_{DQ}$ 为二极管的静态电流)。可见,二极管的动态电阻可用静态电流来计算,且 I_D 增大时,r_d 变小,正偏时 r_d 一般为几欧姆到几十欧姆,反偏时 r_d 为几百千欧到几兆欧。该模型主要用于二极管处于正向偏置,且 $U_D \gg U_T$ 条件下的交流动态分析。

除了以上几种较简洁明了的常用模型以外,还有其他更复杂、更精确的二极管模型,由于使用不太广泛,此处不做介绍,有兴趣的读者可以参考相关文献。

2. 应用电路

二极管作为基本电子元件,其应用范围较广。例如,利用二极管单向导电性,可实现将交流电变为单方向的脉动电压,此时二极管作为整流元件使用,直流充电器中的二极管即是如此;利用二极管单向导电性,可实现削波功能,收音机的检波二极管就是这样工作的;利用二极管正向导通后端电压基本维持不变的特性,可用于限幅电路;利用二极管的温度效应,在有关电路中作为温度补偿元件使用,还可作为温度传感器用于温度测量。下面通过几个例子来说明二极管的简单应用。

1) 整流电路

【例 6-1】 电路如图 6-15(a)所示，设电源电压为 $u_s=10\sin\omega t$ (V)，二极管采用理想模型，试分析电路输出电压 u_o，并画出其波形。

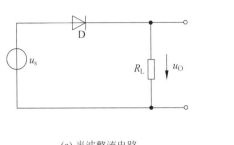
(a) 半波整流电路

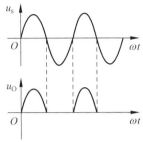
(b) 整流前后波形对比

图 6-15　例 6-1 电路图

解：一般分析含有二极管的电路，先假设 D 断开，求出二极管两端的电位 V_P（P 端电位）、V_N（N 端电位），据此判断二极管的状态：①若二极管采用理想模型，则当 $V_P \geqslant V_N$ 时，连接后 D 正偏，正向导通，$V_D=0$，二极管相当于短路；当 $V_P \leqslant V_N$ 时，连接后 D 反偏，反向截止，$I_D=0$，二极管相当于断路。②若二极管采用恒压降模型，则当 $V_P \geqslant V_N + U_{on}$ 时，连接后 D 正偏，正向导通，$U_D=U_{on}$，二极管相当于导通；当 $V_P < V_N + U_{on}$ 时，连接后 D 反偏，反向截止，$I_D=0$，二极管相当于断路。

此例中 D 用理想二极管替代，假设 D 断开，$V_P=u_S$，$V_N=0$V，当 $u_s<0$ 时，D 反偏截止，断路，电路电流为零，R_L 上的电压为零，所以 $u_o=0$；当 $u_s>0$ 时，D 正偏导通，短路，$U_D=0$，此时 $u_o=u_s$，因此可得出 u_o 的波形如图 6-15(b)所示。上述分析表明，此例是利用 D 的单向导电性，使流过负载电阻 R_L 的电流方向保持不变，这种作用即为整流。由于负载电阻 R_L 上仅半个周期内有电流，所以这种电路称为半波整流电路。

2) 限幅电路

(1) 二极管下限幅电路。

在图 6-16 所示的二极管下限幅电路中，因二极管是串在输入、输出之间，故称它为串联限幅电路。假设 D 断开，$V_P=u_i$，$V_N=E$，图中，设 D 具有理想的开关特性，那么，当 $u_i<E$ 时，D 截止，$u_o=E$；当 $u_i>E$ 时，D 导通，$u_o=u_i$。该限幅器的限幅特性如图 6-16 所示，当输入振幅大于 E 的正弦波时，输出电压波形见图 6-16 中的 u_o 波形。可见，该电路将输出信号的下限电平限定在某一固定值 E 上，所以称这种限幅器为下限幅器。如将图 6-16 中二极管极性对调，则得到将输出信号上限电平限定在某一数值上的上限幅器。

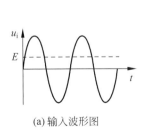
(a) 输入波形图

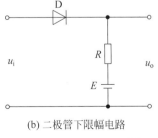
(b) 二极管下限幅电路

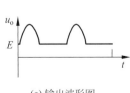
(c) 输出波形图

图 6-16　二极管下限幅特性

(2) 二极管上限幅电路。

在图 6-17 所示的二极管上限幅电路中,当输入信号电压低于某一事先设计好的上限电压时,输出电压将随输入电压而增减;但当输入电压达到或超过上限电压时,输出电压将保持为一个固定值,不再随输入电压而变,这样,信号幅度即在输出端受到限制。

设 D 断开,则 $V_P = u_i$,$V_N = E$;当 $u_i < E$ 时,D 截止,$u_o = u_i$;当 $u_i > E$ 时,D 导通,$u_o = E$。

输出波形如图 6-17 中的 u_o 所示,实现上限限幅。

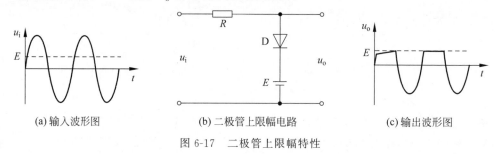

(a) 输入波形图　　　　(b) 二极管上限幅电路　　　　(c) 输出波形图

图 6-17　二极管上限幅特性

【例 6-2】　某二极管双向限幅电路如图 6-18(a)所示,若输入电压为 $u_i = 7\sin\omega t$ (V),试分析并画出电路输出电压 u_o 的波形,设二极管的 U_{on} 为 0.7V,二极管采用恒压降模型。

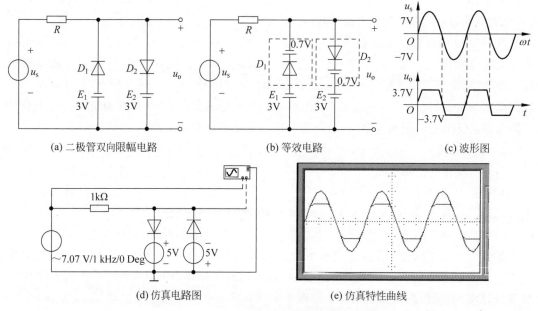

(a) 二极管双向限幅电路　　　(b) 等效电路　　　(c) 波形图

(d) 仿真电路图　　　(e) 仿真特性曲线

图 6-18　例 6-2 电路图

解:用恒压降模型代替实际二极管,有等效电路如图 6-18(b)所示,当 $u_i < -3.7V$ 时,D_2 反偏截止,D_1 正偏导通,输出电压被钳制在 $-3.7V$;当 $-3.7V < u_i < 3.7V$ 时,D_1、D_2 均反偏截止,此时 R 中无电流,所以 $u_o = u_i$;当 $u_i > 3.7V$ 时,D_1 反偏截止,D_2 正偏导通,输出电压被钳制在 3.7V。综合上述分析,可画出的波形如图 6-18(c)所示。输出电压的幅度被限制在 $+3.7V \sim -3.7V$,其仿真电路图及仿真特性曲线分别如图 6-18(d)和图 6-18(e)所示。

3) 开关电路

【例 6-3】 电路如图 6-19 所示,已知 $U_{on}=0.3\text{V}$,完成下面表格中的空白部分。

U_A/V	U_B/V	U_C/V	D_2	D_3	D_1	U_O/V
0	0	0				
0	3	3				
3	3	0				
3	3	3				

解:电路中 3 个二极管 P 端连在一起,并联。分析时,先假设 D 均断开,求出各二极管的两端电位 V_P 和 V_N 的值,若加的都是正偏电压的话,正偏电压大的二极管优先导通,然后在此条件下再重新计算其余二极管断开时的 V_P 和 V_N 的值,重新判断二极管的导通和断开状态,最后计算输出电压 U_O。

对于表中的第二行,$U_A=U_B=U_C=0\text{V}$,设 D 均断开,$V_P=5\text{V}$,$V_{NA}=V_{NB}=V_{NC}=U_A=U_B=U_C=0\text{V}$,电位差相等,$D_1$、$D_2$、$D_3$ 同时导通,使 $U_O=0.3\text{V}$;对于第三行有 $V_{NA}=U_A=0\text{V}$,$V_{NB}=V_{NC}=U_B=U_C=3\text{V}$,

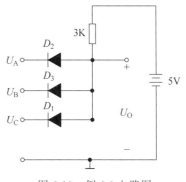

图 6-19 例 6-3 电路图

$V_P=5\text{V}$,则 D_2 上电压差值为 5V,D_1、D_3 上电压差值为 2V,D_2 上电压差值最大,故优先导通,使 $U_O=0.3\text{V}$,从而使 D_1、D_3 反偏截止;同理,第四行的输出为 $U_O=0.3\text{V}$;第五行 $U_A=U_B=U_C=3\text{V}$,电位差相等,D_1、D_2、D_3 同时导通,使 $U_O=0.3\text{V}$。结果见下表中的灰色部分。

U_A/V	U_B/V	U_C/V	D_2	D_3	D_1	U_O/V
0	0	0	通	通	通	0.3
0	3	3	通	止	止	0.3
3	3	0	止	止	通	0.3
3	3	3	通	通	通	3.3

此电路称为开关电路,是由二极管组成的与逻辑电路,在数字电路中应用广泛。

3. 用万用表对晶体二极管进行测试

万用表电阻挡等值电路如图 6-20 所示,当万用表处于 R×1、R×100、R×1K 挡时,$E_o=1.5\text{V}$,而处于 R×10K 挡时,$E_o=15\text{V}$。测试电阻时要记住,红色表笔接在表内电池负端(表笔插孔标"+"号),而黑色表笔接在正端(表笔插孔标"-"号)。

晶体二极管由一个 PN 结组成,具有单向导电性,其正向电阻小(一般为几百欧)而反向电阻大(一般为几十千欧至几百千欧),利用此点可进行判别。

① 管脚极性判别。

将万用表拨到 R×100(或 R×1K)的欧姆挡,把二极管的两只管脚分别接到万用表的两根测试笔上,如图 6-21 所示。如果测出的电阻较小(约几百欧),则与万用表黑色表笔相接的一端是正极,另一端就是负极。相反,如果测出的电阻较大(约几百千欧),那么与万用表黑色表笔相接的一端是负极,另一端就是正极。

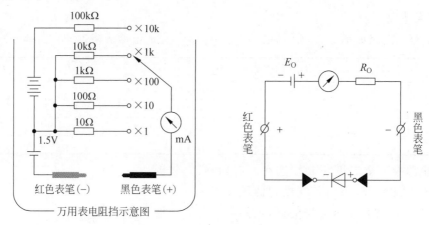

图 6-20 万用表电阻挡等值电路

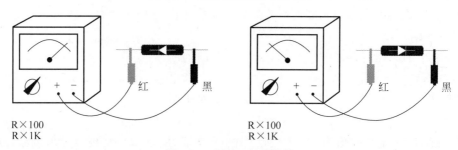

图 6-21 判断二极管极性

② 判别二极管质量的好坏。

一个二极管的正、反向电阻差别越大,其性能就越好。如果双向电值都较小,说明二极管质量差,不能使用;如果双向阻值都为无穷大,则说明该二极管已经断路;如果双向阻值均为零,说明二极管已被击穿。

利用数字万用表的二极管挡也可判别正、负极,此时红色表笔(插在"V·Ω"插孔)带正电,黑色表笔(插在"COM"插孔)带负电。用两支表笔分别接触二极管两个电极,若显示值在 1V 以下,说明管子处于正向导通状态,此时红色表笔接的是正极,黑色表笔接的是负极。若显示溢出符号"1",表明管子处于反向截止状态,此时黑色表笔接的是正极,红色表笔接的是负极。也可以直接用万用表的"二极管"挡进行测试。

6.4 特殊二极管

除了前面所讨论的普通二极管外,在电子器件的发展过程中还研制了若干特殊二极管,如用于稳压电源稳压输出的稳压二极管、广场和马路边 LED 点阵广告屏上的发光二极管、电视机和空调机接收红外遥控信号的光电二极管、制作 DVD 或 CD 光驱激光头的激光二极管以及调频发射机上使用的变容二极管等,它们都是电子制作的常用器件,现在分别介绍它们的基本结构、工作原理和典型应用。

学习目标

(1) 掌握稳压二极管的原理参数和使用。

(2) 熟悉发光二极管的特性和应用。
(3) 熟悉光电二极管的特性和应用。

6.4.1 稳压二极管

稳压二极管简称稳压管,是由一种硅材料经特殊工艺制造的面接触型半导体二极管。稳压管的电路符号和伏安特性如图 6-22 所示。稳压管工作在反向击穿状态,当 PN 结被击穿后,电流在一定的范围内(或者说在一定的功率损耗范围内)变化时,端电压几乎不变,这就是稳压管的稳压特性。如图 6-22(b)中反向击穿区所示。由图可见,对于稳压管来说,其反向击穿特性曲线愈陡,稳压性能就愈好。要保证稳压管正常工作,反向电流必须限定在一定的范围内,否则,电流过大,稳压管会因热击穿而损坏。所以,稳压管必须串联阻值合适的限流电阻。

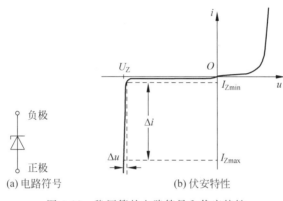

图 6-22 稳压管的电路符号和伏安特性

稳压管在使用中须加反向电压,且反向电压的绝对值大于稳压值时,稳压管才能正常稳压;若稳压管加正向电压,它实际上就是一个普通二极管,它的正向压降约为 0.7V(硅);若稳压管加反向电压,电压值小于稳压值,则其工作状态为反向截止。稳压管的主要参数用于定量描述稳压管性能的技术指标和安全工作的使用条件。其主要参数有以下 6 个。

1. 稳定电压 U_Z

稳压管中的电流为规定电流值时,粗略地看,稳压管两端的电压 U_Z 近似等于反向击穿电压。由于制造工艺的原因,即使是同一型号的稳压管,U_Z 的分散性也较大,但对某个特定稳压管来说,在正常工作电流时的稳定电压是一个确定值。

2. 稳定电流 I_Z

稳定电流是稳压管两端电压等于稳定电压时的电流值。实际电流低于此值时,因工作点接近截止区,稳压效果变差;高于此值时,只要不超过最大稳定电流 I_{Zmax} 都可以正常工作,且电流越大,稳压效果越好,但管子的功耗将增加。

3. 动态电阻 r_z

动态电阻是在反向击穿状态下,稳压管两端的电压变化量和相应通过管子的电流变化量之比。r_z 就是稳压管的交流电阻。显然,反向击穿特性越陡,r_z 就越小,稳压管两端的电压变化也越小,稳压效果就越好。r_z 的大小反映了稳压管性能的优劣,越小越好。

4. 最大稳定电流 I_{Zmax}

最大稳定电流是稳压管具有正常稳压作用时允许通过的最大工作电流。

5. 额定功耗 P_M

额定功耗是稳压管不产生热击穿的最大功率损耗，它是由管子的温升所决定的参数，$P_M = U_Z I_{Zmax}$。I_{Zmax} 和 P_M 均是极限参数，若超过则可能使稳压管被热击穿而损坏。

6. 电压温度系数

电压温度系数是反映稳定电压受温度影响的参数，它表示温度每升高 1℃ 时稳定电压值的相对变化量。温度系数越小，稳压管的温度性能越好。硅稳压管 U_Z 低于 4V 时只有负温度系数，高于 7V 时只有正温度系数，U_Z 在 4~7V 时温度系数很小。因此，稳定性要求高的场合，一般采用 4~7V 的稳压管；在要求更高的场合，可采用具有温度补偿的稳压管，即将正温度系数和负温度系数的两个管子串联使用，如 2DW7 系列的稳压管。

稳压管主要应用于直流稳压电源和限幅电路中。简单的稳压管稳压电路如图 6-23 所示，其中 U_i 为待稳定的直流电源电压，一般由整流滤波电路提供，D_Z 为稳压管，R 为限流电阻，它的作用是使电路有一个合适的工作电流，保证稳压管工作在反向击穿状态，R 太大可能使 I_Z 太小，无法使稳压管反向击穿，无法稳压；R 太小可能使 I_Z 太大，烧毁稳压管，所以一定要选择合理的 R 值。从输出波形可以看出，经稳压管稳压后的输出电压 U_O 波形比 U_i 波形平直很多。

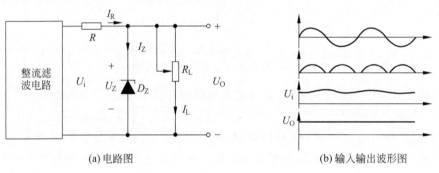

图 6-23 简单的稳压管稳压电路

【例 6-4】 在图 6-23 所示的稳压电路中，已知稳压管的稳定电压为 $U_Z = 6V$，最小稳定电流为 $I_{Zmin} = 5mA$，最大稳定电流为 $I_{Zmax} = 25mA$，负载电阻为 $R_L = 600\Omega$。求限流电阻 R 的取值范围。

解：从电路可知

$$I_R = I_Z + I_L$$

其中

$$I_Z = (5 \sim 25)\text{mA}$$
$$I_L = U_Z/R_L = (6/600)\text{A} = 0.01\text{A} = 10\text{mA}$$

所以

$$I_R = (15 \sim 35)\text{mA}$$

R 上的电压为 $U_R = U_i - U_Z = (10-6)V = 4V$，因此

$$R_{\max} = \frac{U_R}{I_{R\min}} = \left(\frac{4}{15 \times 10^{-3}}\right)\Omega \approx 267\Omega$$

$$R_{\min} = \frac{U_R}{I_{R\max}} = \left(\frac{4}{35 \times 10^{-3}}\right)\Omega \approx 114\Omega$$

故限流电阻 R 的取值范围为 $114 \sim 227\Omega$。

稳压二极管常用于各种电子电路的电源,甚至于放大电路中,应用范围非常广泛。

6.4.2 发光二极管

发光二极管是一种将电能直接转换为光能的器件,简称 LED(Light Emitting Diode)。发光二极管的结构与普通二极管相似,由一个半导体 PN 结组成,也具有单向导电性,即只有极性连接正确,正向导通时才能发光。这种管子的门槛电压 U_{th} 比普通二极管大,其正向工作电压一般为 $1.5 \sim 3\text{V}$,工作电流一般为几个毫安至十几毫安,反向击穿电压一般小于 10V。紫光二极管的伏安特性曲线及电路符号如图 6-24 所示。

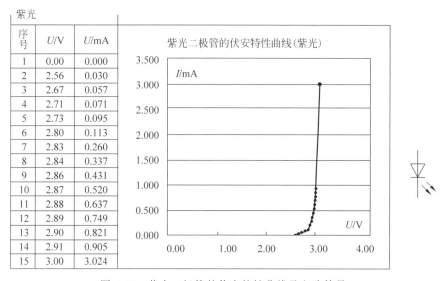

图 6-24 紫光二极管的伏安特性曲线及电路符号

发光二极管的材料多由元素周期表中Ⅲ、Ⅴ族元素化合物(如砷化镓、磷化镓等)所制成;发光二极管的发光颜色由所用材料决定,目前有红、绿、黄、橙等。用普通二极管和发光二极管制作的 LED 显示屏、LED 点阵模块和 LED 数码管如图 6-25 所示。

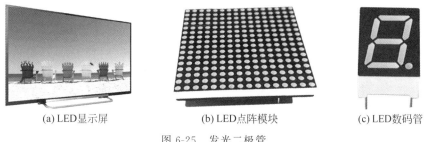

(a) LED 显示屏　　　　　　(b) LED 点阵模块　　　　　　(c) LED 数码管

图 6-25 发光二极管

发光二极管常用作显示器件,如家用电器的指示灯等。除单个使用外,也常做成七段、八段式数码管、点阵式数字电路显示器件或 LED 显示屏。点阵式数字电路显示器件或 LED 显示屏作为新的媒体显示器,运动的发光图文,更容易吸引人的注意力,信息量大,可随时更新,有着非常好的广告效果。LED 显示屏比霓虹灯更加简单,容易安装和控制,效果变化更多,可以随时更新内容,是很好的户内外视觉媒体。LED 显示屏属于高科技电子产品,配套较复杂,价格比较高,然而随着技术不断进步,价格不断降低,组装和维护更加简单,应用范围越来越广。

发光二极管的另一种重要用途是在光电传输系统中将电信号变为光信号。

发光二极管的主要参数如表 6-1 所示。

表 6-1 发光二极管的主要参数

颜色	波长/mm	基本材料	正向电压 (10mA 时)/V	光强 (10mA 时,张角±45°)/mcd	光功率/μW
红外	900	砷化镓	1.3～1.5		100～500
红	655	磷砷化镓	1.6～1.8	0.4～1	1～2
鲜红	635	磷砷化镓	2.0～2.2	2～4	5～10
黄	583	磷砷化镓	2.0～2.2	1～3	3～8
绿	565	磷化镓	2.2～2.4	0.5～3	1.5～8

发光二极管是一种电流型器件,虽然在它的两端直接接上 3V 的电压后能够发光,但容易损坏,在实际使用中一定要串接限流电阻,使工作电流限定在正常范围。

由于发光二极管的响应时间(光信号对电信号的延迟时间)一般小于 100ns,故直流信号、交流信号或脉冲信号均可作为它的驱动信号。用交流信号驱动时,为防止 LED 被反向击穿,可在两端反极性并连整流二极管。

近年来,随着 LED 发光效能逐步提升,发光二极管逐渐成为极受重视的环保节能照明光源之一。LED 具有小巧量轻、驱动电压低、全彩色、寿命长、效率高、耐振动、易于控光等特性,为设计用于不同场所和目的的照明系统提供了优越条件。但发光二极管用于照明也遇到许多困难,如如何进一步提高发光效能、如何解决 LED 灯散热困难、如何降低封装成本等问题,这些问题目前已成为各国照明厂家研制和攻克的目标。

6.4.3 光电二极管

光电二极管是把光信号转换成电信号的半导体器件,英文为 Photo-Diode,又称光敏二极管,它的结构与普通二极管类似,核心部分也是一个 PN 结,但 PN 结面积较大,在管壳上有一个透明聚光窗口以接收外部的光照。光电二极管实物如图 6-26 所示。

图 6-26 光电二极管实物

光电二极管的电路符号和特性曲线如图 6-27 所示。显然,光电二极管工作在反向偏置状态,正常工作区域应在反向截止区,即图 6-27 中的第Ⅲ象限。其主要特点是,反向电流与光照度成正比。光电二极管在反向电压作用下没有光照时,反向电流极其微弱,称为暗电流;有光照时,反向电流迅速增大到几十微安,称为光电流。光的强度越大,反向电流也越大。光的变化引起光电二极管电流变化,这样就把光信号转换成了电信号,成为光电传感器件。

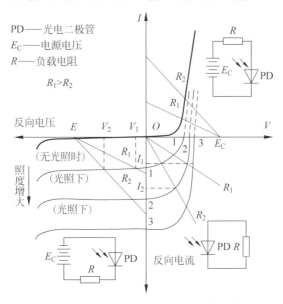

图 6-27 光电二极管的电路符号和特性曲线

若光电二极管正偏,PN 结正向导通,工作于图 6-27 中的第Ⅰ象限。当制成大面积的光电二极管时,可当作一种能源,称为光电池,工作于图 6-27 中的第Ⅱ象限。对负载来讲,光电池的正极是光电二极管的阳极,负极为光电二极管的阴极,短路电流与照度基本上成正比。

光电二极管的用途很广,可用于光量测定和视觉信息、位置信息的测定;可用于红外线遥控之类的光纤通信领域;可用于各种光学仪器,如分光光度计、比色度计、亮度计、光功率计、火焰检测器、色彩放大机等半导体光接收器领域;还可将光电二极管制作成阵列,用于光电编码,或用于光电输入机作为光电读出器件。

除上述几种特殊二极管以外,还有其他常用特殊二极管。如:能发出各种波长激光的激光二极管,在计算机光驱、激光打印机中的打印头、条形码扫描仪、激光测距、激光医疗、光通信、舞台灯光、激光焊接甚至激光武器等光电设备中得到了广泛的应用;利用 PN 结势垒电容制成的变容二极管,在电子电路中当作可变电容器使用,广泛应用于电子调谐、频率的自动控制、调频调幅和调相等电路中;还有隧道二极管、肖特基二极管同样广泛应用于电子电路中。

思考练习

一、填空题

6.1 半导体是一种导电能力介于_____和_____之间的物质。

6.2 杂质半导体分_____型和_____型半导体两大类。

6.3 N型半导体是在四价本征半导体中掺入_____价元素而形成,其多数载流子是_____,少数载流子是_____;P型半导体是在四价本征半导体中掺入_____价元素而形成,其多数载流子是_____,少数载流子是_____。

6.4 在判别硅、锗晶体二极管时,当测出正向压降为_____时就认为此二极管为锗二极管;当测出正向电压为_____时,就认为此二极管为硅二极管。

6.5 PN结具有_____性能,即加正向电压时PN结_____,加反向电压时PN结_____。

6.6 当温度升高时,PN结的反向电流会_____。

6.7 用万用表电阻挡测量二极管好坏时,测量的正反向阻值相差越_____越好。

二、分析计算题

6.8 理想二极管电路如图6-28所示。已知 $u_i = 10\sin\omega t$ (V),分别画出 u_o 相应的波形。

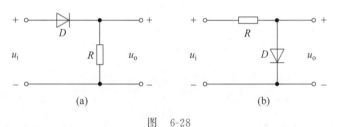

图 6-28

6.9 在图6-29所示电路中,已知 $u_i = 5\sin\omega t$ (V),若二极管的正向导通压降为0.7V,请分别画出 u_o 相应的波形。

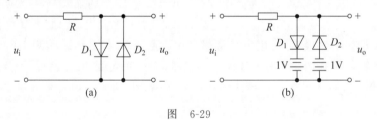

图 6-29

6.10 二极管电路如图6-30所示,电阻为 $R=1\text{k}\Omega$。(1)利用硅二极管的理想二极管串联电压源模型求流过二极管的电流 I 和输出电压 u_o。(2)利用二极管的交流模型求输出电压 u_o 的变化范围。

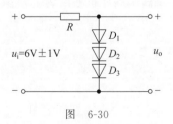

图 6-30

6.11 理想二极管电路如图6-31(a)所示,输入信号 u_1 和 u_2 的波形如图6-31(b)所示。画出输出电压 u_o 的波形。

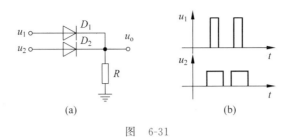

图 6-31

6.12 试分析图 6-32 电路中的理想二极管是导通还是截止？并求出 A、B 两端的电压 U_{AB}。

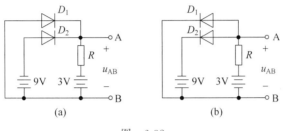

图 6-32

6.13 用数字万用表的电阻挡测量二极管的正反向电阻。万用表内的电池为 1.5V，红色表笔接电池正端，黑色表笔接电池负端。(1)当用黑色表笔接二极管的 A 端，红色表笔接二极管的 B 端时，测得二极管的等效电阻为 200Ω；用黑色表笔接二极管的 B 端，红色表笔接二极管的 A 端时，测得二极管的等效电阻为 20kΩ。则 A、B 两端哪一端是阳极，哪一端是阴极？测得的电阻是直流电阻还是交流电阻？(2)若万用表的 R×10Ω 挡的内阻为 240Ω，R×100Ω 挡的内阻为 2.4kΩ。分别用这两挡去测二极管的正向电阻，测得的值是否同样大？为什么？

6.14 有两个稳压管，其稳压值 $U_{Z1}=6V$，$U_{Z2}=7.5V$，正向导通压降 $U_D=0.7V$。若两个稳压管串联时，可以得到哪几种稳压值？若两个稳压管并联时，又可以得到哪几种稳压值？

第 7 章 基本放大电路

晶体管及场效应管构成的电路中,放大电路是应用最多的一类。通过学习本章,你将掌握单管放大电路的组成原理,熟练掌握放大电路直流通路、交流通路及交流等效电路的画法,并能熟练判断放大电路的组成是否合理。掌握放大电路的分析方法,特别是微变等效电路分析法。掌握放大电路三种基本组态的性能特点。

7.1 基本共射极放大电路

手机和收音机从无线电波中接收到的音频信号很弱,直接无法听到,需要经过放大电路放大来推动扬声器或耳机才能发出人们能听到的声音,放大电路由什么元器件构成?是怎样实现信号放大的?

学习目标

(1) 熟悉共射极基本放大电路的组成。
(2) 熟悉放大电路的放大原理。

放大电路的功能是利用三极管的电流控制作用,或场效应管电压控制作用,把微弱的电信号(简称信号,指变化的电压、电流、功率)不失真地放大到所需的数值,实现将直流电源的能量部分地转化为按输入信号规律变化且有较大能量的输出信号。放大电路的实质,是一种用较小的能量去控制较大能量转换的能量转换装置。

放大电路组成的原则是必须有直流电源,此电源能保证三极管或场效应管工作在线性放大状态;元件的安排要保证信号的传输,即保证信号能够从放大电路的输入端输入,经过放大电路放大后从输出端输出;元件参数的选择要保证信号能不失真地放大,并满足放大电路的性能指标要求。

三极管在交流放大电路中有三种接法,也叫作放大电路的三种组态,即共射极、共集电极和共基极连接方式。需要指出的是,无论哪种组态,要使三极管有放大作用,都必须保证三极管的发射结有正偏电压,集电结有反偏电压。

7.1.1 放大电路的组成

三极管 T:如图 7-1 所示,它是放大器中的核心元件,利用它对电流的放大作用来实现对信号的放大。

偏置电阻 R_B:它的作用一是给发射结提供正偏电压通路,决定电路中在没有信号输入情况下(也叫静态)的基极电流 I_B 的大小。I_B 也叫偏置电流,所以 R_B 常被称为偏置电阻。R_B 的值固定了,I_B 也固定了,因此,这种电路被称为固定偏置放大电路。二是防止输入交流信号短路。

集电极电阻 R_C:它的作用一是给集电结提供反偏电压通路;二是把集电极的电流变化转换成输出电压的变化,这样就可以把三极管的电流放大作用转变成被放大的电压进行输出。

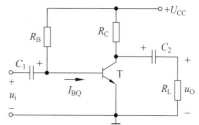

图 7-1 固定偏置共射极放大电路

输入耦合电容 C_1 和输出耦合电容 C_2:它们的作用是"隔直流,通交流",即隔断输入与三极管、三极管与负载之间的直流通路。把输入信号中的交流信号传递给三极管,把集电极电压中的交流信号传递给负载。只要耦合电容的容量足够大,其容抗就可以忽略不计。在本章中,交流信号的频率属于中低频,C_1 和 C_2 容量通常取几十微法。

信号 u_i:即要被放大的交流信号。

负载 R_L:即放大了的交流信号的承受者(如收音机中的扬声器),也可以是下一级电路的输入电阻。

直流电源 U_{CC}:电源的作用是提供能量。一方面电源要给三极管的发射结提供正偏电压,给集电结提供反偏电压,保证三极管工作在放大状态,即要求电源的极性要正确;另一方面,直流电源提供的能量通过三极管的控制作用转变成负载所需要的交流能量。三极管的作用就是要保证提供给负载的交流能量变化规律和输入信号的变化规律相同,这就是所谓的放大作用,其实质是指三极管是一种能量转换器。

在电路图中,符号"⏚"表示该电路的参考零电位,也叫接地端(虽然该点并不一定与大地相接)。它是电路中各点电位的公共端点。这样我们在测量时得到的各点的电位,就是各点对该点的电压。

从图 7-1 可知,放大电路中既含有由 U_{CC} 提供的直流量又含有由 u_i 输入的交流量。三极管的各电压、电流均为交、直流叠加的混合状态,为了准确表达它们,对电路符号进行如下规定:

① 直流分量用大写字母和大写下标符号表示,比如 I_B 表示基极的直流电流值。
② 交流分量用小写字母和小写下标符号表示,比如 i_b 表示基极的交流电流值。
③ 总变化量是直流分量与交流分量叠加之和,用小写字母和大写下标符号表示,比如 $i_B = I_B + i_b$,表示的是基极的总电流。

表 7-1 列出了放大电路中各处电压、电流的名称及对应的表示字符。

表 7-1 放大电路中各处电压、电流的名称及对应的表示字符

名 称	静态值(直流分量)	交流分量	总电压或总电流(瞬时值)
基极电流	I_B	i_b	i_B
集电极电流	I_C	i_c	i_C
发射极电流	I_E	i_e	i_E
集—射极电压	U_{CE}	u_{ce}	u_{CE}
基—射极电压	U_{BE}	u_{be}	u_{BE}

7.1.2 放大电路的放大原理

放大器的作用就是将微小的信号放大。在图 7-2(a)中,三极管已经具备了放大的工作条件:发射结上加有正偏电压,集电结上加有反偏电压。

视频讲解

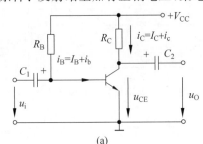

当输入的交流信号为零时,三极管的基极、集电极和发射极中都只有直流电流。这种工作状态叫作放大器的静态。

当输入的交流信号不为零时,基极、集电极和发射极中的电流既含有直流电流又含有交流电流。这种工作状态叫作放大器的动态。

当给放大器加上一个微小的输入信号电压(如几十 mV)u_i 后,三极管的基极电流 i_b 将有微小的变化(如是几十 μA),这将导致集电极电流 i_c 有较大的变化(如是几 mA)。集电极电流通过集电极电阻 R_C 就转换成电压 u_{ce} 的变化,若 R_C 取值较大(一般为几 kΩ),则在 R_C 就会有几 V 的电压变化,通过耦合电容 C_2,负载就得到了比输入信号电压大得多的交流信号电压,从而实现了信号的放大。三极管各极的电流和电压波形如图 7-2 所示。放大过程分析如下:

① 输入交流信号 u_i 经过耦合电容 C_1 加到三极管基极 B 和发射极 E 之间,与静态基极直流电压 U_{BEQ} 叠加,得

$$u_{BE} = U_{BEQ} + u_i$$

式中,U_{BEQ} 为直流分量;u_i 为交流分量。

适当调整静态工作点,使叠加后的总电压为正且大于晶体管的导通电压,使晶体管工作在放大状态。

② u_{BE} 使晶体管出现对应的基极电流 i_B,i_B 是 I_{BQ} 和 i_b 叠加形成的,即

$$i_B = I_{BQ} + i_b$$

③ 放大状态,集电极电流受基极电流控制,所以集电极总电流为

$$i_C = \beta i_B = \beta(I_{BQ} + i_b) = \beta I_{BQ} + \beta i_b = I_{CQ} + i_c$$

可以看出,集电极电流也是由静态电流 I_{CQ} 和信号电流 i_c 叠加形成的。

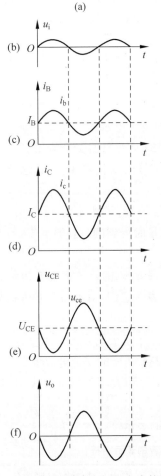

图 7-2 放大电路中电压和电流的波形

注意:放大器饱和状态,集电极电流与基极电流不是线性关系!

④ i_C 的变化引起晶体管集电极和发射极之间总电压 u_{CE} 的变化,u_{CE} 也是由静态电压 U_{CEQ} 和信号电压 u_{ce} 叠加而成的,即 $u_{CE} = U_{CEQ} + u_{ce}$。

⑤ 在集电极回路中,电压关系为 $V_{CC} = R_c i_C + u_{CE}$,其中 $R_c i_C$ 是集电极总电流在 R_c

的电压降,所以

$$u_{CE} = V_{CC} - R_c i_C = V_{CC} - R_c(I_{CQ} + i_c)$$
$$= V_{CC} - R_c I_{CQ} - R_c i_c = U_{CEQ} - R_c i_c$$

由以上 u_{CE} 的两个公式比较可得

$$u_{ce} = -R_c i_c$$

⑥ 由于电容 C_2 隔直流、通交流的作用,只有交流信号电压 u_{ce} 才能通过 C_2 并从输出端输出,所以输出电压为

$$u_o = u_{ce} = -R_c i_c$$

输出电压 u_o 与 u_i 反相,这种特性称为共射极放大电路的反相作用。上述各极电流和电压的叠加波形如图 7-3 所示。

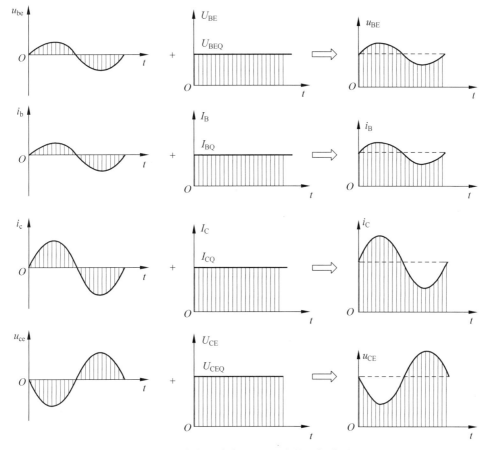

图 7-3 放大电路中电压、电流的叠加波形

结论:

① 放大电路工作在动态时,同时存在着直流分量和交流分量,这个直流分量就是设置的所谓静态工作点。只有当直流分量的值大于交流分量的峰值(即最大值),在整个信号周期内才能保证晶体管工作在放大状态,信号才不失真。

② 共射极放大电路兼有放大和反相作用。

7.2 放大电路的分析方法

放大器的分析就是要从静态和动态两个方面来进行分析。

静态分析是要确定放大器的静态值：I_{BQ}、I_{CQ}、U_{CEQ}、U_{BEQ}，看三极管是否处在其伏安特性曲线的合适位置，这是放大器正常工作的前提条件。

动态分析是要确定放大器对信号的电压放大倍数 A_u，分析放大器的输入电阻 R_i 和输出电阻 R_o 等，这些动态参数反映了放大器质量性能的好坏。

学习目标

(1) 熟悉静态分析的估算法。

(2) 熟悉动态分析方法。

7.2.1 静态分析的估算法

视频讲解

所谓静态是指输入信号 $u_i=0$ 时的电路状态。

在工程上对静态工作点的分析常采用估算法。I_{BQ}、I_{CQ}、U_{CEQ}、U_{BEQ} 都是直流量，因此可以从放大器的直流通路求得。图 7-4 是图 7-1 所示放大器的直流通路。

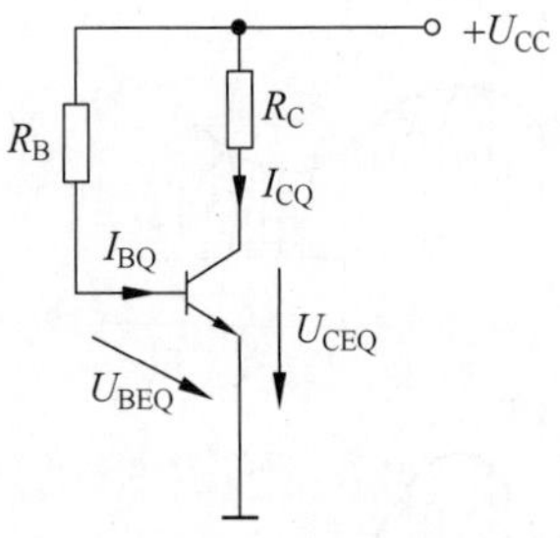

画放大器的直流通路时，电容看成开路，电感看成短路，电源内阻忽略不计。一般将静态值符号表示为 I_{BQ}、I_{CQ}、U_{CEQ}、U_{BEQ}，这四个值又叫放大电路的静态工作点，用 Q 表示。

U_{BEQ} 的估算值，对硅三极管取 0.7V，对锗三极管取 0.3V。在计算时，若电路的电源电压大于 U_{BEQ} 的 10 倍时，U_{BEQ} 的值可以忽略不计。

图 7-4 放大器的直流通路

从图 7-4 可以得出下面的几个公式：

$$I_{BQ} = (V_{CC} - U_{BEQ})/R_B \tag{7-1}$$

$$I_{CQ} = \beta I_{BQ} \tag{7-2}$$

$$U_{CEQ} = U_{CC} - I_{CQ} R_C \tag{7-3}$$

需要强调的是式(7-2)只有在三极管工作于放大区时才成立，所以当在计算中出现了不合理的数据如 $U_{CE}<0.7V$（硅管）或为负值时，就要分析此时的三极管是否工作于放大区了。

【**例 7-1**】 已知在图 7-4 中，电源电压为 $V_{CC}=12V$，集电极电阻为 $R_C=3k\Omega$，基极电阻为 $R_B=300k\Omega$，三极管为 3DG6，$\beta=50$。求：

(1) 放大器的静态工作点；

(2) 若偏置电阻为 $R_B=30k\Omega$，再计算放大器的静态工作点，并说明此时三极管工作于什么状态。

解：(1) 由式(7-1)得

$$I_{BQ} = (V_{CC} - U_{BEQ})/R_B = (12-0.7)/300 \approx 12/300 = 0.04 \text{mA}$$

由式(7-2)得
$$I_{CQ} = \beta I_{BQ} = 50 \times 0.04 = 2\text{mA}$$
由式(7-3)得
$$U_{CEQ} = V_{CC} - I_{CQ}R_C = 12 - 2 \times 3 = 6\text{V}$$
(2) 当 $R_B = 30\text{k}\Omega$ 时,有
$$I_{BQ} = (V_{CC} - U_{BEQ})/R_B = (12 - 0.7)/30 \approx 12/30 = 0.4\text{mA}$$
假设三极管仍工作于放大区,则
$$I_{CQ} = \beta I_{BQ} = 50 \times 0.4 = 20\text{mA}$$
$$U_{CEQ} = U_{CC} - I_{CQ}R_C = 12 - 20 \times 3 = -48\text{V}$$

显然上述假设是错误的,因为 U_{CEQ} 不可能为负值。问题出在错误地使用了式(7-2)。当集电极电位小于基极电位时,三极管已由放大区进入饱和区,式(7-2)已不再适用了。三极管工作于饱和区时,其集电极和发射极之间的电压称为饱和电压,用 U_{CES} 来表示(对于硅管,U_{CES} 取 0.3V,锗管取 0.1V)。此时的集电极电流称为集电极饱和电流,用 I_{CS} 来表示,基极电流称为基极饱和电流,用 I_{BS} 来表示。

当 $U_{CE} = U_{BE}$ 即 $U_C = U_B$ 时,称三极管工作于临界饱和状态,此时,三极管临界于放大区和饱和区之间(在输出特性曲线的起始上升到平坦的拐弯处),因此,关系式 $I_C = \beta I_B$ 仍适用。由于临界饱和与饱和时的电压、电流数值差别不大,通常在判断三极管工作状态时,不区分其符号,均采用 I_{CS}、I_{BS} 作为临界饱和或饱和时的电流符号。

由图 7-4 可得
$$I_{CS} = (V_{CC} - U_{CES})/R_C \tag{7-4}$$
$$I_{BS} = I_{CS}/\beta \tag{7-5}$$

在电路中,若 $I_{BQ} > I_{BS}$,就表明三极管已经进入了饱和状态,这是判别三极管工作于放大区还是饱和区的标准。此时的电路静态工作点应如下计算:
$$I_{CS} = (V_{CC} - U_{CES})/R_C = (12 - 0.3)/3 \approx 12/3 = 4\text{mA}$$
$$I_{BS} = I_{CS}/\beta = 4/50 = 0.08\text{mA}$$
$$I_{BQ} = (V_{CC} - U_{BEQ})/R_B = (12 - 0.7)/30 \approx 12/30 = 0.4\text{mA}$$
即 $I_{BQ} > I_{BS}$,三极管已经进入饱和区,所以此时三极管的静态工作点为
$$U_{CEQ} = U_{CES} = 0.3\text{V} \quad U_{BEQ} = 0.7\text{V}$$
$$I_{BQ} = 0.4\text{mA} \quad I_{CQ} = I_{CS} = 4\text{mA}$$

由例 7-1 可见,若静态工作点不合适,则三极管可能不会工作在放大区。即使三极管的静态工作点在放大区,但 Q 点的位置不合适,则在有交流信号输入时,三极管也可能进入饱和区或者截止区。

通常对放大电路有一个基本要求:输出信号不能失真。所谓失真,是指放大器的输出信号波形与输入信号波形各点不成比例。引起非线性失真最主要的原因是三极管的静态工作点位置选择不当,使放大器的工作范围超出了三极管特性曲线上的线性范围,使输出电压波形失真。

图 7-5 列出了几种静态工作点对输出波形失真的影响。图中输出特性上的直线 AB 称

为直流负载线,是根据式(7-3)作图而得,令 $I_{CQ}=0$,则 $U_{CEQ}=V_{CC}$,得 B 点坐标为$(V_{CC},0)$;令 $U_{CEQ}=0$,则 $I_{CQ}=V_{CC}/R_C$,可以得 A 点坐标为$(0,V_{CC}/R_C)$,连接 AB 即得到直流负载线。一般通过改变 R_B 来改变 I_{BQ},使 Q 点沿着直流负载线上下移动。若增大 R_B,则 I_B 减小,Q 点下移;若减小 R_B,则 I_B 增大,Q 点上移。

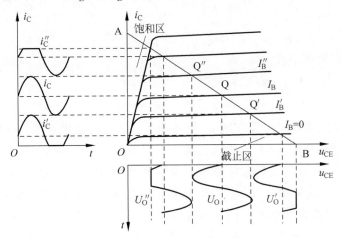

图 7-5 静态工作点对输出波形失真的影响

图 7-5 左侧最下面的电流波形,因静态工作点的位置太低,当输入正弦波电压时,在正弦波的负半周,三极管进入截止区工作,造成集电极电流 i_C 的负半周被削平,输出电压 u_o 的正半周被削平,这种失真就叫作截止失真。

图 7-5 左侧最上面的电流波形,由于静态工作点的位置太高,在输入信号正弦波的正半周,三极管进入饱和区,造成集电极电流 i_C 的正半周被削平,输出电压 u_o 的负半周被削平,这种失真就叫作饱和失真。

所以在放大器电路中,要合理设置静态工作点,使三极管工作在放大区。

【例 7-2】 试用估算法求图 7-6(a)所示放大电路的静态工作点,已知该电路中的三极管 $\beta=37.5$,直流通路如图 7-6(b)所示。

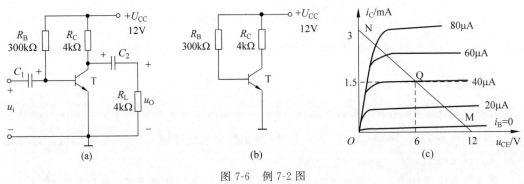

图 7-6 例 7-2 图

解:由式(7-1)~式(7-3)得

$$I_{BQ} \approx 0.04\text{mA} = 40\mu A$$

$$I_{CQ} \approx \beta I_{BQ} = 37.5 \times 0.04\text{mA} = 1.5\text{mA}$$

$$U_{CEQ} = U_{CC} - I_{CQ}R_C = 12 - 1.5 \times 4 = 6\text{V}$$

静态工作点 Q 在三极管输出特性曲线中的位置如图 7-7(c)所示。

7.2.2 动态情况分析（图解法）

放大电路加入交流输入信号时的状态称为动态。动态时，三极管的各个电流和电压均由直流分量和交流分量叠加而成。直流分量即为静态值，由 7.2.1 节的静态分析确定。动态分析考虑的只是交流分量，即纯交流量的传输过程及相应的动态参数。图解法和微变等效电路法是动态分析的两种基本方法，尤以后者更为常用。

注意：直流分量可能是 0，例如正、负双电源供电时！

若在图 7-1 所示电路中输入正弦信号 $u_i = U_m \sin\omega t$，则晶体管的 i_B、i_C、u_{BE}、u_{CE} 都是在其直流量上叠加了一个交流分量，当正弦信号过零时，动态工作点与静态工作点重合。因此，可在静态工作点分析的基础上，通过作图来分析在 u_i 作用下放大电路中电流、电压的变化情况，作图分析过程与信号传输过程相同，如图 7-7 中所示（$u_i \rightarrow u_{be} \rightarrow i_b \rightarrow i_c \rightarrow u_{ce} \rightarrow u_o$），图中的波形反映了输出正弦信号随输入正弦信号变化而变化的过程和信号被放大及输入和输出反相的关系。

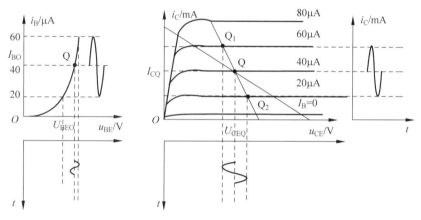

图 7-7　放大电路动态情况分析图

7.2.3 动态分析的微变等效电路法

在输入信号为小信号时，动态分析经常采用微变等效电路法。

1. 三极管的微变等效模型

"微变"，即微小的信号变化。在输入信号比较小时，如果三极管的静态工作点选择得比较合适，则三极管的输入和输出伏安特性曲线在一小段范围内就可以看成直线，把本来是非线性元件的三极管线性化，放大器就是一个线性电路，可以使用基尔霍夫定律来对电路进行分析。

图 7-8(a)中，当输入信号较小时，在静态工作点 Q 附近的曲线可以看成直线。ΔU_{BE} 与 ΔI_B 的比值叫作三极管的输入电阻，用 r_{be} 来表示，它表示了三极管的输入特性。

在微变等效电路法中，三极管的基极和发射极之间可以用一个电阻来等效。低频小功

视频讲解

率三极管的输入电阻常用下式来估算：

$$r_{be} = r_{bb'} + r_{b'e} \approx 300 + (1+\beta)\frac{26\mathrm{mV}}{I_{EQ}\mathrm{mA}} \quad (7\text{-}6)$$

式中，I_{EQ} 是三极管发射极电流的静态值，单位是毫安/mA；$r_{bb'}$ 的值通常取 200Ω 或 300Ω，计算中未给出数值时一般取 300Ω 进行计算；r_{be} 的值一般为几百欧到几千欧。

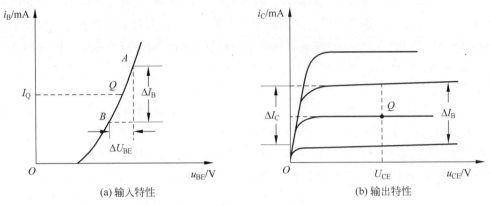

图 7-8 从三极管的特性曲线求 r_{be} 和 β

图 7-8(b) 中，三极管的输出伏安特性在放大区的中间可以看成一组等距离的平行直线，对其中的任意一条直线，其 u_{CE} 的变化量 Δu_{CE} 与该线上的 Δi_C 的比值是一个几乎无穷大的数（因为 i_C 的变化甚小），这反映出三极管在放大区时有与恒流源相似的性质（理想恒流源的内阻是无穷大）。从整组曲线来看，每一条特性曲线的集电极电流都与不同的基极电流相对应，这反映出集电极电流的受控性质。所以在微变等效法中，把三极管的集电极和发射极之间等效成一个受控恒流源，即 $i_C = \beta i_b$。综上所述，可以画出三极管的微变等效电路，如图 7-9 所示。

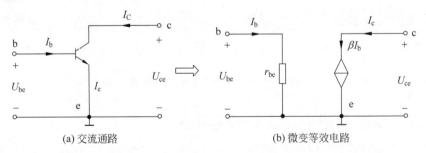

图 7-9 三极管的微变等效电路模型

2. 放大器的交流通路

图 7-1 所示共射极放大器的交流通路如图 7-10(a) 所示。画交流通路时，电容视为短路，直流电源的内阻很小，也视为对地短路。交流通路和微变等效电路的信号均为交流量（设为正弦量），所以各电压、电流均可用相量表示，也可以用纯交流表达式表示。

3. 放大器的微变等效电路

在放大器的交流通路中，把三极管用它的微变等效电路模型代替，就得到了放大器的微变等效电路，如图 7-10(b) 所示。

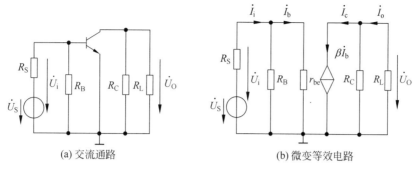

(a) 交流通路　　　　　　　　　(b) 微变等效电路

图 7-10　共射极放大电路

7.2.4　放大电路的主要性能指标

1. 电压放大倍数 A_u

电压放大倍数是输出交流电压与输入交流电压的比值，即 $A_u = \dfrac{\dot{U}_o}{\dot{U}_i}$。根据图 7-10(b)，由欧姆定律可得如下结论。

输入电压为

$$\dot{U}_i = \dot{I}_b r_{be}$$

输出电压为

$$\dot{U}_o = -\dot{I}_c R_L = -\beta \dot{I}_b R_L$$

放大电路等效负载电阻为

$$R'_L = R_C \mathbin{/\mkern-5mu/} R_L = \dfrac{R_C R_L}{R_C + R_L} \tag{7-7}$$

电压放大倍数为

$$\dot{A}_u = \dfrac{\dot{U}_o}{\dot{U}_i} = \dfrac{-\beta \dot{I}_b R'_L}{\dot{I}_b r_{be}} = -\beta \dfrac{R'_L}{r_{be}} \tag{7-8}$$

负号表示输出电压信号与输入电压信号是反相的。电压放大倍数反映了放大电路的电压放大能力。负载开路时，$R'_L = R_C$，A_u 较大，接上负载后，$R'_L < R_C$，则 A_u 变小。

2. 放大电路的输入电阻 R_i

放大电路的输入电阻是从放大电路的输入端看进去的等效电阻，如图 7-10(b)所示，定义为输入电压有效值与输入电流有效值的比值：$R_i = \dfrac{U_i}{I_i} = R_B \mathbin{/\mkern-5mu/} r_{be}$，由于 $R_B \gg r_{be}$，通常近似有

$$R_i \approx r_{be} \tag{7-9}$$

可见，共射极放大电路的输入电阻不高。

从信号源的角度看，放大电路相当于一个负载，其等效阻值即为放大电路的输入电阻。输入电阻是衡量放大电路接收信号能力的一个性能指标，输入电阻越大，输入信号电压的衰

减越小,放大电路接收信号的能力越强。

3. 放大电路的输出电阻 R_o

放大电路的输出电阻是当信号源电压为零,保留内阻,断开负载,外加激励,从输出端看进去的等效电阻,如图 7-10(b)所示,因受控电流源内阻无穷大,所以

$$R_o = R_c \tag{7-10}$$

R_c 一般为几千欧,因此共射极放大电路的输出电阻是较高的。

从负载的角度看,放大电路相当于其信号源,输出电阻相当于信号源的内阻。输出电阻越小,放大电路输出信号越稳定,带负载能力越强。

综上所述,三极管放大电路的动态指标 A_u、R_i 和 R_o 反映了放大电路的质量,A_u、R_i 越大越好,R_o 越小越好。

【**例 7-3**】 如图 7-10(a)所示,在共射极放大电路中,已知 $V_{CC}=12V$,$R_C=5.1\text{k}\Omega$,$R_B=400\text{k}\Omega$,$R_L=2\text{k}\Omega$,$R_S=100\Omega$,晶体管 $\beta=40$。要求:(1)估算静态工作点;(2)作微变等效电路图;(3)计算电压放大倍数 A_u;(4)计算输入电阻和输出电阻;(5)计算源电压放大倍数 A_{us}。

解:(1)先估算静态工作点如下:

$$I_{BQ} = \frac{V_{CC}-U_{BE}}{R_B} \approx \frac{V_{CC}}{R_B} = \frac{12}{400 \times 10^3} = 0.03\text{mA} = 30\mu\text{A}$$

$$I_{CQ} = \beta I_{BQ} = 40 \times 30 = 1200\mu\text{A} = 1.2\text{mA}$$

$$U_{CEQ} = V_{CC} - I_{CQ}R_C = 12 - 1.2 \times 10^{-3} \times 5.1 \times 10^3 \approx 12 - 6.1 = 5.9\text{V}$$

所以,静态工作点为 $Q(I_{BQ}=30\mu\text{A}, I_{CQ}=1.2\text{mA}, U_{CEQ}=5.9\text{V})$。

(2)微变等效电路如图 7-10(b)所示。C_1 和 C_2 及直流电源 V_{CC} 均进行短路处理。

(3)电压放大倍数为

$$\dot{A}_u = \frac{\dot{U}_o}{\dot{U}_i} = \frac{-\beta I_b R'_L}{I_b r_{be}} = -40 \frac{R_C \mathbin{/\mkern-5mu/} R_L}{r_{be}}$$

式中,

$$r_{be} = 300 + (1+\beta)\frac{26\text{mV}}{I_{EQ}\text{mA}} = 300 + 41 \times \frac{26}{1.2} = 1.188\text{k}\Omega$$

$$R'_L = \frac{5.1 \times 2}{5.1+2} = 1.437\text{k}\Omega$$

代入表达式得

$$\dot{A}_u = \frac{\dot{U}_o}{\dot{U}_i} = -40 \times \frac{1.437}{1.188} = -48.4$$

(4)输入电阻为

$$R_i = R_B \mathbin{/\mkern-5mu/} r_{be} \approx r_{be} = 1.188\text{k}\Omega$$

输出电阻为

$$R_o = R_c = 5.1\text{k}\Omega$$

(5) 源电压放大倍数为

$$A_{us} = \frac{U_o}{U_S} = \frac{U_o}{U_i} \times \frac{R_i}{R_i + R_s} = A_u \times \frac{R_i}{R_i + R_s} = -48.4 \times 0.92 = -44.6$$

7.3 放大电路的稳定性

测试表明,三极管的 I_{CBO}(反向饱和电流)、β(电流放大系数)和 $U_{BE(on)}$(发射结导通电压)随温度而变化的规律如下:

(1) 温度每升高 10℃,I_{CBO} 增大一倍。
(2) 温度每升高 1℃,β 增大(0.5～1)%。
(3) 温度每升高 1℃,U_{BE}(on)下降(2～2.5)mV。

这就会使静态工作点发生变化,集中体现在 I_{CQ} 变化明显,容易引起输出电压波形的失真。那么怎样才能稳定静态工作点呢?

学习目标

(1) 熟悉温度变化对放大电路工作点的影响。
(2) 掌握分压式偏置放大电路的特点和分析方法。

7.3.1 温度变化对工作点的影响

固定偏置式放大器电路结构简单,但它的静态工作点不稳定,容易引起输出电压波形的失真,因而在实际中很少使用。造成静态工作点不稳定的因素有很多,比如电源电压波动、电路参数变化、三极管老化等,但最主要的原因还是由于温度的变化。前面分析过,三极管各个参数的变化最终都会导致三极管集电极电流的变化,所以如果能把集电极电流稳定住,则放大电路的静态工作点也就稳定了。

从这个思路出发,人们在放大电路的电路结构上采取一些措施,设计了分压式偏置放大器,其电路如图 7-11 所示。

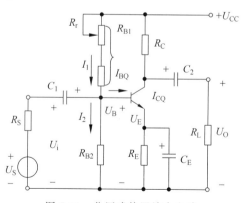

图 7-11 分压式偏置放大电路

在图 7-11 所示电路中,R_{B1} 和 R_{B2} 分别是上偏置电阻和下偏置电阻,R_E 是发射极电阻,C_E 是发射极交流旁路电容。R_{B1} 和 R_{B2} 对电源电压进行分压,使基极电位基本恒定。设流过 R_{B1} 和 R_{B2} 的电流分别为 I_1 和 I_2,则

$$I_1 = I_2 + I_{BQ} \tag{7-11}$$

一般 I_{BQ} 很小，$I_1 \gg I_{BQ}$，因此可认为 $I_1 \approx I_2$，则基极的电位为

$$U_B \approx \frac{U_{CC}}{R_{B1}+R_{B2}} R_{B2} \tag{7-12}$$

因为电阻的阻值随温度的变化很小，所以基极的电位可以认为不随温度的变化而变化。当发射极电流流过发射极电阻 R_E 时，在其上产生压降，则发射极的电位为

$$U_E = I_E R_E \tag{7-13}$$

假设温度上升，导致三极管的集电极电流上升，则发射极电流也上升，这必将引起发射极电位的上升，因为

$$U_{BE} = U_B - U_E$$

所以 U_{BE} 将减小，U_{BE} 减小将使基极电流 I_{BQ} 降低，致使集电极电流降低。这样就实现了静态工作点的稳定。这个过程可以用下面的流程图来表示：

$$t(\text{温度})\uparrow \to I_{CQ}\uparrow \to U_E\uparrow \to U_{BE}\downarrow \to I_{BQ}\downarrow \to I_{CQ}\downarrow$$

在分压式偏置放大电路中，当 I_1 和 U_{BE} 比较大时，工作点的稳定性较好。但是 I_1 不能太大，否则电流在电阻 R_{B1} 和 R_{B2} 上的损耗太大，另外从交流通路上看，电阻 R_{B1} 和 R_{B2} 取值太小会使信号源的分流变大，R_i 变小，这将影响到放大器的性能。U_B 的值也不能太大，因为电源电压不可能很高，U_B 的值增大必然使 U_E 增大，这将导致 U_{CE} 减小，使放大器的动态范围变小，这也会影响放大器的性能。综合考虑，一般选择如下：

$$I_1 \geqslant (5\sim 10)I_{BQ} \quad U_{BQ} \geqslant (3\sim 5)U_{BEQ}$$

7.3.2 分压式偏置放大电路

分压式偏置放大电路如图 7-12(a)所示，其直流通路、交流通路和微变等效电路分别如图 7-12(b)、图 7-12(c)、图 7-12(d)所示。根据图 7-12(b)可以求出它的静态工作点：I_{BQ}、I_{CQ}、U_{CEQ} 和 U_{BEQ}。根据图 7-12(c)可以求出它的动态量：电压放大倍数 A_u、输入电阻 R_i 和输出电阻 R_o。

公式如下：

$$U_B = \frac{R_{B2}}{R_{B1}+R_{B2}} V_{CC} \tag{7-14}$$

$$I_{CQ} \approx I_{EQ} = \frac{U_B - U_{BEQ}}{R_E} \tag{7-15}$$

$$U_{CEO} = V_{CC} - I_{CQ}(R_C + R_E) \tag{7-16}$$

$$I_{BQ} = \frac{I_{CQ}}{\beta} \tag{7-17}$$

$$A_u = -\beta \frac{R_L'}{r_{be}} = -\beta \frac{R_C /\!/ R_L}{r_{be}} \tag{7-18}$$

$$R_i = R_B /\!/ r_{be} = R_{B1} /\!/ R_{B2} /\!/ r_{be} \tag{7-19}$$

$$R_O = R_C /\!/ r_{ce} \approx R_C \tag{7-20}$$

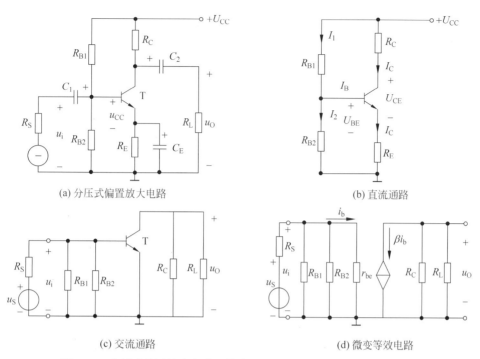

(a) 分压式偏置放大电路 (b) 直流通路

(c) 交流通路 (d) 微变等效电路

图 7-12 分压式偏置放大电路及其直流通路、交流通路和微变等效电路

【**例 7-4**】 在图 7-13 所示的电路中,三极管的 $\beta=50$,$R_{B1}=15\text{k}\Omega$,$R_{B2}=6.2\text{k}\Omega$,$R_C=3\text{k}\Omega$,$R_E=2\text{k}\Omega$,$R_L=1\text{k}\Omega$,$V_{CC}=12\text{V}$。试求:(1)静态工作点;(2)电压放大倍数、输入电阻、输出电阻;(3)不接电容 C_E 时的电压放大倍数、输入电阻和输出电阻;(4)若换用 $\beta=100$ 的三极管,重新计算静态工作点和电压放大倍数。

解:(1)求静态工作点如下。

$$U_B = \frac{R_{B2}}{R_{B1}+R_{B2}} V_{CC} = \frac{6.2}{15+6.2} \times 12 = 3.5\text{V}$$

$$I_{CQ} \approx I_E = \frac{U_B - U_{BEQ}}{R_E} = \frac{3.5-0.7}{2} = 1.4\text{mA}$$

$$I_{BQ} = \frac{I_{CQ}}{\beta} = \frac{1.4}{50} = 0.028\text{mA}$$

$$U_{CEQ} = V_{CC} - I_{CQ}(R_C + R_E)$$
$$= 12 - 1.4 \times (3+2) = 5\text{V}$$

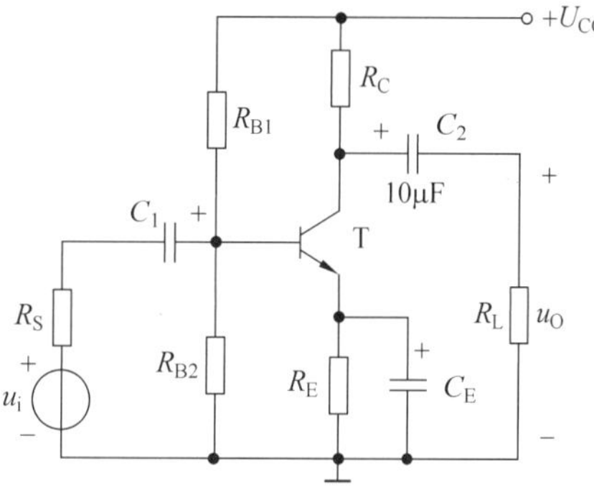

图 7-13 例 7-4 图

(2)A_u、R_i、R_o 微变等效电路如图 7-12(d)所示,由公式得

$$r_{be} = 300 + (1+\beta)\frac{26\text{mV}}{I_{EQ}\text{mA}} = 300 + 51 \times \frac{26}{1.4} = 1.25\text{k}\Omega$$

$$A_u = -\beta \frac{R'_L}{r_{be}} = -\beta \frac{R_C /\!/ R_L}{r_{be}} = -50 \times \frac{0.75}{1.25} = -30$$

$$R'_L = R_C /\!/ R_L = \frac{R_C R_L}{R_C + R_L} = \frac{3 \times 1}{3+1} = 0.75\text{k}\Omega$$

$$R_i = R_B \mathbin{/\mkern-6mu/} r_{be} = R_{B1} \mathbin{/\mkern-6mu/} R_{B2} \mathbin{/\mkern-6mu/} r_{be} = 1.25 \mathbin{/\mkern-6mu/} 6.5 \mathbin{/\mkern-6mu/} 6.2 = 0.97\text{k}\Omega$$
$$R_O = R_C = 3\text{k}\Omega$$

(3) 当射极偏置电路中 C_E 不接或 C_E 断开时的交流通路如图 7-14 所示，对应的微变等效电路如图 7-15 所示。

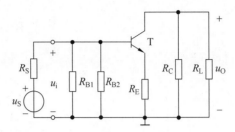

图 7-14　不接电容 C_E 时的交流通路

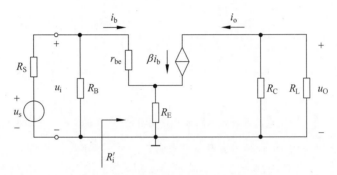

图 7-15　不接电容 C_E 时的微变等效电路

由图 7-15 可得
$$\dot{U}_i = I_b r_{be} + I_e R_E = I_b r_{be} + (1+\beta) I_b R_E$$
$$\dot{U}_o = -I_c (R_C \mathbin{/\mkern-6mu/} R_L) = -I_c R'_L = -\beta I_b R'_L$$

所以
$$A_u = \frac{\dot{U}_o}{\dot{U}_i} = \frac{-\beta I_b R'_L}{I_b r_{be} + (1+\beta) I_b R_E} = \frac{-\beta R'_L}{r_{be} + (1+\beta) R_E} = -0.36$$

可以证明
$$R_i = R_{B1} \mathbin{/\mkern-6mu/} R_{B2} \mathbin{/\mkern-6mu/} [r_{be} + (1+\beta) R_E] = 103.25\text{k}\Omega$$

输出电阻可由图 7-16 求解，由图 7-16 可知，去掉 u_s 即 $u_s = 0$，短路，则 $i_b = 0$，$i_c \approx 0$，理想受控恒流源可看作开路，所以 $R_O = R_C = 3\text{k}\Omega$，可以看出：$R_E$ 的存在，使 A_u 下降了许多，而 R_i 却得到了显著提高。

(4) 当换用 $\beta = 100$ 的三极管后，其静态工作点计算如下：
$$I_{CQ} \approx I_E = \frac{U_B - U_{BEQ}}{R_E} = \frac{3.5 - 0.7}{2} = 1.4\text{mA}$$
$$I_{BQ} = \frac{I_{CQ}}{\beta} = \frac{1.4}{100} = 0.014\text{mA}$$
$$U_{CEQ} = V_{CC} - I_{CQ}(R_C + R_E) = 12 - 1.4 \times (3+2) = 5\text{V}$$

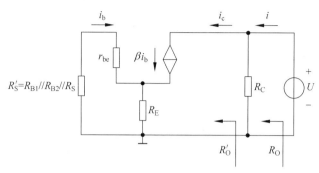

图 7-16　不接电容 C_E 时的输出电阻的等效电路

可见,在射极偏置电路中,虽然更换了不同 β 值的管子,但静态工作点基本不变。此时与 $\beta=50$ 时的放大倍数差不多。

$$r'_{be}=300+(1+\beta)\frac{26\text{mV}}{I_{EQ}\text{mA}}=300+101\times\frac{26}{1.4}\approx 2.2\text{k}\Omega$$

$$A_u=-\beta\frac{R'_L}{r'_{be}}=-\beta\frac{R_C/\!/R_L}{r'_{be}}=-100\times\frac{0.75}{2.2}\approx -34$$

7.4　共集电极、共基极放大电路

前面讨论的共射组态放大电路既能放大电压,也能放大电流,属于反相放大电路,输入电阻适中,输出电阻较大,通频带较小。适用于低频电路,常用作低频电压放大的单元电路。

本节要分析的共集组态放大电路没有电压放大作用,只有电流放大作用,属于同相放大电路,是三种组态中输入电阻最大、输出电阻最小的电路,具有电压跟随的特点,频率特性较好。常用作电压放大电路的输入级、输出级和缓冲级。

本节要分析的共基组态放大电路没有电流放大作用,只有电压放大作用,且具有电流跟随作用,输入电阻最小,电压放大倍数、输出电阻与共射组态相当,属同相放大电路,是三种组态中中高频特性最好的电路。常用于高频或宽频带低输入阻抗的场合。下面分别予以介绍。

学习目标

(1) 熟悉共集电极放大电路的功能及分析方法。

(2) 熟悉共基极放大电路的特点及分析方法。

7.4.1　共集电极放大电路

共集电极放大电路又称射极输出器,主要作用是交流电流功率放大,还能提高整个放大电路的带负载能力,一般用作输出级或隔离级。

1. 电路组成

共集电极放大电路的组成如图 7-17(a)所示,其交流通路如图 7-17(b)所示,信号从 b、c 间输入,从 e、c 间输出,c 为公共端。各元件的作用与共射极放大电路基本相同,只是 R_E 除具有稳定静态工作点外,还作为放大电路空载时的负载。

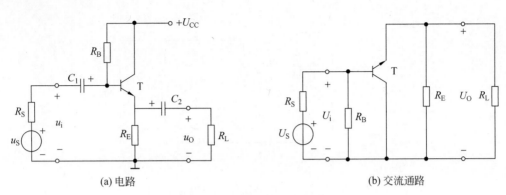

(a) 电路   (b) 交流通路

图 7-17 共集电极放大电路

2. 静态分析

计算公式如下：

$$V_{CC} = I_B R_B + U_{BE} + (1+\beta) I_B R_E \tag{7-21}$$

$$I_B = \frac{V_{CC} - U_{BE}}{R_B + (1+\beta) R_E} \tag{7-22}$$

$$I_C = \beta I_B \tag{7-23}$$

$$U_{CE} = V_{CC} - I_E R_E = V_{CC} - I_C R_E \tag{7-24}$$

3. 动态分析

1) 电压放大倍数 A_u

由图 7-18 可知

$$A_u = \frac{u_o}{u_i} = \frac{(1+\beta) i_b R'_L}{i_b [r_{be} + (1+\beta) R'_L]} = \frac{(1+\beta) R'_L}{r_{be} + (1+\beta) R'_L} \tag{7-25}$$

因为 r_{be} 较小，所以 $A_u \approx 1$。

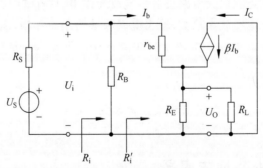

图 7-18 微变等效电路

2) 输入电阻 R_i

计算公式如下：

$$R'_i = \frac{u_i}{I_b} = \frac{I_b [r_{be} + (1+\beta) R'_L]}{I_b} = r_{be} + (1+\beta) R'_L \tag{7-26}$$

故

$$R_i = R_B /\!/ R'_i = R_B /\!/ [r_{be} + (1+\beta) R'_L] \tag{7-27}$$

由式(7-27)可知,共集电极放大电路的 R_i 较大。

3）输出电阻 R_o

输出电阻的等效电路如图 7-19 所示,可得

$$R_o = \frac{U}{I} = R_o' \mathbin{/\mkern-6mu/} R_E \qquad (7\text{-}28)$$

式中

$$R_S' = R_S \mathbin{/\mkern-6mu/} R_B$$

$$R_o' = \frac{U}{i_E} = \frac{i_b(r_{be}+R_S')}{(1+\beta)i_b} = \frac{r_{be}+R_S'}{(1+\beta)}$$

$$R_o = R_E \mathbin{/\mkern-6mu/} \frac{r_{be}+R_S'}{1+\beta}$$

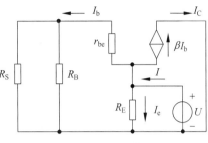

图 7-19 输出电阻的等效电路

故通常情况下

$$R_E \gg \frac{r_{be}+R_S'}{1+\beta}$$

所以

$$R_o \approx \frac{r_{be}+R_S'}{1+\beta} = \frac{r_{be}+(R_S \mathbin{/\mkern-6mu/} R_B)}{1+\beta} \qquad (7\text{-}29)$$

由式(7-29)可知,R_o 很小。

综上所述,共集电极放大电路的主要特点是：输入电阻高,接收信号能力强,传递电压信号源效率高;输出电阻低,带负载能力强;电压放大倍数小于 1 而接近于 1,且输出电压与输入电压相位相同,具有电压跟随特性。因而在实用中,广泛用作输入、输出级或中间隔离级。

需要说明的是：共集电极放大电路虽然没有电压放大作用,但仍有电流放大作用,因而具有功率放大作用。

7.4.2 共基极放大电路

共基极放大电路的主要作用是放大高频信号,频带宽,其电路组成如图 7-20 所示。

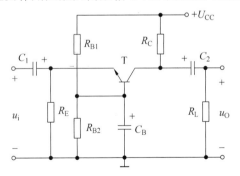

图 7-20 共基极放大电路的组成

在图 7-20 中,R_{B1} 和 R_{B2} 分别是上偏置电阻和下偏置电阻,R_C 是集电极直流负载,R_E 是发射极电阻,起稳定 Q 点的作用,C_B 是基极交流旁路电容,C_1 和 C_2 是耦合电容。信号

从三极管的发射极和基极输入,从集电极和基极输出,基极是输入回路和输出回路的公共端。其直流通路如图 7-21(a)所示,其交流通路如图 7-21(b)所示,其微变等效电路如图 7-21(c)所示。

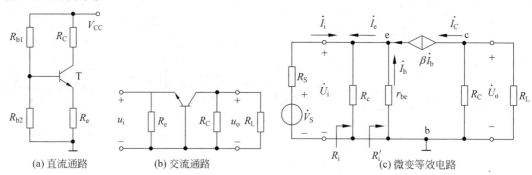

(a) 直流通路　　　　(b) 交流通路　　　　(c) 微变等效电路

图 7-21　共基极放大电路

直流通路与分压式偏置电路的直流通路相同,因而静态 Q 的求法相同。

动态由微变等效电路可求得,即

$$A_u = \frac{\dot{U}_o}{\dot{U}_i} = \frac{\dot{I}_c(R_C /\!/ R_L)}{\dot{I}_b r_{be}} = \beta \frac{R'_L}{r_{be}} \tag{7-30}$$

可见,共基极放大器的电压放大倍数与共射极放大器的电压放大倍数大小相同。但输出电压和输入电压的相位同相,即共基极放大器是一个同相放大器,这一点与射极跟随器相同,而共射极放大器是一个反相放大器。

共基极放大器的输入电阻为

$$R_i = \frac{u_i}{i_i} = R_E /\!/ \frac{r_{be}}{1+\beta} \tag{7-31}$$

共基极放大器的输出电阻为

$$R_o = R_C$$

由公式可以看出,共基极放大器的输入电阻比较小,适合与信号电流源的前级衔接;其输出电阻与共射极放大器一样,值也比较大。另外从图 7-21(c)也可看出,共基极放大器的电流放大倍数为

$$A_i = \alpha = \frac{i_c}{i_e} < 1 \tag{7-32}$$

$A_i \approx 1$ 也称电流跟随器。

共基极放大器的频率特性比较好,适用于信号频率较高的场合。

为方便读者学习,表 7-2 列出了共射极放大器、共基极放大器、共集电极放大器的主要性能和参数的对比。

共射极放大器的电压、电流、功率增益都比较大,因而应用广泛。但它的输入电阻较小,对前级信号源索取的电流较大,接收信号能力强;它的输出电阻比较大,不适于带变化大的负载。

共基极放大器没有电流增益,但电压增益不小,仍有功率增益。因为它的频率响应好,多用于放大高频信号。

表 7-2　三种组态基本放大电路图、参数公式和性能的对比

	共射极电路	共基极电路	共集电极电路
电路图	(见图)	(见图)	(见图)
A_v	$-\dfrac{\beta R_L'}{r_{be}}$（大）	$\dfrac{\beta R_L'}{r_{be}}$（大）	$\dfrac{(1+\beta)R_L'}{r_{be}+(1+\beta)R_L'}\approx 1$
R_i	$R_{B1}//R_{B2}//r_{be}$（中）	$R_E//\dfrac{r_{be}}{1+\beta}$（小）	$R_{B1}//R_{B2}//[r_{be}+(1+\beta)R_L']$（大）
R_o	R_C（中）	R_C（大）	$R_E//\dfrac{r_{be}+R_{B1}//R_{B2}//R_S}{1+\beta}$（小）
特点	输入、输出反相 既有电压放大作用 又有电流放大作用	输入、输出同相 有电压放大作用 无电流放大作用	输入、输出同相 有电流放大作用 无电压放大作用
应用	作多级放大器的中间级，提供增益	作电流接续器构成组合放大电路	作多级放大器的输入级、中间级、隔离级

　　共集电极放大器虽然没有电压增益，但有电流增益，所以仍有功率增益。其最主要的优点是它的输入电阻高、输出电阻小，对前级信号源索取的电流小，接收信号能力强，带负载的能力强。所以共集电极放大器既可作为多级放大器的输入级，又可作为多级放大器的输出级。有时，也将其作为多级放大器的中间级，用于分配信号（如在电视机中用于分配音频信号、视频信号和同步信号）。

　　三种组态放大器的电路形式不同，各有各的特点，这是从交流的角度来区分的。实质上，作为放大器这一共性，它们的直流状态是一样的，即发射结正偏、集电结反偏。建立合适且稳定的工作点，是三种组态放大器的共同要求。

7.5　场效应管放大电路

视频讲解

　　与双极型三极管一样，场效应管放大电路也存在三种基本接法，即共源极、共漏极和共栅极。可以将它们的管脚对应起来看：G 极相当于 B 极，D 极相当于 C 极，S 极相当于 E 极。它们两者都能实现输入信号对输出信号的控制，都有放大作用。所不同的是，晶体管是一种电流控制器件，而场效应管是一种电压控制器件。这三种接法可构成场效应管基本放大电路的三种组态，即共源极放大电路、共漏极放大电路和共栅极放大电路。分析场效应管放大电路的方法也采用估算法、图解法和微变等效电路法。

学习目标

（1）熟悉共源极放大电路的功能及分析方法。

(2) 熟悉共漏极放大电路的特点及分析方法。

7.5.1 场效应管的等效模型

与双极型晶体管一样,场效应管也是一种非线性器件,而在交流小信号情况下,也可以由它的线性等效电路——交流小信号(微变等效电路)模型来代替,下面进行详细的讨论。我们将场效应管看作一个如图 7-22 所示的双端口网络。

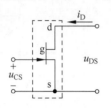

图 7-22 共源接法的双端口网络

场效应管的线性特性可由下面方程表示:

$$i_d = g_m u \qquad (7\text{-}33)$$

以交流小信号为变量的线性方程为式(7-33),它对应的场效应管线性交流小信号等效电路如图 7-23(a)所示。电路中,因为场效应管的输入电阻极高,$I_g \approx 0$,所以图中的输入端开路。$g_m U_{gs}$ 是压控电流源,它体现了输入电压 U_{gs} 对输出电流的控制作用。g_m 称为低频跨导,体现了控制作用的大小,它与双极型晶体管中的 β 类似。r_{ds} 称为输出电阻,类似于双极型晶体管的 r_{ce}。g_m 和 r_{ds} 均可由场效应管的特性曲线求得。g_m 是场效应管的转移特性曲线在工作点处的斜率。r_{ds} 是输出特性曲线在工作点处的斜率的倒数。r_{ds} 的数值很大,一般远大于放大器中的漏极电阻 R_d,所以可忽略它的影响。图 7-23(a)的模型可简化为图 7-23(b)所示的电路。

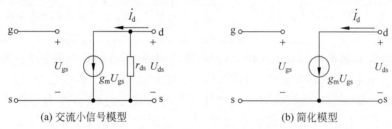

(a) 交流小信号模型   (b) 简化模型

图 7-23 场效应管的交流小信号模型

7.5.2 共源极放大电路

共源极放大电路如图 7-24 所示,交流信号公共端是源极,交流信号由栅极输入,漏极输出。用场效应管的交流小信号模型分析法可求得共源放大电路的各项交流指标。

首先画出共源极放大电路的微变等效电路,如图 7-25 所示。

1) 电压放大倍数 A_u

由图 7-25 可知

$$\dot{U}_o = -g_m U_{gs} R'_L$$

式中,$R'_L = R_d // R_L$。从输入端看,有 $\dot{U}_i = U_{gs}$,因此,可得

$$A_u = \frac{\dot{U}_o}{\dot{U}_i} = \frac{-g_m U_{gs} R'_L}{U_{gs}} = -g_m R'_L \qquad (7\text{-}34)$$

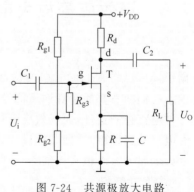

图 7-24 共源极放大电路

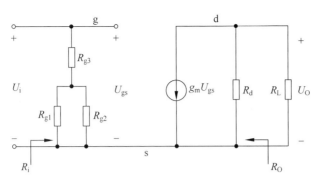

图 7-25 共源极放大电路的微变等效电路

式(7-34)中的负号表示共源极放大电路的输出电压与输入电压反相。该电路放大倍数较大。这些特点与共射极放大电路是一致的。

2）输入电阻 R_i

由图 7-25 有

$$R_i = \frac{U_i}{I_i} = R_{g3} + (R_{g1} /\!/ R_{g2}) \tag{7-35}$$

通常有

$$R_{g3} \gg (R_{g1} \| R_{g2})$$

所以

$$R_i \approx R_{g3} \tag{7-36}$$

由以上分析可见，R_{g3} 的存在可以保证场效应管放大器的输入电阻很大，以减小偏置电阻对输入电阻的影响。

3）输出电阻 R_o

按照求输出电阻的定义公式的要求，令 $U_i = 0$，则 $U_{gs} = 0$，所以，电流源 $g_m U_{gs} = 0$，开路，因此

$$R_o = R_d \tag{7-37}$$

7.5.3 共漏极放大电路

共漏极放大电路如图 7-26 所示。此电路中，交流输入信号由栅极输入，输出信号由源极输出，交流公共端是漏极。电路也称为源极输出器。共漏极放大电路的微变等效电路如图 7-27 所示，在此基础上可求解它的交流指标。

1）电压放大倍数 A_u

由图 7-27 可知

$$\dot{U}_o = g_m \dot{U}_{gs} R'_L$$

式中，$R'_L = R /\!/ R_L$，输入回路中，有

$$\dot{U}_i = \dot{U}_{gs} + g_m \dot{U}_{gs} R'_L = \dot{U}_{gs}(1 + g_m R'_L)$$

所以，电压放大倍数为

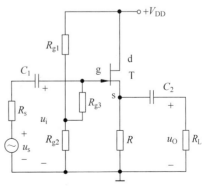

图 7-26 共漏极放大电路

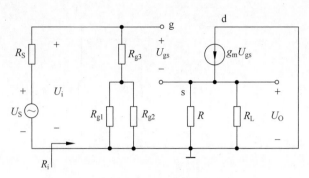

图 7-27　共漏极放大电路的微变等效电路

$$A_u = \frac{\dot{U}_o}{\dot{U}_i} = \frac{g_m U_{gs} R'_L}{U_{gs}(1 + g_m R'_L)} = \frac{g_m R'_L}{1 + g_m R'_L} \quad (7\text{-}38)$$

由上式可见，共漏极放大电路的电压放大倍数小于1，当 $g_m R'_L \gg 1$ 时，放大倍数又接近1，并且输出电压与输入电压同相。显然输出电压跟随输入电压变化。所以此放大器又称源极跟随器，它与射极跟随器类似。

2) 输入电阻 R_i

由图 7-27 可得

$$R_i = \frac{U_i}{I_i} = R_{g3} + (R_{g1} /\!/ R_{g2}) \approx R_{g3} \quad (7\text{-}39)$$

3) 输出电阻 R_o

按照输出电阻的定义公式处理，可以画出求解输出电阻的等效电路，如图 7-28 所示。

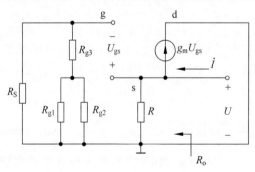

图 7-28　输出电阻的等效电路

电路中，电阻 R 和电流源 $g_m U_{gs}$ 会对输出电阻产生影响，但其余电阻却不起作用了。由图 7-28 可知，电路的输出电阻为

$$R_o = \frac{U}{I} = \frac{U_{gs}}{\frac{U_{gs}}{R} + g_m U_{gs}} = R /\!/ \frac{1}{g_m} \quad (7\text{-}40)$$

一般地，$R \gg \dfrac{1}{g_m}$，可得

$$R_o \approx \frac{1}{g_m}$$

三种基本场效应管放大电路的性能比较见表7-3。

表7-3 场效应管放大电路的性能比较

	共源电路	共栅电路	共漏电路
电路图			
A_v	$-g_m R'_L$（大）	$g_m R'_L$（大）	$\dfrac{g_m R'_L}{1+g_m R'_L} \approx 1$
R_i	$R_{G3}+R_{G1}//R_{G2}$（大）	$R_S // \dfrac{1}{g_m}$（小）	$R_{G3}+R_{G1}//R_{G2}$（大）
R_o	R_D（大）	R_D（大）	$R_S // \dfrac{1}{g_m}$（小）
特点	类似于共射极电路	类似于共基极电路	类似于共集极电路

思考练习

一、填空题

7.1 测得某NPN型三极管的$U_{BE}=0.7V$，$U_{CE}=0.2V$，由此可判定它工作在_____区。

7.2 基本放大电路在静态时，它的集电极电流的平均值是_____；动态时，在不失真的条件下，它的集电极电流的平均值是_____。

7.3 放大电路的输出电阻越小，放大电路输出电压的稳定性_____。

7.4 放大电路的饱和失真是由于放大电路的工作点达到了晶体管特性曲线的_____而引起的非线性失真。

7.5 若适当增加β，放大电路的电压放大倍数将_____。

7.6 若适当增加I_E，电压放大倍数将_____。

7.7 如图7-29所示，要使静态工作电流I_C减少，则R_{b1}应_____。

7.8 如图7-29所示，R_{b1}在适当范围内增大，则电压放大倍数_____，输入电阻_____，输出电阻_____。

7.9 如图7-29所示，R_C在适当范围内增大，则电压放大倍数_____，输入电阻_____，输出电阻_____。

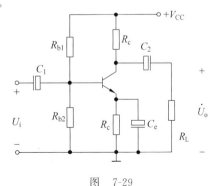

图 7-29

7.10 如图 7-29 所示,从输出端开路到接上 R_L,静态工作点将_____,交流输出电压幅度要_____。

7.11 如图 7-29 所示,V_{CC} 减少时,直流负载线的斜率_____。

二、选择题

7.12 在基本放大电路中,如果集电极的负载电阻是 R_C,那么 R_C 中(　　)。
  A. 只有直流　　　　　　　　B. 只有交流
  C. 既有直流,又有交流　　　　D. 没有电流

7.13 下列说法正确的是(　　)。
  A. 基本放大电路是将信号源的功率加以放大
  B. 在基本放大电路中,晶体管受信号的控制,将直流电源的功率转换为输出的信号功率
  C. 基本放大电路中,输出功率是由晶体管提供的
  D. 基本放大电路中,输出功率是由电容提供的

7.14 若适当增加 R_C,电压放大倍数和输出电阻的变化是(　　)。
  A. 放大倍数变大,输出电阻变大　　B. 放大倍数变大,输出电阻不变
  C. 放大倍数变小,输出电阻变大　　D. 放大倍数变小,输出电阻变小

7.15 某放大电路在负载开路时的输出电压的有效值为 4V,接入 3kΩ 负载电阻后,输出电压的有效值降为 3V,据此计算放大电路的输出电阻为(　　)。
  A. 1kΩ　　　B. 1.5kΩ　　　C. 2kΩ　　　D. 4kΩ

7.16 有一个共集组态基本放大电路,它具有的特点是(　　)。
  A. 输出与输入同相,电压增益略大于 1
  B. 输出与输入同相,电压增益略小于 1,输入电阻大,输出电阻小
  C. 输出与输入同相,电压增益等于 1,输入电阻大,输出电阻小
  D. 输出与输入反相,电压增益大于 1,输入电阻小,输出电阻大

三、分析计算题

7.17 试判断图 7-30 所示各电路能否正常放大,若不能,应如何改正?图中各电容 C 对交流信号呈短路。

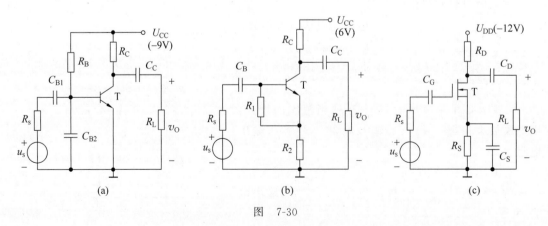

图 7-30

7.18 在图 7-33(a)所示的基本放大电路中,输出端接有负载电阻 R_L,输入端加有正弦信号电压。若输出电压波形出现底部削平的饱和失真,在不改变输入信号的条件下,减小 R_L 的值,将出现什么现象?

7.19 图 7-31 所示的电路中,当开关分别接到 A、B、C 三点时,晶体三极管各工作在什么状态?设晶体管的 $\beta=100$,$U_{BE}=0.7\text{V}$。

7.20 电路如图 7-32 所示,晶体三极管的 $\beta=50$,$U_{BE}=0.7\text{V}$,$V_{CC}=12\text{V}$,$R_b=45\text{k}\Omega$,$R_C=3\text{k}\Omega$。

(1) 电路处于什么工作状态(饱和、放大、截止)?
(2) 要使电路工作到放大区,可以调整电路中的哪几个参数?
(3) 在 $V_{CC}=+12\text{V}$ 的前提下,如果 R_C 不变,应使 R_B 为多大,才能保证 $U_{CEQ}=6\text{V}$?

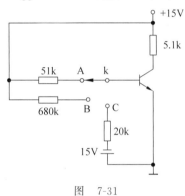

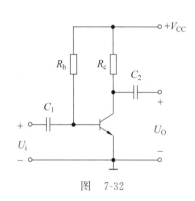

图 7-31　　　　　　　　　　　图 7-32

7.21 电路及特性曲线如图 7-33 所示。若 $V_{CC}=12\text{V}$,$R_C=3\text{k}\Omega$,$R_b=200\text{k}\Omega$,晶体三极管的 $U_{BE}=0.7\text{V}$。

(1) 用图解法确定静态工作点 I_{BQ}、I_{CQ} 和 U_{CEQ}。
(2) 当 R_C 变为 $4\text{k}\Omega$ 时,静态工作点移至何处?
(3) 若 R_C 为 $3\text{k}\Omega$ 不变,R_b 从 $200\text{k}\Omega$ 变为 $150\text{k}\Omega$,Q 点将有何变化?

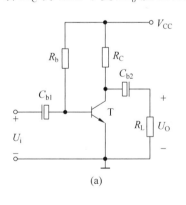

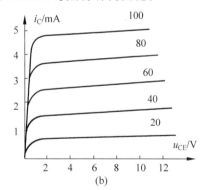

图 7-33

7.22 电路如图 7-34 所示。$\alpha=0.99$,$r_{bb}=200\Omega$,$I_E=2\text{mA}$,$U_{BE}=-0.3\text{V}$,电容 C_1、C_2 足够大,求电路的电压放大倍数 A_u,输入电阻 R_i 和输出电阻 R_o。

7.23 在 7.22 题中,若 $\alpha=0.99$,$r_{bb}=1\text{k}\Omega$。试求电路的电压放大倍数 $A_u=\dfrac{U_o}{U_i}$。此

时,如果考虑信号源内阻 $R_S=5\text{k}\Omega$,同时加上负载电阻 $R_L=10\text{k}\Omega$,再求电路的源电压放大倍数 $A_{us}=\dfrac{U_o}{U_s}$。

7.24 在图 7-35 所示电路中,$V_{CC}=15\text{V}$,$R_{b1}=60\text{k}\Omega$,$R_{b2}=30\text{k}\Omega$,$R_e=2\text{k}\Omega$,$R_C=3\text{k}\Omega$,$R_L=3\text{k}\Omega$,$\beta=60$,$r_{bb}=300\Omega$,$U_{BE}=0.7\text{V}$。

(1) 试求电路的静态工作点 I_{BQ}、I_{CQ} 和 U_{CEQ}。

(2) 画出电路的交流小信号等效电路。

(3) 计算电路的输入电阻 R_i 和输出电阻 R_o。

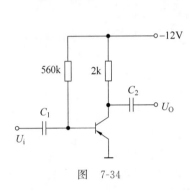

图 7-34

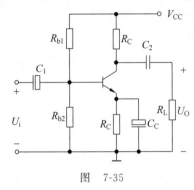

图 7-35

7.25 在图 7-35 所示电路中,若信号源内阻为 $R_S=750\Omega$,信号源电压为 $U_S=40\text{mV}$,试求电路的输出电压 U_O。

7.26 在图 7-36 所示电路中,各电容对信号频率呈短路。已知晶体管的 $\beta=150$,$U_{BE(on)}=0.7\text{V}$,$r_{bb}=20\Omega$,$V_{CC}=15\text{V}$,试求输入电阻 R_i、输出电阻 R_o、电压增益 A_u。

7.27 在图 7-37 所示电路中,各电容对信号频率呈短路。已知 3DG6 型三极管的 $\beta=50$,$U_{BE(on)}=0.7\text{V}$,$r_{bb}=50\Omega$,$V_{CC}=12\text{V}$。

(1) 求电路的静态工作点。

(2) 试求放大器的电压增益 A_u、输入电阻 R_i、输出电阻 R_o。

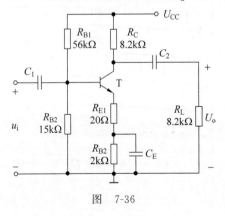

图 7-36

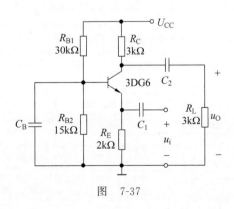

图 7-37

7.28 图 7-38 所示电路可用来测量放大电路的输入、输出电阻,已知 $R_1=1\text{k}\Omega$,$R_2=4\text{k}\Omega$,设测量过程是在不失真的情况下进行的。

(1) S_1 闭合时,电压表 V_1 的读数为 50mV;而 S_1 打开时,电压表 V_1 的读数为 100mV,试求输入电阻。

(2) S_2 闭合时,电压表 V_2 的读数为 1V;而 S_2 打开时,电压表 V_2 的读数为 2V,试求输出电阻。

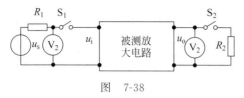

图 7-38

7.29 电路如图 7-39 所示。

(1) 画出该电路的微变等效电路。

(2) 写出 A_u、R_i、R_o 的表达式。

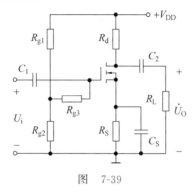

图 7-39

第 8 章 其他常用放大电路

单级放大电路通常不能满足对信号放大的要求,在实际中使用的都是由多级放大电路和功率放大电路构成的放大器或者集成运算放大器。本章将介绍差分放大电路、功率放大电路、多级放大电路和放大电路的频率特性。

8.1 差分放大电路

为了提高抑制零点漂移及抑制噪声与干扰的能力,人们设计出差分放大电路。它是利用电路参数的对称性和负反馈作用,有效地稳定静态工作点,以放大差模信号、抑制共模信号为显著特征,广泛应用于直接耦合电路和测量电路的输入级。

学习目标
(1) 熟悉差分放大电路的组成。
(2) 熟悉差分放大电路的工作原理。

8.1.1 差分放大电路的组成

视频讲解

在放大电路中,若将输入端短接(让输入信号为零),可发现输出端随时间仍有缓慢的无规则的信号输出,这种现象称为零点漂移。零点漂移现象严重时,能够淹没真正的输出信号,使电路无法正常工作。所以零点漂移的大小是衡量直接耦合放大器性能的一个重要指标。

衡量放大器零点漂移的大小不能单纯看输出零漂电压的大小,还要看它的放大倍数。因为放大倍数越高,输出零漂电压就越大,所以零漂一般都用输出零漂电压折合到输入端的大小来衡量,称为输入等效零漂电压。

引起零漂的原因很多,最主要的是温度对晶体管参数的影响所造成的静态工作点波动。零点漂移的危害很大,应尽量消除。差分放大电路即是抑制零点漂移的最有效电路。

差分放大电路的基本形式如图 8-1 所示。图中 T_1 和 T_2 特性相同,基极电阻相同,集电极电阻相同,发射极接一个共用电阻 R_E。由于电路的对称性,当温度变化时,u_{C1} 和 u_{C2} 的变化(即温漂)一致,相当于给放大电路加上了"大小相等、极性相同"的信号,即共模信号,导致输出电压 $u_O=0$,即输出端的零点漂移互相抵消了。而输入的有用信号分成相同的两部分,分别加到两管的基极,相当于给放大电路加上了"大小相等、极性相反"的信号,即差模信号,故输出电压等于 T_1(或 T_2)输出电压的两倍。可见,差分放大电路对差模信号有较强的放大作用,对共模信号具有较强的抑制作用。一般需要放大的有效信号为差模信号,而零漂、噪声、干扰等为共模信号。

如图 8-1 所示,在 T_1、T_2 两端任意加入两个信号,均可分解成一对差模信号和一对共模信号。

差模输入电压为两输入电压的差值,即

$$u_{id} = u_{i1} - u_{i2} \tag{8-1}$$

共模输入电压为两输入电压的平均值,即

$$u_{ic} = \frac{u_{i1} + u_{i2}}{2} \tag{8-2}$$

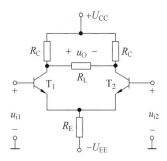

图 8-1 差分放大电路的基本形式

u_{id} 加在两管输入端之间,因此,对单管而言,每管的差模输入电压仅为 $u_{id}/2$;而 u_{ic} 加在每个管子的输入端,故两个输入端上的共模电压相等,均为 u_{ic}。

为了描述差分放大电路对零漂的抑制能力,引入了一个技术指标——共模抑制比,它定义为差模电压放大倍数 A_d 与共模电压放大倍数 A_c 之比,即

$$K_{CMR} = 20\lg \left| \frac{A_d}{A_c} \right| \tag{8-3}$$

式(8-3)表明 K_{CMR} 愈大,电路抑制零漂的能力愈强。

从图 8-1 所示电路可以看出,差分电路有两个输入端和两个输出端,所以,信号的输入和输出方式可分为双端输入-双端输出、双端输入-单端输出、单端输入-双端输出和单端输入-单端输出。

8.1.2 差分放大电路的静态分析

以图 8-1 所示电路为例,计算电路的 Q 点。令输入电压为零,考虑到电路结构的对称性,根据晶体管的基极回路可得

视频讲解

$$0 - (-V_{EE}) = U_{BEQ} + 2I_{EQ}R_E$$

故基极电流和电位分别为

$$I_{BQ} = \frac{V_{EE} - U_{BEQ}}{2(1+\beta)R_E} \tag{8-4}$$

$$U_{BQ} = 0$$

集电极电流和电位分别为

$$I_{CQ} = \beta I_{BQ} \tag{8-5}$$

$$U_{CQ} = V_{CC} - I_{CQ}R_C \tag{8-6}$$

发射极电位为

$$U_{EQ} = U_{BEQ} = 0.7\text{V} \tag{8-7}$$

8.1.3 差分放大电路的动态分析

由于差分电路有两个输入端和两个输出端,其输入、输出方式不同时,电路的性能、特点也不尽相同,下面分别加以介绍。

1. 双端输入-双端输出

电路如图 8-1 所示。当输入差模信号时，u_{i1} 和 u_{i2} 大小相等，相位相反，流过 R_E 的电流一上一下，相互抵消为 0。两管的射极电位 U_E 不变，相当于接"地"，R_E 不起作用；负载电阻 R_L 两端的电位一端为正，另一端为负，故认为 R_L 中点电位不变，也相当于接"地"。所以，在差模信号作用下的交流通路如图 8-2 所示，微变等效电路如图 8-3 所示。

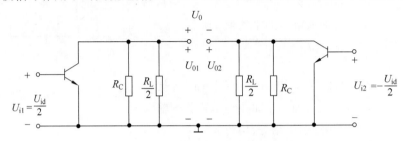

图 8-2　差模信号作用下的交流通路

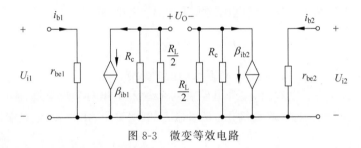

图 8-3　微变等效电路

根据图 8-3 可得差模电压放大倍数为

$$A_d = \frac{u_o}{u_{id}} = \frac{u_{o1} - u_{o2}}{u_{i1} - u_{i2}} = \frac{2u_{o1}}{2u_{i1}} = \frac{u_{o1}}{u_{i1}} = -\beta \frac{\left(R_C \mathbin{/\mkern-6mu/} \dfrac{R_L}{2}\right)}{r_{be}} \tag{8-8}$$

差模放大倍数等于单管的放大倍数（共射），一般较大，约为几十倍，说明差分放大电路放大差模信号能力较强。

差模输入电阻为

$$R_{id} = 2r_{be} \tag{8-9}$$

输出电阻为

$$R_o = 2R_C \tag{8-10}$$

若输入为共模信号（大小相等，方向相同），则 $u_{o1} = u_{o2}$，$u_o = u_{o1} - u_{o2} = 0$，$A_c = 0$，共模放大倍数为 0，$K_{CMR} \to \infty$，抑制零漂能力强。

2. 双端输入-单端输出

电路如图 8-4 所示，当输入差模信号时，两管的射极电位 U_E 不变，相当于接"地"；R_E 无作用。

若负载电阻 R_L 接在 T_1 的集电极，则差模半交流通路如图 8-5 所示。此时 $u_o = u_{o1}$，电压增益只有双端输出时的一半。

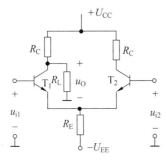

图 8-4 双端输入-单端输出

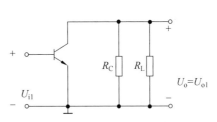

图 8-5 差模半交流通路

由此可得差模电压放大倍数为

$$A_d = \frac{1}{2}\left(-\frac{\beta(R_C /\!/ R_L)}{r_{be}}\right) = -\frac{\beta(R_C /\!/ R_L)}{2r_{be}} \tag{8-11}$$

若负载电阻 R_L 接在 T_2 的集电极,则差模电压放大倍数可表示为

$$A_d = \frac{\beta(R_C /\!/ R_L)}{2r_{be}} \tag{8-12}$$

差模输入电阻和输出电阻分别为

$$R_{id} = 2r_{be} \tag{8-13}$$

$$R_{od} = R_C \tag{8-14}$$

当输入为共模信号时,共模交流通路如图 8-6 所示。

两输入端的信号完全相等,R_E 上流过 $2i_e$,即对每管而言,相当于射极接了 $2R_E$ 的电阻,图 8-6 可被等效为如图 8-7 所示的电路。

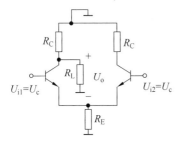

图 8-6 共模交流通路

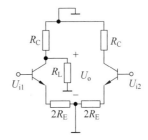

图 8-7 共模交流等效电路

共模交流等效电路的半电路交流通路和微变等效电路如图 8-8 所示。

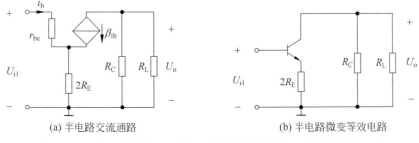

(a) 半电路交流通路 (b) 半电路微变等效电路

图 8-8 共模交流等效电路的半电路交流通路和半电路微变等效电路

根据图 8-8(b)可得，双端输入-单端输出时的共模放大倍数为

$$A_c = -\frac{\beta(R_C /\!/ R_L)}{r_{be} + 2(1+\beta) \cdot R_E} \tag{8-15}$$

一般地，$2(1+\beta)R_E \gg r_{be}$，$\beta \gg 1$，故式(8-15)可化简为

$$A_c \approx -\frac{R_C /\!/ R_L}{2R_E} \tag{8-16}$$

A_c 较小，说明此电路抑制共模信号的能力强。

$$K_{CRM} = \left|\frac{A_d}{A_c}\right| \approx \frac{\beta R_E}{r_{be}} \tag{8-17}$$

从式(8-17)可知，K_{CRM} 与 R_E 成正比，R_E 越大，电路抑制共模信号的能力越强。

$$R_{ic} = \frac{1}{2}[r_{be} + 2(1+\beta)R_E]$$

$$R_{oc} \approx R_C$$

其实利用 R_E 抑制共模信号的过程与分压偏置电路稳定静态工作点的过程类似：T(温度)↑→i_{c1}↑=i_{c2}↑(共模)→U_{RE}↑→U_{BE}↓→i_{c1}↓=i_{c2}↓→u_o(共模分量)↓(被抑制)其实质是 R_E 有负反馈的作用，R_E 大，负反馈强，抑制零漂的作用明显。

3. 单端输入-双端输出

单端输入是指输入电压只加在其中一个输入端与地之间，另一个输入端接地，此情况可分解成一对差模信号和一对共模信号，其余分析与双端输入-双端输出相同。

4. 单端输入-单端输出

把输入分解成一对差模信号和一对共模信号，其余分析与双端输入-单端输出相同。

8.1.4 差分放大电路的性能

差分放大电路的性能如表 8-1 所示。

表 8-1 差分放大电路的性能

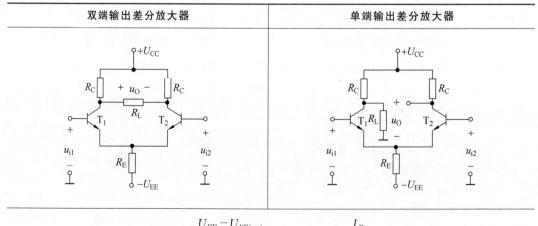

续表

双端输出差分放大器		单端输出差分放大器	
差模性能	共模性能	差模性能	共模性能
(电路图 u_{id1}, T_1, R_C, $R_L/2$, u_{od1})	(电路图 $u_{ic1}=u_{ic}$, T_1, R_C, $2R_E$, u_{oc1})	(电路图 u_{id1}, T_1, R_C, R_L, $u_{od}=u_{od1}$)	(电路图 $u_{ic1}=u_{ic}$, T_1, R_C, R_L, $2R_E$, $u_{oc}=u_{oc1}$)
$R_{id}=2R_{i1}=2r_{be}$	$R_{ic}=\frac{1}{2}[r_{be}+2(1+\beta)R_E]$	$R_{id}=2R_{i1}=2r_{be}$	$R_{ic}=\frac{1}{2}[r_{be}+2(1+\beta)R_E]$
$R_{od}=2R_{o1}\approx 2R_C$	$R_{od}=2R_{o1}\approx 2R_C$	$R_{od1}=R_{o1}\approx R_C$	$R_{oc}=R_{o1}\approx R_C$
$A_{ud}=A_{u1}=-\dfrac{\beta\left(R_c // \dfrac{R_L}{2}\right)}{r_{be}}$	$A_{uc}\to 0$	$A_{ud1}=-A_{ud2}=\dfrac{1}{2}A_{u1}$ $=-\dfrac{\beta(R_C // R_L)}{2r_{be}}$	$A_{uc1}=A_{uc2}=A_{u1}$ $\approx -\dfrac{R_C // R_L}{2R_E}$
$K_{CMR}=\left|\dfrac{A_{ud}}{A_{uc}}\right|\to\infty$		$K_{CMR}=\left|\dfrac{A_{ud1}}{A_{uc1}}\right|\approx\dfrac{\beta R_E}{r_{be}}$	
$u_o=u_{o1}-u_{o2}=A_{ud}u_{id}$		$u_{o1}=u_{oc1}+u_{od1}=A_{uc1}u_{ic}+A_{ud1}u_{id}$ $u_{o2}=u_{oc2}+u_{od2}=A_{uc2}u_{ic}+A_{ud2}u_{id}$	
抑制零漂的原理： (1) 利用电路的对称性； (2) 利用 R_E 的共模负反馈作用		抑制零漂的原理： 利用 R_E 的共模负反馈作用	

差分放大器可采用各种改进型电路。例如，为提高其共模抑制能力，可用电流源取代电阻 R_E；为改变其输入、输出电阻及放大性能，差分放大器的每一边电路均可采用组合电路的形式。

【例 8-1】 差分放大电路如图 8-9(a)所示，已知 $\beta=100$，$U_{BE(on)}=0.7V$，若 $R_L=10k\Omega$。(1)试画出差模、共模半电路交流通路。(2)双端输出时，求 R_{id}、R_{od}、A_{ud}。(3)单端输出时，求 R_{ic}、R_{oc}、A_{uc} 及 K_{CMR}。

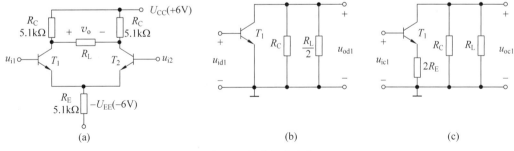

图 8-9 差分放大电路

解：差分放大器的交流性能分析基于静态分析之上，首先计算该电路的静态电流。

$$I_E=\frac{U_{EE}-U_{BE(on)}}{R_E}=\frac{6-0.7}{5.1}\approx 1.04\text{mA} \quad I_{CQ1}=I_{CQ2}\approx\frac{I_E}{2}=0.52\text{mA}$$

所以

$$r_{be1} = r_{be2} \approx (1+\beta)\frac{U_T}{I_{CQ1}} = (1+100) \times \frac{26}{0.52} = 5.05\text{k}\Omega$$

(1) 该电路的差模、共模半电路交流通路分别如图 8-9(b)、图 8-9(c)所示。

(2) 双端输出时的差模分析如下：

$$R_{id} = 2r_{be1} = 2 \times 5.05 = 10.1\text{k}\Omega$$

$$R_{od} = 2R_C = 2 \times 5.1 = 10.2\text{k}\Omega$$

$$A_{ud} = -\frac{\beta\left(R_C // \frac{R_L}{2}\right)}{r_{be1}} \approx -50$$

(3) 单端输出时的共模分析如下：

$$R_{ic} = \frac{r_{be1} + (1+\beta)2R_E}{2} = \frac{1}{2}[5.05 + (1+100) \times 2 \times 5.1] \approx 0.52\text{M}\Omega$$

$$R_{oc} = R_C = 5.1\text{k}\Omega$$

$$A_{uc1} = -\frac{\beta(R_C // R_L)}{r_{be1} + (1+\beta) \times 2R_E} \approx -\frac{R_C // R_L}{2R_E} \approx -0.33（衰减共模信号）$$

$$A_{ud1} = -\frac{1}{2} \cdot \frac{\beta(R_C // R_L)}{r_{be1}} = 33.3（放大差模信号）$$

$$K_{CMR} = \left|\frac{A_{ud1}}{A_{uc1}}\right| \approx \frac{\beta R_E}{r_{be1}} \approx 101$$

8.2 功率放大电路

一个实用的电子放大系统都是一个多级的放大电路，例如电子设备、音响设备、自动控制系统和各类通信系统等。在实际应用中，要求这种多级放大电路的输出级能带动一定的负载，如使扬声器发出声音、推动电动机旋转、使电视机中荧光屏上的光点随信号偏转、使蜂窝移动系统中的基站发射机中的天线有较大的辐射功率等。这就要求多级放大电路的输出级能够给负载提供足够大的信号功率，我们一般将这样的输出级称为功率放大器，简称功放。

虽然功放与电压放大电路没有本质的区别，但应注意到，它们所要完成的任务是不同的。电压放大电路的目标是使负载得到较大而不失真的电压信号，它是"小信号"放大，以微变等效电路分析方法为主。而功放的目标是向负载提供足够大的功率，它工作于"大信号"状态，通常采用图解法来分析。

学习目标

(1) 熟悉功率放大电路的分类及特点。

(2) 掌握互补对称功率放大电路的工作原理。

8.2.1 功率放大电路的分类及特点

如按放大信号的工作频段划分，可分为低频功率放大器和高频功率放大器。低频功率放大器用于放大音频范围几十赫至几十千赫的信号；高频功率放大器是用来放大几百千赫至几千兆赫的高频信号。如按工作频带的宽窄划分,又可分为窄带功率放大器和宽带功率放大器。前者由于使用选频网络作为输出回路,所以又称为谐振功率放大器;而宽带功放的输出回路则是非调谐的负载,如电阻或变压器等。如按晶体管的工作状态划分,功率放大器可分为甲类、乙类、甲乙类和丙类四种工作状态。图 8-10 画出了四种工作状态下管子的输出特性和集电极电流波形,具体分析如下。

(1) 甲类工作状态。

在甲类工作状态下,功率放大器的静态工作点 Q 选在晶体管的放大区,且信号的作用范围也限制在放大区,如图 8-10(a)所示。此时,在输入信号的整个周期内,放大器均有集电极电流。

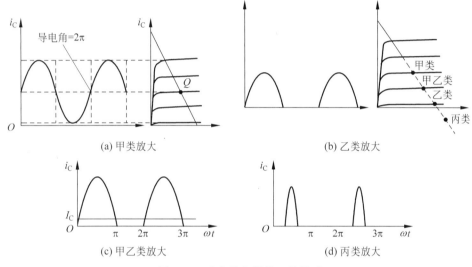

图 8-10 功率放大器的四种类型

(2) 乙类工作状态。

在乙类工作状态下,功率放大器的静态工作点 Q 选在截止区边缘,信号的作用范围一半在放大区,另一半在截止区,如图 8-10(b)所示。此时,只有在输入信号的半个周期内,放大器有集电极电流。

(3) 甲乙类工作状态。

甲乙类工作状态是介于甲类和乙类之间的工作状态。其静态工作点 Q 选在靠近截止区的位置,信号的作用范围大部分在放大区,少部分在截止区,如图 8-10(c)所示。此时,仅在输入信号的多半个周期内,放大器有集电极电流。

(4) 丙类工作状态。

丙类工作状态,功率放大器的静态工作点 Q 选在截止区,信号的作用范围大部分在截止区,少部分在放大区,如图 8-10(d)所示。此时,仅在输入信号的少半个周期内,放大器有集电极电流。

由图 8-10 可以看出,在相同激励信号作用下,丙类功放集电极电流的流通时间最短,一个周期平均功耗最低,而甲类功放的功耗最高。分析表明,相同输入信号下如果维持输出功率不变,四类功放的效率满足 $\eta_{甲} < \eta_{甲乙} < \eta_{乙} < \eta_{丙}$。理想情况下,甲类功放的最高效率为 50%,乙类功放的最高效率为 78.5%,丙类功放的最高效率可达 $85\% \sim 90\%$。但丙类功放

要求特殊形式的负载,不适用于低频。低频功率放大器只适用于前三种工作状态。

工作在甲类的功放虽然非线性失真小,但效率太低。所以,除了作为末级功放的推动级外,很少用作末级功放。乙类和甲乙类放大电路的功率转换效率较高,但都存在着波形失真的问题,解决失真问题的方法是:用两个工作在甲乙类状态下的放大管,分别放大输入的正、负半周信号,同时采取措施,使放大后的正、负半周信号能加在负载上面,在负载上获得一个完整的波形。以这种方式工作的功放电路称为甲乙类互补对称电路,也称为推挽功率放大电路。

推挽功率放大电路有单电源和双电源两种类型。单电源的电路通常称为 OTL(Output Transformer Less,无输出变压器)功率放大器,双电源的电路通常称为 OCL(Output Capacitor Less,无输出电容)功率放大器。

8.2.2 甲乙类双电源互补对称功率放大电路

1. 电路构成及工作原理

电路如图 8-11 所示。通常在两个晶体三极管基极间加入二极管(或电阻,或二极管和电阻结合),以供给 T_1 和 T_2 两管一定的正向偏压(锗管约为 0.2V,硅管约为 0.7V),避开输入特性曲线的弯曲部分,此时电路处于甲乙类工作状态,该电路满足 $U_{BE}=U_{BEQ}$,电路处于微导通状态。

为了讨论方便,下面以乙类互补对称功率放大器为例来讨论互补对称电路的工作过程,如图 8-12 所示。静态时,$I_c=0$,工作于乙类。很明显,当输入信号为正半周时,T_1 导通,T_2 截止。输出电流 i_{c1} 通过负载 R_L;而在负半周时,T_2 导通,T_1 截止,输出电流 i_{c2} 通过负载 R_L。利用两只特性对称的反型管子(一个为 NPN 型三极管,另一个为 PNP 型三极管)把它们的基极相连作为输入,射极相连作为输出。在输入信号的作用下,T_1 和 T_2 轮流导通,每个晶体管各承担半个周期的放大任务,就像两个人拉锯似的,你推我拉(挽),所以把这种工作方式称为推挽方式。

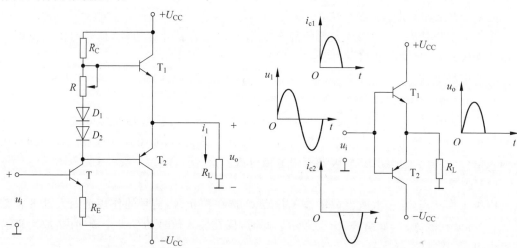

图 8-11 甲乙类双电源互补对称功率放大电路　　图 8-12 乙类 OCL 功率放大器

在电路中,由于 T_1、T_2 互相对称,交替工作,相互补充,共同完成放大功能,所以称该电路为乙类互补对称功率放大电路。甲乙类互补对称功率放大电路的工作过程与上述分析过程类似,这种电路又称为无输出电容的功率放大电路,即 OCL 电路。

2. 电路性能分析

功率放大器在工作时，信号的作用范围将进入晶体管的非线性区。所以晶体管不能近似等效为一个线性器件了，因此，通常采用图解法来分析。

为了便于分析，假设 T_1 管与 T_2 管的特性完全相同，且将 T_2 管的特性曲线倒置在 T_1 管的右下方，并令二者在 Q 点，即 $u_{CC}=V_{CC}$ 处重合，形成 T_1 管和 T_2 管的合成曲线，如图 8-13 所示。图 8-13(a) 表示 T_1 管工作时的情形，负载线通过 V_{CC} 点形成一条斜线。由图 8-13(b) 可知，允许的 i_C 的最大变化范围为 $2I_{cm}$，u_{CC} 的变化范围为 $2(V_{CC}-U_{CES})=2U_{cem}=2I_{cm}R_L \approx 2V_{CC}$。

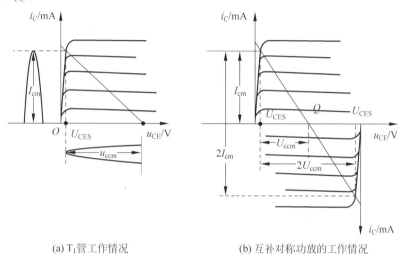

(a) T_1 管工作情况 (b) 互补对称功放的工作情况

图 8-13 乙类互补对称功率放大电路的图解分析

3. 输出功率 P_o

输出电压和输出电流（有效值）的乘积称为功放的输出功率，用 P_o 表示，即

$$P_o = U_o I_o = \frac{I_{cm}}{\sqrt{2}} \cdot \frac{U_{cm}}{\sqrt{2}} = \frac{1}{2} I_{cm} U_{cm} \tag{8-18}$$

若忽略晶体管的饱和压降 U_{CES}，即 $U_{ccm} \approx V_{CC}$，则最大输出功率为

$$P_{omax} \approx \frac{1}{2} \cdot \frac{V_{CC}^2}{R_L} \tag{8-19}$$

8.2.3 甲乙类单电源互补对称功率放大电路

1. 电路组成及工作原理

单电源互补对称功放电路如图 8-14 所示。它与图 8-11 的 OCL 电路的区别是在输出电路中串接了电容 C，从而省掉了一组负电源，只用一个电源 V_{CC}。由于这种电路的输出通过电容 C 与负载 R_L 耦合，而不用变压器，所以称这种电路为 OTL 电路。图中 T_1、T_2 的特性一致，即是互补对称的。对电源 V_{CC} 而言，T_1 与 T_2 是串联的，因此，串接点 A 的直流电位为 $\dfrac{V_{CC}}{2}$，电容 C 也被充电到 $\dfrac{V_{CC}}{2}$，由于 C 的容量足够大（通常选时间常数 $R_L C$ 远大于工

作信号的周期），因此可认为在信号作用过程中，C 上充有的电压 $\dfrac{V_{CC}}{2}$ 近似不变，并用它作为 T_2 的直流供电电压。T_1 的直流供电电压为 V_{CC} 与电容两端电压 U_C 之差，也是 $\dfrac{V_{CC}}{2}$。这样用单电源 V_{CC} 和大电容 C 就起到双电源的作用，其性能分析、能量关系等与双电源 OCL 电路基本相同。但要注意，由于单电源 OTL 电路每管的等效电源电压为 $\dfrac{V_{CC}}{2}$，故应将双电源 OCL 电路的能量关系中 V_{CC} 改为 $\dfrac{V_{CC}}{2}$。

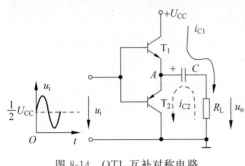

图 8-14　OTL 互补对称电路

2．实用的单电源互补对称放大电路

实用的单电源互补对称电路如图 8-15 所示，图中三极管 T_1 组成典型的甲类电压放大电路，用作推动级，它给输出级提供足够大的信号电压和信号电流。三极管 T_2 和 T_3 组成互补对称电压的输出级。静态时，调节电位器 RP_1 的大小可使 I_{C1}、U_{B2}、U_{B3} 适当变化，从而使 K 点的电位达到 $U_K = \dfrac{1}{2} V_{CC}$（因而 K 点称为中点）；此外，RP_1 还具有稳定 K 点电位的作用。例如，由于温度变化使 U_K 升高，通过 RP_1 和 R_1 分压，使 T_1 基极电位升高，I_{C1} 增加，T_2、T_3 基极电位下降，引起 U_K 下降。显然 RP_1 不但对 K 点直流电位具有稳定作用，对 K 点输出的交流电压也具有稳定作用。RP_1 实际上是引入了电压并联负反馈。调整电位器 RP_2 可使推动级 T_1 的静态电流 I_{C1} 在 RP_2、D_1、D_2 上产生的压降为 T_2、T_3 提供

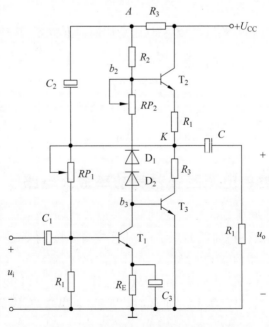

图 8-15　实用的单电源互补对称电路

适当的偏置,保证 T_2、T_3 的工作方式为甲乙类放大;同时 D_1、D_2 具有温度补偿作用,利用它们管压降的负温度系数去补偿 T_2、T_3 管 U_{BE} 的负温度系数,从而使 T_2、T_3 的静态电流不随温度而变化。

将 T_1 集电极负载分为 R_2、R_3,在其高点 A 上接大电容 C_2 至 K 点,组成了自举电路,由于 C_2 作用,使 A 点和 K 点的交流电位近似相等,保证 T_1 管输出幅度接近于 $\frac{1}{2}V_{CC}$。一般选择 $R_3=(10-50)R_c$;$R_3 \leqslant 0.2R_2$。

由于推动级和功率放大级采用直接耦合,两级之间互相联系和影响,不能分级调整,从而调整比较困难。一般先将 RP_2 调到最小位置,然后调整 RP_1 使 $U_k=\frac{1}{2}V_{CC}$,再调整 RP_2 使 T_2、T_3 工作在甲乙类状态,建立合适的 I_{c2} 和 I_{c3} 值,最后加入交流信号调节 RP_2 使输出波形刚好没有交越失真为止。由于两极间的工作点互相牵连,故调整静态电流 I_{c2} 和 I_{c3} 时将影响 K 点电位,调整 K 点电位时又影响静态电流,因此需要反复耐心地调整到满意为止。调试中千万不能将 RP_2 断开,否则 b_2 点电位升高,b_3 点电位变低,将使 T_2、T_3 电流变大而导致管子损坏。

8.3 多级放大电路

在许多应用场合,要求放大电路有较高的增益及合适的输入、输出电阻,而单级放大电路的增益不可能做得很大。因此,需要将多个基本放大电路级联起来,构成多级放大电路。同时,集成运算放大器也是由多级直接耦合放大电路构成的。

学习目标

(1) 熟悉多级放大电路的构成及分析方法。

(2) 熟悉通用型运放 741(F007) 的设计思想及主要特点。

8.3.1 多级放大电路简介

多级放大电路的框图如图 8-16 所示。它通常包括输入级、中间级、推动级和输出级几个部分。

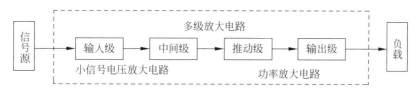

图 8-16 多级放大电路的框图

多级放大电路的第一级称为输入级,对输入级要求其输入电阻大,接收信号能力强,零漂小。中间级的用途是进行信号放大,提供足够大的放大倍数,常由几级放大电路组成。推动级的用途就是实现小信号到大信号的缓冲和转换。多级放大电路的最后一级是输出级,它与负载相接。因此对输出级的要求是输出电阻小,带负载能力强,功率足够大。

耦合方式是指信号源和放大器之间、放大器中各级之间、放大器与负载之间的连接方式。最常用的耦合方式有三种：阻容耦合、直接耦合和变压器耦合。阻容耦合应用于分立元件多级交流放大电路中。放大缓慢变化的信号或直流信号则采用直接耦合的方式。变压器耦合在放大电路中的应用逐渐减少。本书只讨论前两种耦合方式。

1. 阻容耦合放大电路

两级阻容耦合共射极放大电路如图 8-17 所示。两级间的连接通过电容 C_2 将前级的输出电压加在后级的输入电阻上（即前级的负载电阻），故名阻容耦合放大电路。

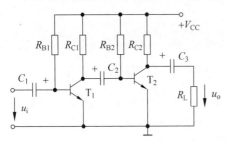

图 8-17 两级阻容耦合共射极放大电路

由于电容有隔直作用，因此两级放大电路的直流通路互不相通，即每一级的静态工作点各自独立。耦合电容的选择应使信号频率在中频段时容抗视为零，所以电容的容量比较大。多级放大电路的静态和动态分析与单级放大电路时一样。两级放大电路的微变等效电路如图 8-18 所示。

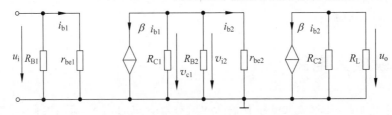

图 8-18 两级阻容耦合放大电路的微变等效电路

多级放大电路的电压放大倍数为各级电压放大倍数的乘积。计算各级电压放大倍数时必须考虑到后级的输入电阻对前级的负载效应，因为后级的输入电阻就是前级放大电路的负载电阻，若不计其负载效应，各级的放大倍数仅是空载的放大倍数，与实际耦合电路不符，这样得出的总电压放大倍数是错误的。

耦合电容的存在，使阻容耦合放大电路只能放大交流信号，一般只对低频信号的中频段有效，电压放大倍数近似为常数，与输入信号的频率无关，并且阻容耦合多级放大电路比单级放大电路的通频带窄。

【例 8-2】 图 8-19(a) 为一个两级阻容耦合放大电路，其中 $R_{B1}=300\text{k}\Omega$，$R_{E1}=3\text{k}\Omega$，$R_{B2}=40\text{k}\Omega$，$R_{C2}=2\text{k}\Omega$，$R_{B3}=20\text{k}\Omega$，$R_{E2}=3.3\text{k}\Omega$，$R_L=2\text{k}\Omega$，$V_{CC}=12\text{V}$。晶体管 T_1 和 T_2 的 $\beta=50$，$V_{BE}=0.7\text{V}$。各电容容量足够大。求：

(1) 各级的静态工作点；

(2) A_u、R_i 和 R_o。

解：(1) 分别画出各级的直流通路，如图 8-19(b) 所示，根据直流通路计算静态工作点。

第一级：

$$I_{B1}=\frac{V_{CC}-U_{BE}}{R_{B1}+(1+\beta)R_{E1}}=\frac{12-0.7}{300+51\times 3}=0.025\text{mA}$$

$$I_{C1Q}=\beta I_{B1Q}=1.25\text{mA}$$

$$I_{E1Q}=(1+\beta)I_{B1Q}=1.27\text{mA}$$

$$U_{CE1Q}=V_{CC}-I_{E1Q}\cdot R_{E1}=12-1.27\times 3=8.18\text{V}$$

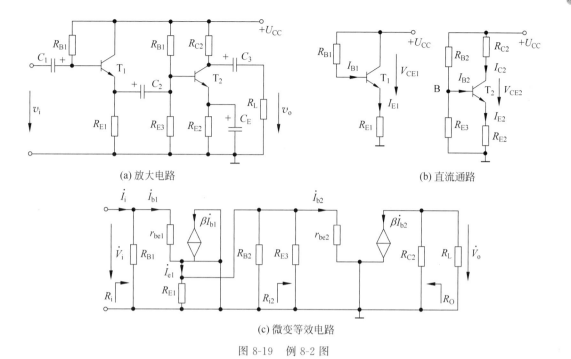

图 8-19 例 8-2 图

第二级：

$$U_{B2} = \frac{R_{E3} V_{CC}}{R_{B2} + R_{E3}} = \frac{20 \times 12}{40 + 20} = 4\text{V}$$

$$I_{E2Q} = \frac{U_{B2} - U_{BE}}{R_{E2}} = \frac{4 - 0.7}{3.3} = 1\text{mA}$$

$$I_{B2Q} = \frac{I_{E2Q}}{1+\beta} = \frac{1}{51} = 0.0196\text{mA}$$

$$I_{C2Q} = \beta I_{B2Q} = 50 \times 0.0196 = 0.98\text{mA}$$

$$U_{CE2Q} = V_{CC} - I_{CQ}(R_{C2} + R_{E2}) = 12 - 0.98 \times (2 + 3.3) = 6.8\text{V}$$

(2) 画出两级放大电路的微变等效电路，如图 8-19(c)所示。

$$r_{be1} = 300 + (1+\beta)\frac{26}{I_{E1Q}} = 300 + \frac{51 \times 26}{1.27} = 1.34\text{k}\Omega$$

$$r_{be2} = 300 + (1+\beta)\frac{26}{I_{E2Q}} = 300 + \frac{51 \times 26}{1} = 1.63\text{k}\Omega$$

$$A_{u1} = \frac{\dot{U}_{o1}}{\dot{U}_i} = \frac{(1+\beta)(R_{E1} /\!/ r_{i2})}{r_{be1} + (1+\beta)(R_{E1} /\!/ r_{i2})}$$

式中

$$R_{i2} = R_{B2} /\!/ R_{E3} /\!/ r_{be2} = 40 /\!/ 20 /\!/ 1.63 = 1.45\text{k}\Omega$$

所以

$$A_{u1} = \frac{51 \times (3 /\!/ 1.45)}{1.34 + 51 \times (3 /\!/ 1.45)} = 0.974$$

$$A_{u2} = \frac{-\beta(R_{C2} /\!/ R_L)}{r_{be2}} = \frac{-50 \times (2 /\!/ 2)}{1.63} = -30.7$$

$$A_u = A_{u1} \cdot A_{u2} = 0.974 \times (-30.7) = -29.9$$

$$R_i = \frac{U_i}{I_i} = R_{B1} /\!/ [r_{be1} + (1+\beta)(R_{E1} /\!/ r_{i2})]$$

$$= 300 /\!/ [1.34 + 51 \times (3 /\!/ 1.45)] = 43.8 \text{k}\Omega$$

$$R_o = R_{C2} = 2\text{k}\Omega$$

结论：多级放大电路总电压放大倍数为各单级电压放大倍数的乘积；输入电阻为第一级的输入电阻；输出电阻为最后一级的输出电阻。

2. 直接耦合放大电路

放大器各级之间、放大器与信号源或负载直接连起来，或者经电阻等能通过直流的元件连接起来，称为直接耦合方式。直接耦合方式不但能放大交流信号，而且能放大变化极其缓慢的超低频信号以及直流信号。现代集成放大电路都采用直接耦合方式，这种耦合方式得到越来越广泛的应用，如图 8-20 所示。

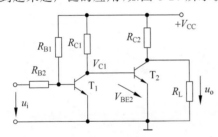

图 8-20 两级直接耦合放大电路

然而，直接耦合方式有其特殊的问题，其中主要是前、后级静态工作点的相互影响与零点漂移两个问题。

1）前、后级静态工作点的相互影响

从图 8-20 可见，在静态时输入信号 $u_i = 0$，由于 T_1 的集电极和 T_2 的基极直接相连使得两点电位相等，即 $V_{CE1} = V_{C1} = V_{B2} = V_{BE2} = 0.7\text{V}$，则晶体管 T_1 处于临界饱和状态；另外第一级的集电极电阻也是第二级的基极偏置电阻，因阻值偏小，必定 I_{B2} 过大使 T_2 处于饱和状态，电路无法正常工作。为了克服这个缺点，通常采用抬高 T_2 管发射极电位的方法。有两种常用的改进方案，如图 8-21 所示。

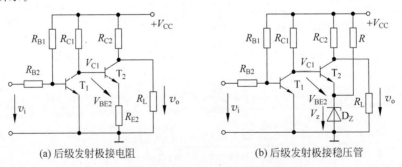

(a) 后级发射极接电阻　　　　　(b) 后级发射极接稳压管

图 8-21 提高后级发射极电位的直接耦合电路

图 8-21(a) 中利用 R_{E2} 的压降来提高 T_2 管发射极电位，提高 T_1 管的集电极电位，增大了 T_1 管的输出幅度，以及减小电流 I_{B2}。但 R_{E2} 的接入使第二级电路的电压放大倍数大幅降低，R_{E2} 越大，R_{E2} 上的信号压降越大，电压放大倍数降低得越多，因此要进一步改进电路。

图 8-21(b)中用稳压管 D_Z(也可以用二极管 D)的端电压 V_Z 来提高 T_2 管的发射极电位,起到 R_{E2} 的作用。但对信号而言,稳压管(或二极管)的动态电阻都比较小,信号电流在动态电阻上产生的压降也小,因此不会引起放大倍数的明显下降。

2) 零点漂移问题

在多级直接耦合放大器中,前级静态工作点的微小波动能像信号一样被后面逐级放大并且输出,因而,整个放大电路的零漂主要由第一级电路的零漂决定,所以,为了提高放大器放大微弱信号的能力,在提高放大倍数的同时,必须减小输入级的零点漂移。因温度变化对零漂影响最大,故常称零漂为温漂。

减小零点漂移的措施有很多,采用差分放大电路抑制零漂是最有效的措施,所以第一级采用差分放大电路是多级直接耦合放大电路的主要电路形式。

8.3.2 多级放大电路的应用实例——集成运算放大器

集成运算放大器品种繁多,内部电路结构也各不相同,但它们的基本组成部分、结构形式、组成原则基本一致。这里以 F007 的设计为例,介绍其内部结构和特点,从而熟悉复杂电子电路的读图方法,并对电子电路系统有一个基本的了解。

1. F007 的电路结构

电路结构如图 8-22 所示。

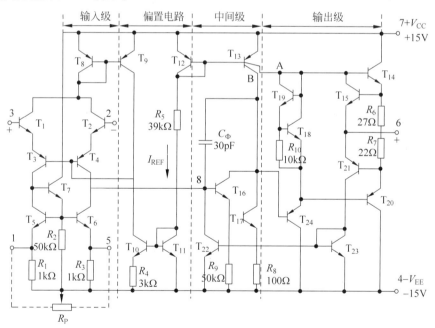

图 8-22 F007 的电路结构

2. 电子电路的读图方法

无论多复杂的电子电路,均有各种基本单元电路组合而成。在读图时,可按以下步骤进行。

(1) 综观全图,化整为零:由于电子电路是处理电信号的电路,因此,读图时应以信号传输途径为主线,把电路划分为若干基本单元电路。

(2) 分析单元电路的功能。

(3) 化零为整：根据信号流向，把单元电路组合起来，分析整个电路的功能。

(4) 分析电路中的改善环节，了解电路性能的优劣。

3. F007 的组成及特点

1) 偏置电路

偏置电路包含在各级电路中，采用多路偏置的形式，为各级电路提供稳定的恒流偏置和有源负载，其性能的优劣直接影响其他部分电路的性能。其中，T_{10}、T_{11} 组成的微电流源作为整个集成运放的主偏置。

2) 差动输入级

由 T_1、T_3 和 T_2、T_4 组成的共集-共基组合差分放大电路组成输入级，差分放大电路为双端输入-单端输出结构。其中，T_5、T_6、T_7 组成的改进型镜像电流源作为其有源负载，T_8、T_9 组成的镜像电流源为其提供恒流偏置。

由于上述的结构组成，输入级具有共模抑制比高、零漂小、输入电阻大等特点，是集成运放中最关键的一部分电路。

3) 中间增益级

中间增益级由 T_{17} 构成的共射极电路组成，其中，T_{13B} 和 T_{12} 组成的镜像电流源为其集电极有源负载。故本级可获得很高的电压增益。

4) 互补输出级

互补输出级由 T_{14}、T_{20} 构成的甲乙类互补对称放大电路组成。其中，T_{18}、T_{19}、R_{10} 组成的电路用于克服交越失真，T_{12} 和 T_{13A} 组成的镜像电流源为其提供直流偏置。输出级输出电压大，输出电阻小，带负载能力强。

5) 隔离级

在输入级与中间级之间插入由 T_{16} 构成的射随器，利用其高输入阻抗的特点，提高输入级的增益。

在中间级与输出级之间插入由 T_{24} 构成的有源负载（T_{12} 和 T_{13A}）射随器，用来减小输出级对中间级的负载影响，保证中间级的高增益。

6) 保护电路

T_{15}、R_6 保护 T_{14}，T_{21}、T_{23}、T_{22}、R_7 保护 T_{20}。正常情况下，保护电路不工作，当出现过载情况时，保护电路才工作。

7) 调零电路

调零电路由电位器 R_P 组成，保证零输入时产生零输出。

可见，F007 是一种较理想的电压放大器件，它具有高增益、高输入电阻、低输出电阻、高共模抑制比等优点。

4. 集成运放的符号和引脚

通用集成运放的符号和引脚如图 8-23 所示，共有 8 个引脚，各引脚的功能如下。

引脚 1、5 外接调零电位器，其中心触点与电源 $-V_{EE}$ 相连。如果输入为零、输出不为零时，可调节调零电位器使其输出为零。

引脚 2 为反相输入端。若从此端输入信号，则输出信号与输入信号的极性相反。

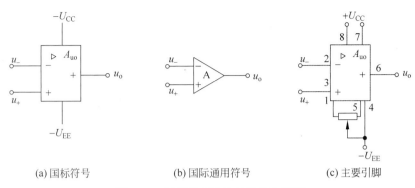

(a) 国标符号　　　　　(b) 国际通用符号　　　　(c) 主要引脚

图 8-23　通用集成运放的符号和引脚

引脚 3 为同相输入端。若从此端输入信号,则输出信号与输入信号的极性相同。这两个输入端对于运放的应用极为重要,连接时绝对不能接错。

引脚 4、7 分别接电源 $+V_{CC}$ 和 $-V_{EE}$。在双电源应用方式中,通常 V_{CC} 和 V_{EE} 的大小相等。在单电源应用时,引脚 4 接 $+V_{CC}$,引脚 7 接地。

引脚 6 为输出端,与负载相连。

引脚 8 为空脚,使用时可悬空处理。

为保证运放正常工作,正负电源、输入输出引脚必须正确连接,但在要求不高时,调零电位器有时可以不接。**注意**:在画电路原理图时,常只画出与输入输出信号有关的元件,电源和调零电位器等省略不画,以后画运放的电路原理图时均这样处理。

8.4　放大电路的频率特性

低频放大电路一般用来放大 20Hz~2MHz 的低频信号。理想的放大电路对不同频率的信号放大能力都是一样的。但由于放大电路中有外接电容、电感等电抗元件,而晶体管本身也存在分布电容,并且放大系数 β 值也随频率变化,且这些因素将导致放大电路对不同频率信号的放大能力产生差异,从而产生频率失真。

学习目标

(1) 熟悉影响放大器频率特性的主要因素。

(2) 熟悉集成运放的组成及结构特点。

(3) 熟悉多级放大电路的频率特性。

放大电路的频率特性用电压放大倍数对频率的函数关系来表达,即

$$A_u = A_u(f) \angle \varphi(f) \tag{8-20}$$

式中,$A_u(f)$ 表示放大倍数的幅值与频率的关系,称为幅频特性;$\varphi(f)$ 表示放大倍数的相位与频率的关系,称为相频特性。

8.4.1　影响频率特性的主要因素

以单级阻容耦合电路(如图 8-24 所示)为例,讨论影响放大器频率特性的主要因素。

为了分析方便,将电路工作频率范围分成中、高、低三个区域。

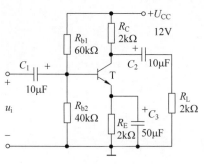

图 8-24　单级阻容耦合电路

1. 中频段

中频段时，耦合电容 C_1、C_2 和旁路电容 C_3 的容抗很小，对于交流信号可看作短路。例如，若 $f=1000\text{Hz}$，则有

$$X_{C1}=X_{C2}=1/(2\pi fC_2)=1/(2\times 3.14\times 1000\times 10\times 10^{-6})\Omega \approx 16\Omega$$

$$X_{C3}=1/(2\pi fC_3)=1/(2\times 3.14\times 1000\times 50\times 10^{-6})\Omega \approx 3.2\Omega$$

可见，在中频段电容的容抗很小，不影响交流信号的传递。晶体管的 β 值也基本不变。所以，放大倍数的大小和信号频率基本无关。前面所讨论过的等效电路及放大倍数的公式都是针对中频段而言的。

2. 高频段

在高频段中，C_1、C_2 及旁路电容 C_3 的容抗极小，可看作短路。但由于受晶体管的结电容及分布电容的影响，该区域电路放大能力下降，如图 8-25 所示。

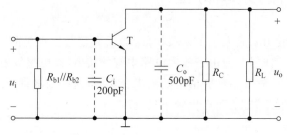

图 8-25　放大电路的高频电路

例如，若 $C_o=500\text{pF}$，则在中频区 $f=1000\text{Hz}$ 时，相应的容抗为

$$X_{Co}=1/(2\pi fC_o)=1/(2\times 3.14\times 1000\times 500\times 10^{-12})\Omega \approx 318\text{k}\Omega$$

即 $X_{Co}\gg(R_C\parallel R_L)$，因此，$C_o$ 在中频段可看成开路。

同理，C_i 也可看成开路。

但如果信号频率 $f=2000\text{kHz}$，则 C_o 的容抗为

$$X_{Co}=1/(2\pi fC_o)=1/(2\times 3.14\times 2\times 10^6\times 500\times 10^{-12})\Omega \approx 159\Omega$$

这时，输出信号将被 C_o 分流，输出电压下降，放大倍数也下降。

3. 低频段

如图 8-26 所示，在低频区，C_1、C_2 及旁路电容 C_3 的容抗随频率降低而增大，所以不能忽略它们产生的影响。

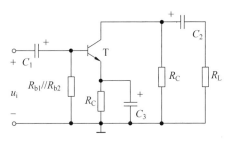

图 8-26 放大电路的低频电路

同样,在低频区,设 $f=20\mathrm{Hz}$,则可求出各电容的容抗:

$$X_{C1}=X_{C2}=1/(2\pi f C_2)=1/(2\times 3.14\times 20\times 10\times 10^{-6})\Omega \approx 796\Omega$$

它与 $r_{be}=1\mathrm{k}\Omega$、$R_L=2\mathrm{k}\Omega$ 相比不能忽略。它们的存在将分掉一部分输入电压和输出电压,使负载上得到的净输出电压减小,从而导致放大倍数下降。

8.4.2 单级 RC 共射极放大电路的频率特性

综合分析可知,单级 RC 共射极放大电路的频率特性如图 8-27 所示。

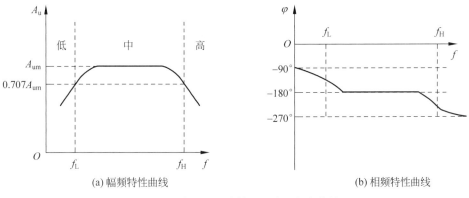

(a) 幅频特性曲线   (b) 相频特性曲线

图 8-27 单级 RC 共射极电路的频率特性

可见,在中频区,放大电路的放大倍数最大而且是均匀的,大小为 A_{um},输出与输入信号相位差为 $\varphi \doteq 180°$;在低频区和高频区,放大倍数将随频率减小或增大而下降,当放大倍数下降为 $\dfrac{A_{um}}{\sqrt{2}}=0.707A_{um}$ 时所对应的两个频率,分别称为下限频率 f_L 和上限频率 f_H,这两个频率之间的频率范围称为放大电路的通频带或带宽,用 BW 表示,一般地,$f_L \gg f_H$,故 $\mathrm{BW}=f_H-f_L\approx f_H$。BW 是表明放大电路频率特性的一个重要指标,单从此指标的角度来看,越大越好。实际应用中,还应考虑成本、会引入更多噪声等其他因素。

8.4.3 多级放大电路的频率特性

多级放大电路的放大倍数为

$$\dot{A}_u=A_u\angle\varphi=A_{u1}\angle\varphi_1\times A_{u2}\angle\varphi_2\times\cdots\times A_{un}\angle\varphi_n \tag{8-21}$$

式中,$A_u=A_{u1}\times A_{u2}\times\cdots\times A_{un}$;$\varphi=\varphi_1+\varphi_2+\cdots+\varphi_n$。

即总的电压放大倍数的幅值等于各级电压放大倍数的乘积,总的相位移等于各级相位移的代数和。

假设由两个完全相同的单级放大电路串联组成一个两级放大器,则其频率特性如图 8-28 所示。

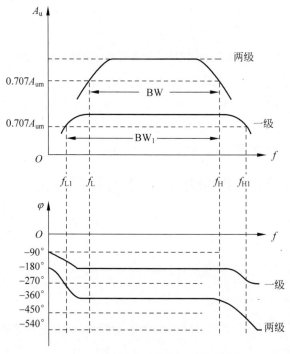

图 8-28　两级放大电路的频率特性

可见,随着级数增加,通频带比任何单级的频带都窄。级数越多,则 f_L 越高,f_H 越低,BW 越窄。即多级放大电路,电压放大倍数大幅提高,而通频带变窄。

思考练习

一、选择题

8.1　直接耦合放大电路存在零点漂移的原因是(　　)。

  A. 电阻阻值有误差　　　　　　　　B. 晶体管参数的分散性

  C. 晶体管参数受温度影响　　　　　D. 电源电压不稳定

8.2　集成运算放大电路采用直接耦合方式的原因是(　　)。

  A. 便于设计　　　　　　　　　　　B. 放大交流信号

  C. 不易制作大容量电容　　　　　　D. 放大直流信号

8.3　在直接耦合放大电路中,选用差分放大电路的原因是(　　)。

  A. 克服温漂　　　　　　　　　　　B. 提高输入电阻

  C. 稳定放大倍数　　　　　　　　　D. 减小输入电阻

8.4 为增大电压放大倍数,集成运放的中间级多采用（   ）。

    A. 共射极放大电路   B. 共集放大电路

    C. 共基放大电路   D. 共漏极放大电路

8.5 已知电路如图 8-29 所示,T_1 和 T_2 管的饱和管压降为 $|U_{CES}|=3V$,$V_{CC}=15V$,$R_L=8\Omega$,选择正确答案填入空内。

(1) 电路中 D_1 和 D_2 管的作用是消除（   ）。

    A. 饱和失真   B. 截止失真

    C. 交越失真   D. 非线性失真

(2) 静态时,晶体管发射极电位 U_{EQ}（   ）。

    A. 大于 0V   B. 等于 0V

    C. 小于 0V   D. 等于 1.4V

(3) 最大输出功率 P_{OM}（   ）。

    A. 约等于 28W   B. 等于 18W

    C. 等于 9W   D. 等于 6W

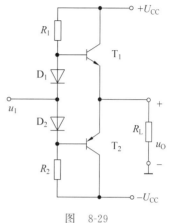

图 8-29

二、分析计算题

8.6 通用型集成运放一般由哪几部分电路组成？每一部分常采用哪种基本电路？通常对每一部分性能的要求分别是什么？

8.7 差分放大电路如图 8-1 所示。已知 $V_{CC}=V_{EE}=12V$,$\beta=50$,$R_C=30k\Omega$,$R_E=27k\Omega$,$R=10k\Omega$,$R_L=20k\Omega$。试估算放大电路的静态工作点、差模电压放大倍数、差模输入电阻和输出电阻。

8.8 差分放大电路如图 8-30 所示,已知 $\beta=60$,$U_{BE(on)}=0.7V$。(1)求 I_{CQ1}、I_{CQ2}、U_{CEO1}、U_{C2}、U_{CEQ2}；(2)求 R_{id}、R_{od}、A_{ud2}、A_{uc2}、K_{CMR}；(3)当 $u_{i1}=100mV$,$u_{i2}=50mV$ 时,求 u_o 的值。

8.9 双电源互补对称电路如图 8-31 所示,已知电源电压 12V,负载电阻 10Ω,输入信号为正弦波。求：(1)在晶体管 U_{CES} 忽略不计的情况下,负载上可以得到的最大输出功率；(2)每个功放管上允许的管耗；(3)功放管的耐压。

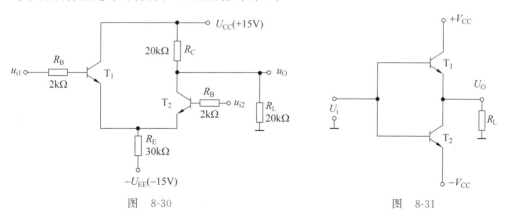

图 8-30   图 8-31

8.10 如图 8-32 所示,已知:$\beta=\beta_1=\beta_2=100$,$U_{BE1}=U_{BE2}=0.7\text{V}$,求:(1)各级的静态工作点;(2)放大倍数 A_u;(3)输入电阻 R_i 和输出电阻 R_o。

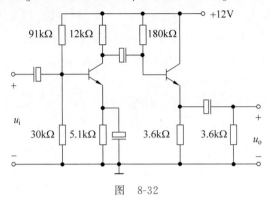

图 8-32

8.11 两级放大电路如图 8-33 所示,已知 $V_{CC}=+10\text{V}$,$R_{b1}=20\text{k}\Omega$,$R_{b2}=60\text{k}\Omega$,$R_{e1}=2\text{k}\Omega$,$R_{e2}=510\Omega$,$R_{C1}=2\text{k}\Omega$,$R_{C2}=2\text{k}\Omega$,$R_L=5\text{k}\Omega$,$\beta_1=\beta_2=50$,$U_{BE1}=U_{BE2}=0.7\text{V}$,所有电容都足够大。

(1) 计算电路的静态工作点 I_{CQ1}、U_{CEQ1}、I_{CQ2} 和 U_{CEQ2}(忽略 I_{BQ2} 的影响)。

(2) 计算电路的电压放大倍数 A_u。

(3) 计算电路的输入电阻 R_i 和输出电阻 R_o。

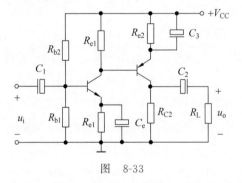

图 8-33

8.12 画出阻容耦合放大电路的频率特性;说明上限频率、下限频率和通频带的含义。

第9章 数字逻辑基础

在数字电子技术的世界中，逻辑运算和逻辑门电路是构建各种数字系统和设备的基石。它们提供了一种方式，将数字信号转化为有意义的指令和信息，从而实现各种复杂的功能。逻辑函数是描述输入与输出之间逻辑关系的数学工具，它们基于布尔代数和逻辑运算，为数字电路的设计提供了理论基础。而逻辑门电路则是实现这些逻辑功能的物理实体，它们通过特定的电路设计，将输入信号转化为输出信号，完成特定的逻辑运算。

本章将深入探索数字逻辑的核心原理，初探如何从基础的逻辑函数出发，利用逻辑门电路实现各种复杂的数字逻辑功能。通过本章的学习，将对逻辑函数和逻辑门电路有一个全面而深入的了解，为后续的数字电路设计和系统分析打下坚实的基础。

9.1 逻辑函数基础

视频讲解

逻辑函数又称为布尔代数、开关代数，是分析和设计逻辑电路的基础数学工具。它用于描述数字电路输入和输出之间逻辑关系的函数。在数字电路中，逻辑函数通常由逻辑门(如与门、或门、非门等)组成，其输入和输出通常由高电平(逻辑 1)或低电平(逻辑 0)表示。在逻辑函数中，逻辑 0 和逻辑 1 不代表数值大小，而是表示相互矛盾、相互对立的两种逻辑状态。例如，在计算机中，逻辑 0 表示假(False)，逻辑 1 表示真(True)。

学习目标

(1) 掌握逻辑的基本概念，理解基本的逻辑运算。

(2) 了解逻辑函数的基本定义，学习如何根据逻辑运算符和逻辑变量构建逻辑函数。

9.1.1 基本逻辑运算

在数字电路中，最基本的逻辑关系有三种：与(AND)逻辑、或(OR)逻辑和非(NOT)逻辑。

1. 与(AND)逻辑

与逻辑的定义：仅当决定事件(Y)发生的全部条件(A、B、C、$\cdots$)均满足时，事件(Y)才能发生。当所有输入信号均为逻辑 1 时，输出为逻辑 1；否则，输出为逻辑 0。

与逻辑表达式可以写成

$$Y = ABC\cdots$$

开关 A、B 串联控制灯泡 Y，如图 9-1 所示。只有当 2 个开关都闭合时，灯泡才亮；只要有 1 个开关断开，灯泡就不亮。这就是说，"当一件事情（灯亮）的几个条件（两个开关都闭合）全部具备之后，这件事情（灯亮）才能发生，否则不发生"。这样的因果关系称为与逻辑关系。

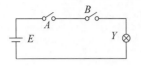

图 9-1　开关 A、B 串联控制灯 Y

将开关接通记作 1，断开记作 0；灯亮记作 1，灯灭记作 0。开关 A 和 B 的全部状态组合与灯 Y 状态间的逻辑关系如表 9-1 描述（这种图表称作逻辑真值表，简称真值表）。

表 9-1　与逻辑真值表

A	B	Y
0	0	0
0	1	0
1	0	0
1	1	1

该与逻辑表达式为 $Y=AB$。

实现与逻辑的电路称为与门。与门逻辑图形符号如图 9-2 所示。

2．或（OR）逻辑

或逻辑的定义：当决定事件（Y）发生的各种条件（A、B、C、…）中，只要有一个或多个条件具备，事件（Y）就发生。当任何一个输入信号为逻辑 1 时，输出为逻辑 1；否则，输出为逻辑 0。

或逻辑表达式可以写成 $Y=A+B+C+\cdots$。

开关 A、B 并联控制灯泡 Y，如图 9-3 所示，2 个开关只要有 1 个接通，灯就会亮。由图可知，在决定一件事情的各种条件中，只要具备一个条件，这件事情就会发生，这种因果关系称为或逻辑关系。

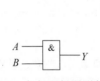

图 9-2　与门逻辑图形符号

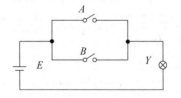

图 9-3　开关 A、B 串联控制灯 Y

将开关接通记作 1，断开记作 0；灯亮记作 1，灯灭记作 0。开关 A 和 B 的全部状态组合与灯 Y 状态间的逻辑关系如表 9-2 描述。

表 9-2　或逻辑真值表

A	B	Y
0	0	0
0	1	1
1	0	1
1	1	1

该或逻辑表达式为 $Y=A+B$。

实现或逻辑的电路称为或门。或门逻辑图形符号如图9-4所示。

3．非(NOT)逻辑

非逻辑的定义：当决定事件(Y)发生的条件(A)满足时，事件不发生；条件不满足，事件反而发生。将输入信号反转，即当输入信号为逻辑1时，输出为逻辑0；当输入信号为逻辑0时，输出为逻辑1。

非逻辑表达式可以写成 $Y=\overline{A}$。

由开关 A 控制灯泡 Y 的电路如图9-5所示，开关 A 断开，灯会亮，反之开关 A 接通，灯会灭。因此，开关 A 与灯 Y 之间的这种因果关系称为非逻辑关系。

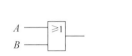

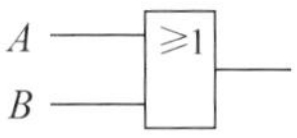

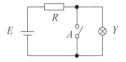

图9-4　或门逻辑图形符号　　　　　图9-5　开关 A 控制灯 Y

将开关接通记作1，断开记作0；灯亮记作1，灯灭记作0。则开关 A 全部状态组合与灯 Y 状态间的逻辑关系如表9-3描述。

该非逻辑表达式为 $Y=\overline{A}$。

实现非逻辑的电路称为非门。非门逻辑图形符号如图9-6所示。

表9-3　非逻辑真值表

A	Y
0	1
1	0

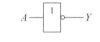

图9-6　非门逻辑图形符号

9.1.2　复合逻辑运算

复合逻辑运算是由基本逻辑运算组合而成的。常见的复合逻辑运算有与非(NAND)运算、或非(NOR)运算、与或非(NAND/NOR)运算。此外，还有同或(XNOR)运算、异或(XOR)运算等复合逻辑运算。这些复合逻辑运算可以用于实现更为复杂的逻辑功能和电路设计。下面进行简单介绍。

1．与非(NAND)运算

与非运算由与(AND)和非(NOT)两种逻辑运算复合而成。与非运算是先进行与运算，再进行非运算，因此称为与非运算。

与非运算逻辑表达式为 $Y=\overline{AB}$。与非真值表如表9-4所示，逻辑图形符号如图9-7所示。

表9-4　与非真值表

A	B	Y
0	0	1
0	1	1
1	0	1
1	1	0

图9-7　与非门逻辑图形符号

2. 或非(NOR)运算

或非运算由或(OR)和非(NOT)两种逻辑运算复合而成。或非运算是先进行或运算,再进行非运算,因此称为或非运算。

或非运算逻辑表达式为 $Y=\overline{A+B}$。或非真值表如表 9-5 所示,逻辑图形符号如图 9-8 所示。

表 9-5 或非真值表

A	B	Y
0	0	1
0	1	0
1	0	0
1	1	0

图 9-8 或非门逻辑图形符号

3. 与或非(NAND/NOR)运算

与或非运算由与(AND)、或(OR)和非(NOT)三种逻辑运算复合而成。与或非运算是先进行与运算,再进行或运算,最后进行非运算。因此称为与或非运算。

与或非运算逻辑表达式为 $Y=\overline{AB+CD}$。与或非真值表如表 9-6 所示,逻辑图形符号如图 9-9 所示。

表 9-6 与或非真值表

A	B	C	D	Y
0	0	0	0	1
0	0	0	1	1
0	0	1	0	1
0	0	1	1	0
0	1	0	0	1
0	1	0	1	1
0	1	1	0	1
0	1	1	1	0
1	0	0	0	1
1	0	0	1	1
1	0	1	0	1
1	0	1	1	0
1	1	0	0	0
1	1	0	1	0
1	1	1	0	0
1	1	1	1	0

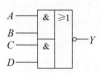

图 9-9 与或非门逻辑图形符号

4. 同或(XNOR)运算

当两个输入值不同时,同或结果为假(0);当两个输入值相同时,同或结果为真(1)。这种运算可以在逻辑电路中实现,通常用同或门来实现。

同或运算逻辑表达式为 $Y=A\odot B$。同或真值表如表 9-7 所示,逻辑图形符号如图 9-10 所示。

表 9-7 同或真值表

A	B	Y
0	0	1
0	1	0
1	0	0
1	1	1

图 9-10 同或门逻辑图形符号

5. 异或(XOR)运算

当两个输入值不同时,异或结果为真(1);当两个输入值相同时,异或结果为假(0)。这种运算可以在逻辑电路中实现,通常用异或门来实现。异或运算逻辑表达式为 $Y=A\oplus B$。异或真值表如表 9-8 所示,逻辑图形符号如图 9-11 所示。

表 9-8 异或真值表

A	B	Y
0	0	0
0	1	1
1	0	1
1	1	0

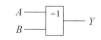

图 9-11 异或门逻辑图形符号

异或运算和同或运算的关系互为反运算。其逻辑表达式可表示为 $A\oplus B=\overline{A\odot B}$ 或 $A\odot B=\overline{A\oplus B}$。

9.2 逻辑函数及其表示方法

视频讲解

逻辑函数是描述数字逻辑系统中输入与输出之间关系的数学表达式。在数字电路、计算机科学和工程领域,逻辑函数不仅用于描述数字电路的行为,还用于设计和优化电路,是设计和分析各种逻辑门电路、时序电路以及数字系统的关键。此外,逻辑函数还是理解和分析时序电路和数字系统的基础。

学习目标

(1) 掌握逻辑函数的定义、性质和作用,了解其在数字逻辑电路中的应用。
(2) 掌握逻辑函数的表示方法。
(3) 熟悉并理解真值表、逻辑函数表达式、卡诺图等表示方法,能够运用这些方法准确地表示逻辑函数。

9.2.1 逻辑函数的基本表示方法

逻辑函数的主要表示方法包括真值表、逻辑函数表达式、逻辑图、卡诺图、逻辑波形图等。这些方法各有特点,相互间可以相互转换,适用于不同的情况和需求。通过使用这些表示方法,可以清晰地表达逻辑函数的关系和实现方式,有助于进行逻辑分析和设计。

1. 真值表

真值表是一种表示逻辑函数输入和输出之间关系的表格,是由变量的所有可能取值组合及其对应的函数值所构成的表格。

在真值表中,输入变量和输出变量用二进制数表示,通常将输入变量放在表格的左边,输出变量放在表格的右边。真值表中的每个单元格表示输入变量的一种取值组合,对应的输出值表示该组合下逻辑函数的输出结果。真值表是一种直观地表示逻辑函数的方法,可以清楚地看出输入和输出之间的关系。但是,当输入变量较多时,真值表的规模会很大,不易于阅读和理解。

以下给出两个逻辑函数用真值表表示的例子。

【例 9-1】 假设有一个逻辑函数,它的输入变量是 A 和 B,输出变量是 Y。其逻辑函数的运算规则是:当 A 和 B 不同时,输出 Y 为 1;当 A 和 B 均相同时,输出 Y 为 0。这个逻辑函数的逻辑关系是异或(XOR)运算。这个逻辑关系可用如表 9-9 所示的真值表进行表示。

【例 9-2】 当 $A=B=1$ 或 $B=C=1$ 时,函数 $Y=1$;否则 $Y=0$。这个逻辑关系可用如表 9-10 所示的真值表进行表示。

表 9-9 例 9-1 真值表

A	B	Y
0	0	1
0	1	0
1	0	0
1	1	1

表 9-10 例 9-2 真值表

A	B	C	Y
0	0	0	0
0	0	1	0
0	1	0	0
0	1	1	1
1	0	0	0
1	0	1	0
1	1	0	1
1	1	1	1

2. 逻辑函数表达式

逻辑函数表达式是用数学符号表示逻辑函数关系的公式。常见的逻辑函数表达式包括与式、或式、非式、与或式、与非式、或非式等。通过逻辑函数表达式,可以方便地进行逻辑函数的计算和化简。

以下是一个逻辑函数表达式的例子。

【例 9-3】 $F=\bar{A}BC+A\bar{B}\bar{C}+\bar{A}B\bar{C}+ABC$ 这个表达式是一个四变量函数,其中 A、B、C 和 F 是逻辑变量,每个变量的取值为 0 或 1。在这个表达式中,使用了逻辑运算符"—"(非)、"·"(与)和"+"(或)。这个函数可以解释为:当输入变量 A、B 和 C 满足不同的组合时,输出 F 为 1 或为 0。具体的组合如下:当 A 和 B 为 0 且 C 为 1 时,F 输出为 1;当 A 为 1 且 B 和 C 均为 0 时,F 输出为 1;当 B 为 1,且 A 和 C 均为 0 时,F 输出为 1;当 A、B 和 C 都为 1 时,F 输出为 1。

这个逻辑函数表达式可以用于描述各种实际问题的逻辑关系,比如开关控制、信号处理等。

3. 逻辑图

逻辑图是一种用于表示数字电路中逻辑关系的图形。由于图中的逻辑符号通常都和电路器件相对应,所以逻辑图又称为逻辑电路图。逻辑电路图用于描述数字系统的逻辑功能和电路设计。逻辑电路图通常采用符号和图形来表示各种逻辑门、触发器和译码器等逻辑元件之间的连接关系和逻辑关系,可以直观地表示数字电路的复杂逻辑功能。在逻辑电路图中,每个逻辑门和触发器都有其特定的符号和连接方式,通过这些符号和连接关系,可以清晰地表达出数字电路的逻辑功能和电路设计。以下是一个用逻辑图表示的例子。

【例 9-4】 逻辑函数 $Y=AB+BC$,用逻辑图表示该逻辑函数。

解:逻辑函数中,逻辑输入变量分别为 A、B 和 C,输出变量为 Y。运用逻辑符号,根据逻辑关系及逻辑运算优先级,得到逻辑图如图 9-12 所示。

4. 卡诺图

卡诺图(Karnaugh map)是真值表的一种特定的图示形式,是根据真值表按一定规则画出的一种方格图,它用小方格来表示真值表中每一行变量的取值情况和对应的函数值。卡诺图能反映所有变量取值下函数的对应值,因而应用很广。

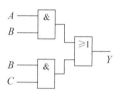

图 9-12 例 9-4 逻辑图

卡诺图的填写方法一般是在那些使函数值为 1 的变量取值组合所对应的小方格内填入 1,其余的方格内填入 0,便得到该函数的卡诺图。

卡诺图的填写方法和化简方法详见 9.3 节,此处仅先介绍一个用卡诺图表示的例子:

【例 9-5】 将例 9-4 中的逻辑函数 $Y=AB+BC$ 用卡诺图表示。

解:逻辑函数中,逻辑输入变量为 3 个,输出变量为 1 个,根据逻辑关系,得到卡诺图如图 9-13 所示。

5. 逻辑波形图

逻辑波形图是一种用于表示数字逻辑电路输入输出关系的图形。在逻辑波形图中,通常会以不同高低电平来表示逻辑 0 和逻辑 1 的状态。逻辑波形图举例如图 9-14 所示。

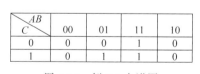

图 9-13 例 9-5 卡诺图

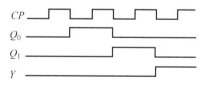

图 9-14 逻辑波形图举例

9.2.2 逻辑函数的基本公式与定律

逻辑函数的基本公式和定律是指在逻辑函数运算中需要遵循的规则和公式。这些基本公式和定律是逻辑函数运算的基础,可以帮助大家正确地理解和应用逻辑函数。有些逻辑函数的基本公式是一些直观可以直接使用的恒等式,利用这些基本公式可以化简逻辑函数,还可以用来证明一些基本定律。

1. 逻辑函数的基本公式

逻辑常量只有 0 和 1 两种取值，代表两种状态（0 代表低电平、1 代表高电平），设 A 为逻辑变量。对于常量与常量、常量与变量、变量与变量之间逻辑函数的基本公式如表 9-11 所示。

表 9-11 逻辑函数的基本公式

逻辑常量/逻辑变量	与运算	或运算	非运算
逻辑常量	$0 \cdot 0 = 0$	$0 + 0 = 0$	$\overline{0} = 1$
	$0 \cdot 1 = 0$	$0 + 1 = 1$	
	$1 \cdot 0 = 0$	$1 + 0 = 1$	$\overline{1} = 0$
	$1 \cdot 1 = 1$	$1 + 1 = 1$	
逻辑变量	$A \cdot 0 = 0$	$A + 0 = A$	
	$A \cdot 1 = A$	$A + 1 = 1$	$\overline{A} = A$
	$A \cdot A = A$	$A + A = A$	$\overline{\overline{A}} = A$
	$A \cdot \overline{A} = 0$	$A + \overline{A} = 1$	

2. 逻辑函数的基本定律

逻辑函数的基本定律是分析、设计逻辑电路，化简和变换逻辑函数式的重要工具。这些定律有其独特的特性，但也有一些和普通代数相似，因此要严格区分，不能混淆。逻辑函数的基本定律如表 9-12 所示。

表 9-12 逻辑函数的基本定律

交换律	$A + B = B + A$
	$A \cdot B = B \cdot A$
结合律	$A + B + C = (A + B) + C = A + (B + C)$
	$A \cdot B \cdot C = (A \cdot B) \cdot C = A \cdot (B \cdot C)$
分配律	$A \cdot (B + C) = A \cdot B + A \cdot C$
	$A + B \cdot C = (A + B) \cdot (A + C)$
吸收律	$A \cdot B + A \cdot \overline{B} = A$
	$A + A \cdot B = A$
	$A + \overline{A} \cdot B = A + B$
	$A \cdot B + \overline{A}C + BC = A \cdot B + \overline{A}C$
反演律（摩根定律）	$\overline{A \cdot B} = \overline{A} + \overline{B}$
	$\overline{A + B} = \overline{A} \cdot \overline{B}$

逻辑函数的基本定律的证明可以通过使用真值表或者定理来完成。

如对于摩根定律的验证，可以用真值表法，在列出变量所有取值的情况下，计算等号两边的逻辑值，相等则等式成立。下面进行举例说明。

【例 9-6】 验证摩根定律 $\overline{A \cdot B} = \overline{A} + \overline{B}$ 和 $\overline{A + B} = \overline{A} \cdot \overline{B}$。

证明：列出表达式等号两边的真值表，如表 9-13 所示。

表 9-13 证明摩根定律的真值表

A	B	$\overline{A \cdot B}$	$\overline{A}+\overline{B}$	$\overline{A+B}$	$\overline{A} \cdot \overline{B}$
0	0	1	1	1	1
0	1	1	1	0	0
1	0	1	1	0	0
1	1	0	0	0	0

由真值表可得，在 A、B 所有取值情况下，两个等式的等号两边的值均相等，则摩根定律成立。

对于分配律 $A+BC=(A+B)(A+C)$，可以用定理证明。下面进行举例说明。

【例 9-7】 验证分配律 $A+BC=(A+B)(A+C)$。

证明：

右式：
$$(A+B)(A+C) = AA + AB + AC + BC$$
$$= A + AB + AC + BC$$
$$= A(1+B+C) + BC$$
$$= A + BC$$

故左式＝右式，则分配律成立。

9.3 逻辑函数化简

进行逻辑电路设计时，根据逻辑问题归纳出来的逻辑函数式往往不是最简逻辑函数式，并且具有各种不同的形式，因此，实现这些逻辑函数就会有不同的逻辑电路。对逻辑函数进行化简和变换，可以简化电路分析和设计过程，以减少逻辑门的使用数量，降低电路的规模、成本和功耗，有助于优化电路性能，提高电路的可靠性等。

逻辑函数化简的方法包括公式法和卡诺图法。公式法通过利用逻辑函数的基本公式进行化简，包括并项法、吸收法、消因子法、消项法和配项法等。卡诺图法通过将逻辑函数转化为卡诺图形式，利用逻辑相邻性的最小项进行合并，以消去多余的与项和因子，得到最简与或表达式。需要注意的是，不同的化简方法适用于不同的逻辑函数表达式，选择合适的化简方法可以提高电路的性能和可靠性。因此，在实际应用中，需要根据具体情况选择合适的化简方法。

学习目标

（1）熟悉并掌握逻辑函数的基本定律和规则。

（2）掌握逻辑函数的真值表、逻辑表达式和卡诺图表示方法。

（3）能够运用公式法和卡诺图法对逻辑函数进行化简。

9.3.1 逻辑函数的公式化简法

不同形式的逻辑函数式有不同的最简形式，而这些逻辑表达式的繁简程度又相差很大，但大多都可以根据最简与或式变换得到，因此，这里以最简与或式的标准和化简方法为例进行介绍。

视频讲解

化简完成后的最简与或式的标准有两条：一个是逻辑函数式中的乘积项（与项）的个数最少；另一个是每个乘积项中的变量数量最少。

下面介绍几种基本的公式法化简方法。

1. 并项法

运用基本公式 $A+\bar{A}=1$，将两项合并为一项，同时消去一个变量。如：

$$Y_1 = A\bar{B}C + A\bar{B}\bar{C} = A\bar{B}(C+\bar{C}) = A\bar{B}$$

$$Y_2 = A(BC+\bar{B}\bar{C}) + A\overline{(B\bar{C}+\bar{B}C)} + A(B\bar{C}+\bar{B}C)$$
$$= A(BC+\bar{B}\bar{C}) + A[\overline{(B\bar{C}+\bar{B}C)} + (B\bar{C}+\bar{B}C)]$$
$$= A(BC+\bar{B}\bar{C}) + A$$
$$= A[(BC+\bar{B}\bar{C})+1]$$
$$= A$$

$$Y_3 = A(B+C) + A \cdot \overline{(B+C)} = A[(B+C)+\overline{(B+C)}] = A$$

2. 吸收法

运用吸收律 $A+AB=A$ 和 $AB+\bar{A}C+BC=AB+\bar{A}C$，消去多余的与项。如：

$$Y_1 = AB + AB(E+F) = AB$$

$$Y_2 = ABC + \bar{A}D + \bar{C}D + BD$$
$$= ABC + (\bar{A}+\bar{C})D + BD$$
$$= ABC + \overline{AC}D + BD$$
$$= ABC + \overline{AC}D$$
$$= ABC + \bar{A}D + \bar{C}D$$

$$Y_3 = \bar{A}B + \bar{A}BCD(E+F) = \bar{A}B[1+CD(E+F)] = \bar{A}B$$

3. 消去法

运用吸收律 $A+\bar{A}B=A+B$，消去多余因子。如：

$$Y_1 = AB + \bar{A}C + \bar{B}C = AB + (\bar{A}+\bar{B})C$$
$$= AB + \overline{AB}C$$
$$= AB + C$$

$$Y_2 = A\bar{B} + \bar{A}B + ABCD + \overline{AB}CD = A\bar{B} + \bar{A}B + (AB+\overline{AB})CD$$
$$= A\bar{B} + \bar{A}B + \overline{A\bar{B}+\bar{A}B} \cdot CD$$
$$= A\bar{B} + \bar{A}B + CD$$

$$Y_3 = AB + \bar{A}C + \bar{B}C = AB + (\bar{A}+\bar{B})C = AB + \overline{AB}C = AB + C$$

4. 配项法

在不能直接运用公式、定律化简时，可通过与等于 1 的项相乘或与等于 0 的项相或，进行配项后再化简。如：

$$Y_1 = AB + \bar{B}\bar{C} + A\bar{C}D$$
$$= AB + \bar{B}\bar{C} + A\bar{C}D(B + \bar{B})$$
$$= AB + \bar{B}\bar{C} + AB\bar{C}D + A\bar{B}\bar{C}D$$
$$= AB(1 + \bar{C}D) + \bar{B}\bar{C}(1 + AD)$$
$$= AB + \bar{B}\bar{C}$$
$$Y_2 = AB + \bar{A}C + BC$$
$$= AB + \bar{A}C + BC(A + \bar{A})$$
$$= AB + \bar{A}C + ABC + \bar{A}BC$$
$$= AB + \bar{A}C$$

同样，可以利用公式 $A + A = A$，为某项配上其所能合并的项。如：
$$Y_3 = ABC + AB\bar{C} + A\bar{B}C + \bar{A}BC$$
$$= (ABC + AB\bar{C}) + (ABC + A\bar{B}C) + (ABC + \bar{A}BC)$$
$$= AB + AC + BC$$

5. 消去冗余项法

利用冗余律 $AB + \bar{A}C + BC = AB + \bar{A}C$，将冗余项 BC 消去。如：
$$Y_1 = A\bar{B} + AC + ADE + \bar{C}D$$
$$= A\bar{B} + (AC + \bar{C}D + ADE)$$
$$= A\bar{B} + AC + \bar{C}D$$
$$Y_2 = AB + \bar{B}C + AC(DE + FG)$$
$$= AB + \bar{B}C$$

【例 9-8】 化简逻辑式 $Y = AD + A\bar{D} + AB + \bar{A}C + \bar{C}D + A\bar{B}EF$。

解：运用 $D + \bar{D} = 1$，将 $AD + A\bar{D}$ 合并，得
$$Y = A + AB + \bar{A}C + \bar{C}D + A\bar{B}EF$$
运用 $A + AB = A$，消去含有 A 因子的乘积项，得
$$Y = A + \bar{A}C + \bar{C}D$$
运用 $A + \bar{A}C = A + C$，消去 $\bar{A}C$ 中的 $\bar{A}$，再消去 $\bar{C}D$ 中的 $\bar{C}$，得
$$Y = A + C + D$$

【例 9-9】 化简逻辑式 $Y = ABC + \bar{A}BC + \bar{A}B\bar{C} + \overline{ABC} \cdot \overline{AB}$。

解：$Y = (ABC + \bar{A}BC) + (\bar{A}BC + \bar{A}B\bar{C}) + (ABC + \overline{ABC} \cdot \overline{AB})$
$$= BC(A + \bar{A}) + \bar{A}B(C + \bar{C}) + ABC + \overline{AB}$$
$$= BC + \bar{A}B + ABC + \overline{AB}$$
$$= BC(1 + A) + \bar{A}B + \overline{AB}$$
$$= BC + \bar{A}B + \bar{A} + \bar{B}$$
$$= (\bar{A}B + \bar{A}) + (BC + \bar{B})$$
$$= \bar{A} + \bar{B} + C$$

【例 9-10】 化简逻辑式 $Y = \overline{\overline{A}BC + ABD + BE} + \overline{(DE + A\overline{D}) \cdot \overline{B}}$。

解：
$$\begin{aligned}
Y &= \overline{\overline{A}BC + ABD + BE} + \overline{(DE + A\overline{D}) \cdot \overline{B}} \\
&= \overline{B \cdot (\overline{A}C + AD + E)} + \overline{(DE + A\overline{D}) \cdot \overline{B}} \\
&= \overline{B} + \overline{\overline{A}C + AD + E} + \overline{DE + A\overline{D}} + B \\
&= 1 + \overline{\overline{A}C + AD + E} + \overline{DE + A\overline{D}} \\
&= 1
\end{aligned}$$

公式法化简逻辑函数的优点是简单方便，对逻辑函数式中的变量个数没有限制，它适用于变量较多、较复杂的逻辑函数的化简。它的缺点是需要熟练掌握和灵活运用逻辑函数的基本定律和基本公式，而且还需要有一定的化简技巧。另外，公式法化简也不易判断所得到的逻辑函数是不是最简式。只有通过多做练习，积累经验，才能做到熟能生巧，较好地掌握公式法化简方法。

9.3.2 逻辑函数的卡诺图化简法

视频讲解

利用公式法化简逻辑函数，不仅要求掌握逻辑函数的基本公式、基本规则及常用公式等，而且要有一定的技巧，尤其是用公式法化简的结果是否最简，往往很难确定。图形化简法又称卡诺图化简法，是一种既直观又简便的化简方法，可以较方便地得到最简的逻辑函数表达式。

1. 逻辑函数的最小项

1）最小项的定义

对于任意一个逻辑函数，设有 n 个输入变量，它们所组成的具有 n 个变量的乘积项中，每个变量以原变量或者以反变量的形式出现一次，且仅出现一次，那么该乘积项称为该函数的一个最小项。

具有 n 个输入变量的逻辑函数，有 2^n 个最小项。若 $n=2, 2^n=4$，则二变量的逻辑函数就有 4 个最小项；若 $n=3, 2^n=8$，则三变量的逻辑函数就有 8 个最小项，以此类推。

例如，在三变量的逻辑函数中，有 8 种基本输入组合，每组输入组合对应着一个基本乘积项，也就是最小项，即 $\overline{A}\overline{B}\overline{C}$、$\overline{A}\overline{B}C$、$\overline{A}B\overline{C}$、$\overline{A}BC$、$A\overline{B}\overline{C}$、$A\overline{B}C$、$AB\overline{C}$、$ABC$ 都符合最小项的定义。

2）最小项的性质

表 9-14 列出的是三变量逻辑函数的所有最小项的真值表。由表可以看出，最小项具有下列性质：

（1）对于任意一个最小项，只有对应一组变量取值，才能使其值为 1，而在变量的其他取值时，这个最小项的值都是 0。

例如，对于 $AB\overline{C}$ 这个最小项，只有变量取值为 110 时，它的值为 1，而在变量取其他各组值时，这个最小项的值均为 0。

（2）对于变量的任意一组取值，任意两个最小项的乘积（逻辑与）为 0。

（3）对于变量的任意一组取值，所有最小项之和（逻辑或）为 1。

表 9-14　三变量逻辑函数的所有最小项的真值表

ABC	$\bar{A}\bar{B}\bar{C}$ m_0	$\bar{A}\bar{B}C$ m_1	$\bar{A}B\bar{C}$ m_2	$\bar{A}BC$ m_3	$A\bar{B}\bar{C}$ m_4	$A\bar{B}C$ m_5	$AB\bar{C}$ m_6	ABC m_7
000	1	0	0	0	0	0	0	0
001	0	1	0	0	0	0	0	0
010	0	0	1	0	0	0	0	0
011	0	0	0	1	0	0	0	0
100	0	0	0	0	1	0	0	0
101	0	0	0	0	0	1	0	0
110	0	0	0	0	0	0	1	0
111	0	0	0	0	0	0	0	1

3) 最小项的表示方法

为了书写方便,通常将最小项用符号 m_i 表示,下标 i 就是最小项的编号。下标 i 的确定方法如下:把最小项中的原变量记为 1,反变量记为 0,当变量顺序确定后,可以按顺序排列成一个二进制数,则与这个二进制数相对应的十进制数即为最小项的编号。三变量最小项的编号如表 9-7 所示。

4) 最小项表达式

如果一个与或逻辑表达式中的每一个与项都是最小项,则该逻辑表达式称为标准与或式,也称为最小项表达式。任何一个逻辑函数都可以表示成唯一的一组最小项之和的表达式。对于不是最小项表达式的与或表达式,可利用公式 $A+\bar{A}=1$ 和 $A(B+C)=AB+AC$ 来配项展开成最小项表达式。

【例 9-11】 将逻辑函数 $Y=\bar{A}\bar{B}+BC$ 展开成最小项表达式。

解：
$$\begin{aligned} Y &= \bar{A}\bar{B}+BC \\ &= \bar{A}\bar{B}(C+\bar{C})+(A+\bar{A})BC \\ &= \bar{A}\bar{B}C+\bar{A}\bar{B}\bar{C}+ABC+\bar{A}BC \\ &= m_1+m_0+m_7+m_3 \\ &= \sum m(0,1,3,7) \end{aligned}$$

【例 9-12】 将逻辑函数 $Y=\bar{A}+BC$ 展开成最小项表达式。

解：
$$\begin{aligned} Y &= \bar{A}+BC \\ &= \bar{A}(B+\bar{B})(C+\bar{C})+(A+\bar{A})BC \\ &= \bar{A}BC+\bar{A}B\bar{C}+\bar{A}\bar{B}C+\bar{A}\bar{B}\bar{C}+ABC+\bar{A}BC \\ &= \bar{A}\bar{B}\bar{C}+\bar{A}\bar{B}C+\bar{A}B\bar{C}+\bar{A}BC+ABC \\ &= m_0+m_1+m_2+m_3+m_7 \\ &= \sum m(0,1,2,3,7) \end{aligned}$$

如果列出了逻辑函数的真值表,则只要将函数值为 1 的那些最小项相或,便是函数的标准与或式。

【例 9-13】 将如表 9-15 所示的真值表转换成最小项表达式。

表 9-15 例 9-13 真值表

A	B	C	Y	最小项
0	0	0	0	m_0
0	0	1	1	m_1
0	1	0	1	m_2
0	1	1	1	m_3
1	0	0	0	m_4
1	0	1	1	m_5
1	1	0	0	m_6
1	1	1	0	m_7

解：
$$Y = m_1 + m_2 + m_3 + m_5 = \sum m(1,2,3,5)$$
$$= \overline{A}\,\overline{B}C + \overline{A}B\overline{C} + \overline{A}BC + A\overline{B}C$$

2．卡诺图

卡诺图是逻辑函数的一种图形表示。一个逻辑函数的卡诺图就是将此函数的最小项表达式中的各最小项相应地填入一个方格图内，此方格图称为卡诺图。它是由若干按一定规律排列起来的方格组成的。每一个方格代表一个最小项，它用几何位置上的相邻，形象地表示了组成逻辑函数的各个最小项之间在逻辑上的相邻性，所以卡诺图又叫最小项方格图。

卡诺图的构造特点使卡诺图具有一个重要性质：可以从图形上直观地找出相邻最小项。两个相邻最小项可以合并为一个与项并消去一个变量。卡诺图化简法正是利用了卡诺图的这个重要特性。

3．最小项与卡诺图

将逻辑函数真值表中的最小项重新排列成矩阵形式，并且使矩阵的横方向和纵方向的逻辑变量的取值按照格雷码的顺序排列，这样构成的图形就是卡诺图。

具有 n 个输入变量的逻辑函数，有 2^n 个最小项，其卡诺图由 2^n 个小方格组成。每个方格和一个最小项相对应，每个方格所代表的最小项的编号，就是其左边和上边二进制码的数值。

逻辑变量卡诺图的组成特点是把具有逻辑相邻的最小项安排在位置相邻的方格中，所谓逻辑相邻的最小项指的是：在 2^n 个最小项中，凡是只有一个变量不同，而其余变量都相同的最小项，也称逻辑相邻项。二、三、四变量卡诺图如图 9-15 所示，图中上下、左右之间的最小项都是逻辑相邻项。

视频讲解

A\B	0	1
0	m_0	m_1
1	m_2	m_3

(a) 二变量卡诺图

A\BC	00	01	11	10
0	m_0	m_1	m_3	m_2
1	m_4	m_5	m_7	m_6

(b) 三变量卡诺图

AB\CD	00	01	11	10
00	m_0	m_1	m_3	m_2
01	m_4	m_5	m_7	m_6
11	m_{12}	m_{13}	m_{15}	m_{14}
10	m_8	m_9	m_{11}	m_{10}

(c) 四变量卡诺图

图 9-15 二、三、四变量卡诺图举例

由图 9-15 可见，为了相邻的最小项具有逻辑相邻性，变量的取值不能按 00→01→10→11 的顺序排列，而要按 00→01→11→10 的循环码顺序排列，这样才能保证任何几何位置相邻的最小项都是逻辑相邻项。

4. 逻辑函数卡诺图

在逻辑变量卡诺图中,将逻辑函数表达式中的最小项对应的小方格内填 1,其余的小方格内填 0 或不填,就可得到逻辑函数卡诺图。逻辑函数卡诺图的具体画法,通常有以下几种。

(1) 给出逻辑函数的真值表,根据真值表画出卡诺图。

先画出逻辑变量卡诺图,然后根据真值表来填写每一个小方格的值。由于函数真值表与最小项是对应的,即真值表中的每一行对应一个最小项,所以函数真值表中对应不同的输入变量组合而函数值为 1 的,就在相对应的小方格中填 1,函数值为 0 的,就在相对应的小方格中填 0 或不填,即可得到逻辑函数的卡诺图。

【**例 9-14**】 根据表 9-16 真值表,画出卡诺图。

表 9-16 例 9-14 真值表

A	B	C	Y
0	0	0	0
0	0	1	0
0	1	0	1
0	1	1	0
1	0	0	0
1	0	1	1
1	1	0	1
1	1	1	1

解:先根据题目给出的真值表写出逻辑函数表达式(此步可以省略)。

$$Y = \bar{A}B\bar{C} + A\bar{B}C + AB\bar{C} + ABC$$

根据表达式画出卡诺图如图 9-16 所示(也可根据真值表直接画出卡诺图)。

(2) 已知逻辑函数最小项表达式,由此画出逻辑函数的卡诺图。

根据逻辑函数最小项表达式,将逻辑函数中的最小项,在逻辑变量卡诺图相应的小方格中填 1,其余的小方格中填 0 或不填,所得的图形就是逻辑函数卡诺图。

【**例 9-15**】 将函数 $Y = \bar{A}B\bar{C}D + AB\bar{C}\bar{D} + \bar{A}BCD + A\bar{B}CD + ABCD + ABC\bar{D}$ 用卡诺图表示。

解:先画出逻辑变量卡诺图,再根据逻辑函数最小项表达式,在其最小项对应的小方格中填 1,没有最小项对应的小方格中填 0,即得到例 9-15 逻辑函数 Y 的卡诺图,如图 9-17 所示。

$$Y = \bar{A}B\bar{C}D + AB\bar{C}\bar{D} + \bar{A}BCD + A\bar{B}CD + ABCD + ABC\bar{D}$$
$$= m_5 + m_{12} + m_7 + m_{11} + m_{15} + m_{14}$$
$$= \sum m(5,7,11,12,14,15)$$

AB\C	00	01	11	10
0	0	1	1	0
1	0	0	1	1

图 9-16 逻辑函数 Y 的卡诺图

AB\CD	00	01	11	10
00	0	0	0	0
01	0	1	1	0
11	1	0	1	1
10	0	0	1	0

图 9-17 逻辑函数 Y 的卡诺图

(3) 已知逻辑函数一般表达式,由此画出函数的卡诺图

先将逻辑函数一般表达式转换为与或表达式,然后再变换成最小项表达式,最后根据逻辑函数最小项表达式,直接画出函数的卡诺图。

5. 用卡诺图化简逻辑函数

卡诺图是数字逻辑设计中用于化简逻辑函数的一种工具。使用卡诺图,可以直观地找出逻辑函数中的冗余项,从而化简逻辑函数。用卡诺图化简逻辑函数的步骤如下:

(1) 将逻辑函数写成最小项表达式。

(2) 按最小项表达式填卡诺图,凡式中包含了的最小项,其对应方格填1,其余方格填0。

(3) 合并最小项,即将相邻的"1"方格圈成一组(包围圈),每一组含 2^n 个方格,对应每个包围圈写成一个新的乘积项。

(4) 将所有包围圈对应的乘积项相或。

有时也可以由真值表直接填卡诺图,以上的步骤(1)、(2)就合为一步。

画包围圈时应遵循以下原则。

(1) 包围圈内的方格数必定是 2^n 个,n 等于 0、1、2、3、…

(2) 相邻方格包括上下底相邻、左右边相邻和四角相邻。

(3) 同一方格可以被不同的包围圈重复包围,但新增包围圈中一定要有新的方格,否则该包围圈为多余。

(4) 包围圈内的方格数要尽可能多,包围圈的数目要尽可能少。

两个相邻最小项画包围圈的情况如图 9-18 所示,4 个相邻最小项画包围圈的情况如图 9-19 所示,八个相邻最小项画包围圈的情况如图 9-20 所示。

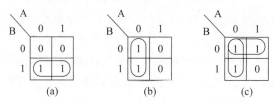

图 9-18 两个相邻最小项画包围圈的情况

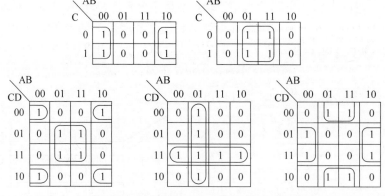

图 9-19 四个相邻最小项画包围圈的情况

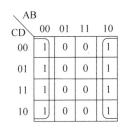

图 9-20　八个相邻最小项画包围圈的情况

化简后，一个包围圈对应一个与项（乘积项），包围圈越大，所得乘积项中的变量越少。实际上，如果做到了使每个包围圈尽可能大，结果包围圈个数也就越少，使得消失的乘积项个数也越多，就可以获得最简的逻辑函数表达式。下面通过举例来熟悉用卡诺图化简逻辑函数的方法。

【例 9-16】　用卡诺图化简逻辑函数表达式：
$$Y = \overline{A}BC + A\overline{B}C + AB\overline{C} + ABC$$

解：$Y = \overline{A}BC + A\overline{B}C + AB\overline{C} + ABC$，共有三个变量，卡诺图如图 9-21 所示。

按上述步骤(2)化简，得化简后的表达式如下：
$$Y = AB + BC + AC$$

【例 9-17】　运用卡诺图化简下式：
$$Y(A、B、C、D) = \overline{B}CD + B\overline{C} + \overline{A}CD + A\overline{B}C + A\overline{B}\overline{C}D$$

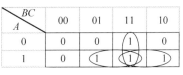

图 9-21　卡诺图

解：将上式写成最小项之和，即
$Y = \overline{B}CD(A+\overline{A}) + B\overline{C}(A+\overline{A})(D+\overline{D}) + \overline{A}CD(B+\overline{B}) + A\overline{B}C(D+\overline{D}) + A\overline{B}\overline{C}D$

$= A\overline{B}CD + \overline{A}\overline{B}CD + (AB\overline{C} + \overline{A}B\overline{C})(D+\overline{D}) + \overline{A}B\overline{C}D +$
$\overline{A}\overline{B}CD + A\overline{B}CD + A\overline{B}C\overline{D} + A\overline{B}\overline{C}D$

$= A\overline{B}CD + \overline{A}\overline{B}CD + AB\overline{C}D + AB\overline{C}\overline{D} + \overline{A}B\overline{C}D + \overline{A}B\overline{C}\overline{D} +$
$\overline{A}B\overline{C}D + \overline{A}\overline{B}CD + A\overline{B}CD + A\overline{B}C\overline{D} + A\overline{B}\overline{C}D$

$= A\overline{B}CD + \overline{A}\overline{B}CD + AB\overline{C}D + AB\overline{C}\overline{D} + \overline{A}B\overline{C}D + \overline{A}B\overline{C}\overline{D} + \overline{A}\overline{B}CD + A\overline{B}C\overline{D} + A\overline{B}\overline{C}D$

$= m_1 + m_3 + m_4 + m_5 + m_9 + m_{10} + m_{11} + m_{12} + m_{13}$

$= \sum(1,3,4,5,9,10,11,12,13)$

相应卡诺图如图 9-22 所示。

CD\AB	00	01	11	10
00	0	1	1	0
01	1	1	0	0
11	1	1	0	0
10	0	1	1	1

图 9-22　卡诺图

化简的最后结果为

$$Y = B\overline{C} + \overline{B}D + A\overline{B}C$$

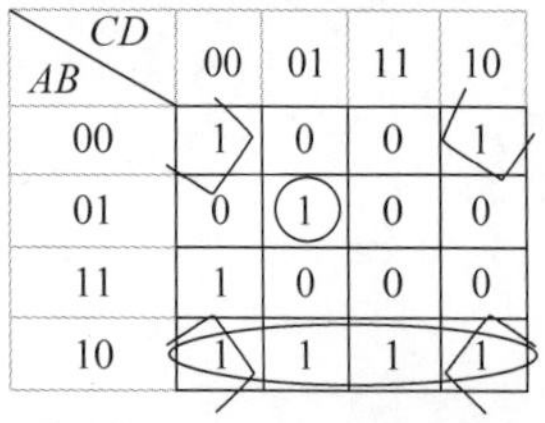

【例 9-18】 用卡诺图化简 $Y(A、B、C、D) = \sum m(0,2,5,8,9,10,11)$。

解：画得卡诺图如图 9-23 所示。图中四个角是相邻项，不要遗漏。

化简的最后结果为

$$Y = \overline{B}\overline{D} + A\overline{B} + \overline{A}BC\overline{D}$$

图 9-23 卡诺图

9.4 逻辑门电路

逻辑门电路是一种用于实现逻辑运算的电子电路，是实现逻辑功能的基本单元。逻辑门电路可以用分立元件构成，也可以将器件和连接导线制作在同一块半导体基片上，构成集成逻辑门电路。简单的逻辑门可由晶体管组成，这些晶体管的组合可以使高低电平信号通过后产生高电平或低电平的信号，从而实现逻辑运算。

根据电路结构的不同，逻辑门电路可以分为 TTL 集成门电路和 CMOS 集成门电路。双极型晶体三极管是晶体管-晶体管逻辑（TTL）电路的基础，金属氧化物绝缘栅型场效应管则是 CMOS 集成电路的基础。

学习目标

（1）熟悉分立元件门电路是由分立的半导体器件组成的，用于实现基本的逻辑运算功能。

（2）了解逻辑门电路的主要特性以及逻辑门电路的使用特点（如 TTL、CMOS 等）。

9.4.1 分立元件门电路

门电路可以理解为一种开关电路，当满足一定条件时它能允许数字信号通过，条件不满足时数字信号就不能通过。

在数字电路中信号表现为高、低两种电平，称为逻辑电平，这和相互对立的逻辑状态相对应（高、低电平的具体数值，则由数字电路的类型来决定）。这样，就将高、低电平问题转化为逻辑问题，故数字电路又有逻辑电路之称。通常用符号 0（称作逻辑 0）和 1（称作逻辑 1）来表示两种对立的逻辑状态。

需要说明的是，究竟用逻辑符号 0 还是 1 来表示高电平可以人为决定，于是出现了两种逻辑体制，即正逻辑（1 表示高电平、0 表示低电平）和负逻辑（1 表示低电平、0 表示高电平）。

在数字电路中，最基本的逻辑关系有 3 种：与逻辑、或逻辑和非逻辑。与此对应的基本门电路便是与门、或门和非门。由这 3 种基本逻辑门电路可以组合成其他复合逻辑门电路。

1. 二极管与门电路（共阳极接法）

现在来介绍使用晶体二极管所组成的与门电路，其具有体积小、寿命长等优点。

二极管与门电路如图 9-24(a)所示，A，B 是它的两个输入端，Y 是输出端。二极管与门逻辑符号如图 9-24(b)所示。

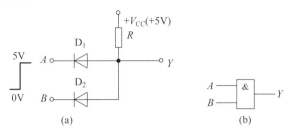

图 9-24　二极管与门电路及其逻辑符号

当输入端 A、B 全为 1 时，设两者电位均为 3V。两管均承受正向电压而导通，因为二极管的正向压降较小（硅管约为 0.7V，锗管约为 0.3V，此处一般采用锗管），输出端 Y 的电位则被钳制在 3V 附近，比 3V 略高一点，属于高电平的范畴。输出端 Y 的逻辑值为 1。

当输入端只要有一个为 0，即电位在 0V 附近，例如 A 为 0，B 为 1，则 D_1 先导通，输出端 Y 的电位被钳制在 0V 附近，属于低电平范畴。输出端 Y 的逻辑值为 0。二极管 D_2 因承受反向电压而截止。

由此可见，只有当输入端 A，B 全为 1 时，输出端 Y 才为 1，否则输出就是 0，这符合与逻辑，所以它是一种与门。逻辑关系为

$$Y = A \cdot B \tag{9-1}$$

每个输入信号（逻辑变量）有 1 和 0 两种状态，共有四种组合。表 9-17 为三逻辑变量的与门逻辑状态表。

表 9-17　与门逻辑状态表

A	B	Y
0	0	0
0	1	0
1	0	0
1	1	1

2. 二极管或门电路（共阴极接法）

二极管或门电路及其逻辑符号如图 9-25 所示。

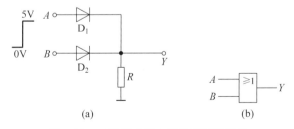

图 9-25　二极管或门电路及其逻辑符号

或门的输入端中只要有一个为 1，输出就为 1。例如当 A 端为 1（设其电位为 3V），则 A 端的电位比 B 高。D_1 优先导通，Y 端电位比 A 端略低（D_1 正向压降约为 0.3V），仍属于 3V 附近这个高电平范畴，故输出端 Y 的逻辑值为 1。由于 Y 端的电位比输入端 B 高，D_2 因

承受反向电压而截止。

只有当两个输入端全为 0 时,此时二极管虽都导通,但输出端 Y 的电位在 0V 附近,属于低电平范畴,故输出端 Y 的逻辑值为 0。这符合或逻辑,所以它是一种或门。或逻辑关系可用下式表示:

$$Y = A + B \tag{9-2}$$

表 9-18 为三逻辑变量的或门逻辑状态表。

表 9-18 或门逻辑状态表

A	B	Y
0	0	0
0	1	1
1	0	1
1	1	1

3. 三极管非门(反相器)

三极管非门电路及其逻辑符号如图 9-26 所示。非门电路只有一个输入端 A。当 A 为 1(设其电位为 3V)时,晶体管饱和,其集电极即输出端 Y 为 0(其电位在 0V 附近);当 A 为 0 时,晶体管截止,输出端 Y 为 1(其电位近似等于 U_{CC}(此处接 +5V))。所以非门电路也称为反相器。

非逻辑关系可用下式表示:

$$Y = \overline{A} \tag{9-3}$$

表 9-19 为非门逻辑状态表。

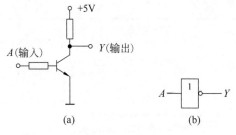

表 9-19 非门逻辑状态表

A	Y
0	1
1	0

图 9-26 三极管非门电路及其逻辑符号

9.4.2 TTL 逻辑门电路

晶体管-晶体管逻辑(TTL)电路是用 BJT 工艺制造的数字集成电路。TTL 集成门电路是采用双极型晶体管为开关元件构成的逻辑门电路,包含与非门、非门、或非门、与或非门、与门、或门、异或门、三态门、集电极开路门(OC 门)等。它具有速度快、驱动能力强等优点,但功耗较大,集成度相对较低。根据应用领域的不同,TTL 电路分为 54 系列和 74 系列,前者为军品,一般工业设备和消费类电子产品多用后者。本节以 TTL 与非门为例,介绍 TTL 电路的一般组成、原理、特性和参数。

1. TTL 与非门内部结构和工作原理

TTL 与非门内部基本结构如图 9-27 所示,多发射极管 VT_1 为输入级,VT_2 为中间级,

VT$_3$ 和 VT$_4$ 组成输出级。NPN 型多发射极管 VT$_1$ 的基极为多个二极管（发射结）的共阳极，当 A、B、C 中有一个或一个以上为低电平，对应发射结正偏导通，U_{CC} 经 R_1 为 VT$_1$ 提供基极电流。设输入低电平 $U_{IL}=0\sim3\text{V}$，输入高电平 $U_{IH}=3\sim6\text{V}$，$U_{BE}=0\sim7\text{V}$，则 VT$_1$ 基极电位 $U_{B1}=1\text{V}$，VT$_2$ 因没有基极电流而截止，因此 VT$_3$ 也截止。因为 VT$_2$ 截止，U_{CC} 经 R_2 为 VT$_4$ 提供基极电流，VT$_4$ 导通输出高电平 $U_{OH}(=U_{CC}-I_{B4}R_2-U_{BE4}-U_D)$，由于 I_{B2} 很小，忽略该电流在 R_2 上直流压降，则 $U_{OH}=5\text{V}-0.7\text{V}-0.7\text{V}\approx 3.6\text{V}$。当 A、B、C 全为高电平或全部悬空，U_{CC} 经 R_1 与 VT$_1$ 集电结为 VT$_2$ 提供基极电流，VT$_2$ 导通。此时，VT$_1$ 基极电位 U_{B1}（为 VT$_1$ 集电结、VT$_2$ 发射结、VT$_3$ 发射结三个 PN 结正向压降之和）$=2.1\text{V}$。VT$_2$ 导通一方面为 VT$_3$ 提供基极电流，使 VT$_3$ 也导通，另一方面因 VT$_2$ 集电极电位 $U_{C2}(=U_{BE3}+U_{CES2})\approx 1\text{V}$，使 VT$_4$ 截止。VT$_3$ 导通，VT$_4$ 截止输出低电平 U_{OL}（$=U_{CES3}$）$\approx 0.3\text{V}$。由此可见，TTL 集成与非门实现了"见 0 为 1，全 1 出 0"的与非逻辑功能，是 TTL 与非门。

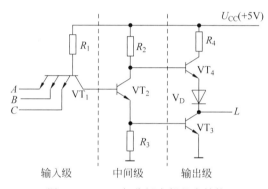

图 9-27　TTL 与非门内部基本结构

2. TTL 三态门（TSL 门）

三态门是指门电路的输出端除了高电平、低电平两种正常逻辑状态外，还有第三种状态：非工作状态的高阻态（注意并不是逻辑状态）。三态门器件中有一个特殊的控制端"EN"，也叫作"使能端"，这一端的电平高低决定器件是工作于正常逻辑状态还是非工作状态的高阻态。

TTL 使能端高电平有效的三态与非门电路如图 9-28 所示，其逻辑符号如图 9-29 所示。

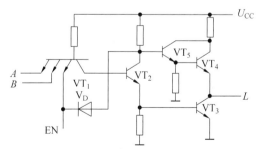

图 9-28　TTL 三态与非门电路（使能端高电平有效）　　　图 9-29　TTL 三态与非门逻辑符号（使能端高电平有效）

使能输入端 EN 为高电平时,二极管 V_D 截止(开关断开),与其相连的多发射极管的相应发射结反偏截止,此时门电路相当于二输入的与非门;使能输入端 EN 为低电平时,二极管 V_D 导通(开关合上),与之相连的 VT_1 相应的发射结正偏,使 U_{B1} 被钳位在低电平,从而 VT_2、VT_3 管均截止,同时 VT_2 集电极电位为低电平,VT_4 和 VT_5 组成的有源负载管也截止,输出端呈现高阻抗(Z 状态)。即使能端 EN 高电平有效,$EN=1, L=\overline{AB}$;$EN=0, L=Z$。

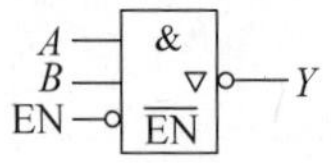

使能端低电平有效的三态与非门逻辑符号如图 9-30 所示,三态与非门真值表如表 9-20 所示。

图 9-30 TTL 三态与非门逻辑符号(使能端低电平有效)

表 9-20 三态与非门真值表(使能端低电平有效)

$\overline{EN}$	A	B	Y
0	0	0	1
	0	1	1
	1	0	1
	1	1	0
1	X	X	Z

门电路的三态输出主要应用于多个门输出共享数据总线,为避免多个门输出同时占用数据总线,这些门的使能信号(EN)中只允许有一个为有效电平(如高电平)。

3. 集电极开路 TTL 门(OC 门)

由于一般 TTL 门输出端不能直接并联,当需要多个输出端并联使用时,选用集电极开路 TTL 门(OC 门)能够让逻辑门输出端直接并联使用,实现"线与"的逻辑功能。

OC 与非门的电路结构如图 9-31(a)所示;OC 门"线与"逻辑图如图 9-31(b)所示。

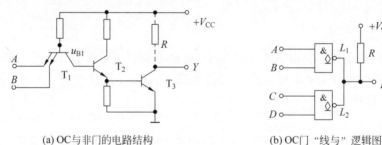

(a) OC 与非门的电路结构　　　　(b) OC 门"线与"逻辑图

图 9-31 OC 与非门

图 9-31(b) 的逻辑表达式为 $L = \overline{AB} \cdot \overline{CD} = \overline{AB+CD}$。

4. TTL 门电路使用注意事项

(1) TTL 门电路的电源电压范围很窄,规定 I 类和 II 类产品为 4.75~5.25V,II 类产品为 4.5~5.5V(即 5V±10%),典型值均为 $V_{CC}=5V$。使用中 V_{CC} 不得超出范围,否则会损坏器件。

(2) 输入信号 V_{in} 不得高于 V_{CC},也不得低于 GND(地电位),否则可能会损坏器件。

(3) 除三态门和集电极开路的电路外,输出端不允许并联使用。

(4) 输出端不允许与电源和地直接短接,但可通过电阻与电源相连,以提高输出电平。

(5) 在电源接通时,不要移动或插入集成电路,因为电流的冲击可能造成芯片损坏。

(6) TTL 门电路多余的输入端最好不要悬空,因为悬空容易受干扰。有时会造成误码操作,因此多余输入端要根据需要处理。

(7) 集电极开路门(OC 门)的输出端必须连接上拉电阻。

9.4.3 CMOS 门电路

CMOS 门电路是由 P 型 MOS 管和 N 型 MOS 管构成的一种互补对称场效应管集成门电路,是近年来国内外迅速发展、广泛应用的一种电路。其工作电压范围宽,可靠性高,并具有较小的静态功耗和较大的动态功耗。

下面是几种常用的 CMOS 门电路的结构和工作原理的简要说明。

1. CMOS 与非门

CMOS 与非门电路如图 9-32 所示。VT_1 和 VT_2 为 N 沟道增强型 MOS 管,两者串联组成驱动管;VT_3 和 VT_4 为 P 沟道增强型 MOS 管,两者并联组成负载管。负载管整体与驱动管相串联。

当 A、B 两个输入端全为 1 时,VT_1 和 VT_2 同时导通,VT_3 和 VT_4 同时截止,输出端 F 为 0。

当 A、B 两个输入端有一个或全为 0 时,串联的 VT_1、VT_2 必有一个或两个全部截止,相应的 VT_3 或 VT_4 导通,输出端 F 为 1。

上述电路符合与非逻辑关系,故为与非门。其逻辑关系式为 $F=\overline{AB}$。

2. CMOS 或非门

CMOS 或非门电路如图 9-33 所示。驱动管 VT_1 和 VT_2 为 N 沟道增强型 MOS 管,二者并联;负载管 VT_3 和 VT_4 为 P 沟道增强型 MOS 管,二者串联。

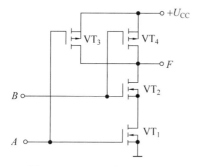

图 9-32 CMOS 与非门电路

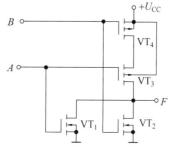

图 9-33 CMOS 或非门电路

当 A、B 两个输入端有一个或全为 1 时,输出端 F 为 0;只有当输入端 A、B 全为 0 时,输出端 F 才为 1。显然,这符合或非逻辑关系,其逻辑关系式为 $F=\overline{A+B}$。

由上述可知,与非门的输入端愈多,需串联的驱动管也愈多,导通时的总电阻愈大,输出低电平值将会因输入端的增多而提高,所以输入端不能太多。而或非门电路的驱动管是并联的,不存在此问题。因此,在 CMOS 门电路中或非门用得较多。

3. CMOS 门电路的主要特点

(1) 功耗低。CMOS 电路工作时,几乎不吸取静态电流,所以功耗极低。

(2) 电源电压范围宽。目前国产的 CMOS 集成电路,按工作的电源电压范围分为两个系列,即 3~18V 的 CC4000 系列和 7~15V 的 C000 系列。由于电源电压范围宽,所以选择电源电压灵活方便,便于和其他电路接口。

(3) 抗干扰能力强。

(4) 制造工艺较简单。

(5) 集成度高,宜于实现大规模集成。

(6) 开关速度较慢。

4. COMS 门电路使用注意事项

CMOS 门电路是电压控制器件,具有输入电阻高、噪声容限大、功耗低、工作电压范围宽、稳定性好、抗干扰能力强等特点,因此在数字电路中得到广泛应用。然而,使用 CMOS 门电路时需要注意以下事项:

(1) 在输入端和输出端加钳位电路,使输入和输出不超过规定电压,防止 CMOS 电路被烧毁。

(2) 在芯片的电源输入端加去耦电路,防止电源端出现瞬间的高压。

(3) 在电源端和外电源之间加限流电阻,即使有大的电流也不让它进去。

(4) 不用的管脚不要悬空,要接上拉电阻或者下拉电阻,给它一个恒定的电平。输入端接低内阻的信号源时,要在输入端和信号源之间串联限流电阻,使输入的电流限制在 1mA 之内。

(5) 当接长信号传输线时,在 CMOS 电路端接匹配电阻。

总体来说,TTL 集成门电路和 CMOS 集成门电路各有其特点,选择哪种类型取决于具体的应用需求和性能要求。在逻辑功能方面,CMOS 门电路和 TTL 门电路是相同的,且当 CMOS 电路的电源电压 $U_{CC}=+5V$ 时,它可以与低功耗的 TTL 电路直接兼容。

思考练习

9.1 写出与门、或门、非门、与非门、或非门的输入输出逻辑函数表达式,画出真值表及相应逻辑符号。

9.2 有一个两输入端的或门,其中一端接输入信号,另一端应接什么电平,或门才允许信号通过?

9.3 在实际应用中,能否将与非门用作非门?为什么?举例说明。

9.4 逻辑函数有哪些基本定律?与普通代数相比,它有哪些特有定律?

9.5 写出图 9-34 所示逻辑电路图的逻辑函数式。

9.6 用公式化简法,化简逻辑函数 $Y = BD + ABC\overline{D} + \overline{\overline{A}+B+\overline{C}}$。

9.7 用公式化简法,化简逻辑函数 $Y = A\overline{B} + B\overline{C} + C\overline{A} + \overline{AB}$。

9.8 卡诺图化简法能化简逻辑函数的依据是什么?

9.9 用卡诺图化简法化简下列具有约束条件的逻辑

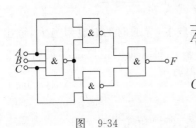

图 9-34

函数。
$$F = B\overline{CD} + \overline{B}CD + \overline{A}\overline{B}CD \quad 约束条件：BC + CD = 0$$

9.10 用卡诺图化简法化简下列具有约束条件的逻辑函数。
$$F = AB + B\overline{C} + CD \quad 约束条件：\sum d(0,1,2,6) = 0$$

9.11 用卡诺图化简法化简逻辑函数 $Y(A,B,C,D) = \sum m(1,3,7,11,15) + \sum d(0,2,9)$。

9.12 什么是正脉冲？什么是负脉冲？

9.13 简述二极管、三极管的开关条件。

9.14 三极管工作在饱和状态或截止状态时，为什么相当于一个开关的闭合或断开？

9.15 试比较 TTL 电路和 CMOS 电路的优、缺点。

第 10 章 组合逻辑电路及应用

根据电路的工作方式和功能特点,数字电路通常可以分为两大类:组合逻辑电路和时序逻辑电路。这两类电路各有其独特之处,在数字系统中扮演着不同的角色。组合逻辑电路是数字电路中的一种基本类型,其特点是输出状态完全由当前的输入状态决定,与电路过去的状态无关。这种电路没有内部存储元件,因此不具备记忆功能。门电路是组合逻辑电路的基本逻辑单元,这些门电路通过不同的逻辑运算,实现了对输入信号的处理和转换。在组合逻辑电路中,多个门电路可以组合起来,形成更复杂的逻辑功能,从而实现各种数字逻辑运算和控制任务。它们被广泛应用于实现各种数字系统的控制逻辑、数据处理和信号转换等功能。例如,在通信系统中,组合逻辑电路被用于实现信号编码、解码、调制和解调等功能。

本章将探讨组合逻辑电路的基本原理和逻辑功能描述方法,介绍如何分析和设计组合逻辑电路,包括门电路的选择和组合、逻辑函数的化简和优化等。此外,本章还将介绍常用的集成电路,如译码器、编码器、加法器等。这些集成电路是组合逻辑电路的重要实现方式,能够大大简化电路设计和提高系统性能。

通过学习本章内容,将能够掌握组合逻辑电路的基本原理和设计方法,具备分析和设计简单数字系统的能力。同时,还将了解到组合逻辑电路在数字系统中的重要应用,为进一步学习和实践数字电路技术打下坚实基础。

10.1 小规模组合逻辑电路分析与设计

组合逻辑电路的分析是数字电路设计中的一项重要任务。它涉及对电路的逻辑功能进行深入理解和验证,通过分析得到的逻辑功能描述可以验证电路是否满足设计要求,以确保电路能够按照设计要求正常工作,也为后续电路修改和优化提供基础。本节将以小规模组合逻辑电路为对象,概述电路分析与设计的基本概念、步骤和方法。

学习目标

(1) 能通过真值表、卡诺图和逻辑函数表达式等各类工具,对小规模组合逻辑电路进行分析。

(2) 通过分析实例和解决问题,培养运用组合逻辑电路分析方法的实际能力。

(3) 掌握组合逻辑电路的设计概念和步骤。

(4) 学会根据设计要求和功能描述选择合适的逻辑门电路。

（5）能够应用真值表、逻辑函数表达式和卡诺图等工具完成小规模组合逻辑电路的设计。

10.1.1 组合逻辑电路的分析

组合逻辑电路分析的一般步骤如下：

① 根据逻辑电路图写出输出函数表达式。从输入输出，逐级写出各级逻辑函数表达式，直到写出最后输出端与输入信号的逻辑函数表达式。

② 化简输出函数表达式。可以使用公式法或卡诺图法等方法，将逻辑函数表达式化简和变换，以得到最简单或最适用的表达式。

③ 列出输出函数真值表。根据化简后的逻辑函数表达式，列出真值表。真值表能直接反映出输入变量和输出结果之间的逻辑关系，它直观地描述了电路的逻辑功能。

④ 功能评述。根据真值表和简化后的逻辑表达式对逻辑电路进行分析，最后确定其功能。也可以根据所得到的表达式和真值表，用文字输出给定电路的逻辑功能，判断功能是否满足设计要求。

⑤ 以上步骤完成后，就可以对组合逻辑电路的功能有清晰的理解，从而进行后续的设计和优化工作。

视频讲解

【例 10-1】 试分析图 10-1 所示的逻辑电路图的功能。

解：（1）根据逻辑电路图写出逻辑函数表达式并化简。

$$Y = AB + BC + AC$$

（2）列真值表，如表 10-1 所示。

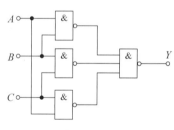

图 10-1 例 10-1 逻辑电路图

表 10-1 例 10-1 真值表

A	B	C	Y
0	0	0	0
0	0	1	0
0	1	0	0
0	1	1	1
1	0	0	0
1	0	1	1
1	1	0	1
1	1	1	1

（3）分析逻辑功能。

由真值表可知，当输入 A、B、C 中有 2 个或 3 个为 1 时，输出 Y 为 1，否则输出 Y 为 0。该电路可作为 3 人表决用的组合电路，只要有 2 票或 3 票同意，表决就通过。

【例 10-2】 试分析图 10-2 所示的逻辑电路图的功能。

解：（1）根据逻辑图写出逻辑函数表达式并化简

$$Y = A(\overline{A} + \overline{B}) + (\overline{A} + \overline{B})B$$
$$= A\overline{A} + A\overline{B} + \overline{A}B + \overline{B}B$$
$$= 0 + A\overline{B} + \overline{A}B + 0$$
$$= A\overline{B} + \overline{A}B$$

(2) 列真值表,如表 10-2 所示。

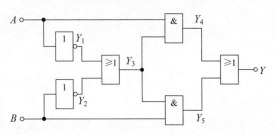

表 10-2　例 10-2 真值表

A	B	Y
0	0	0
0	1	1
1	0	1
1	1	0

图 10-2　例 10-2 逻辑电路图

(3) 分析逻辑功能。

由真值表可知,当输入 A、B 相同时,输出 Y 为 0,否则输出 Y 为 1。该电路实现异或逻辑功能。

视频讲解

10.1.2　小规模组合逻辑电路的设计

组合逻辑电路的设计是数字电路设计中的一个重要环节,它涉及根据特定的逻辑要求,从基本的逻辑门电路出发,构建出满足特定功能的电路。本节将概述组合逻辑电路设计的基本概念、步骤和方法。

组合逻辑电路的设计就是在给定逻辑功能及要求的条件下,设计出满足功能要求,而且是最简单的逻辑电路,其一般步骤如下:

① 确定输入输出变量,定义变量逻辑状态含义。
② 将实际逻辑问题抽象成真值表。
③ 根据真值表写逻辑表达式,并化简成最简表达式。
④ 根据表达式画逻辑图。

【例 10-3】　设有 A、B、C 三台发电机对设备进行供电,它们运转时必须满足如下条件,即任何时间必须有且仅有一台发电机正常运行,如不满足该条件,就输出报警信号。试设计此报警电路。

解:(1) 确定输入输出变量,定义变量逻辑状态含义。

设三台发电机的状态为输入变量,分别用 A、B 和 C 表示,并且规定发电机正常运行为 1,停转为 0,取报警信号为输出变量,以 Y 表示,$Y=0$ 表示正常状态,$Y=1$ 表示报警状态。

(2) 根据题意可列出真值表,如表 10-3 所示。

表 10-3　真值表

A	B	C	Y
0	0	0	1
0	0	1	0
0	1	0	0
0	1	1	1
1	0	0	0
1	0	1	1
1	1	0	1
1	1	1	1

(3) 写逻辑表达式,方法有两种,其一是对 $Y=1$ 的情况写,其二是对 $Y=0$ 的情况写,用方法一写出的是最小项表达式,用方法二写出的是最大项表达式,若 $Y=0$ 的情况很少时,也可对 $\bar{Y}$ 等于 1 的情况写,然后再对 $\bar{Y}$ 求反。以下是对 $Y=1$ 的情况写出的表达式:

$$Y = \bar{A}B\bar{C} + \bar{A}BC + A\bar{B}C + AB\bar{C} + ABC$$

化简后,得

$$\begin{aligned}
Y &= \bar{A}B\bar{C} + \bar{A}BC + A\bar{B}C + AB\bar{C} + ABC \\
&= \bar{A}B\bar{C} + (\bar{A}BC + ABC) + (ABC + A\bar{B}C) + (AB\bar{C} + ABC) \\
&= \bar{A}B\bar{C} + BC(\bar{A} + A) + AC(B + \bar{B}) + AB(\bar{C} + C) \\
&= \bar{A}B\bar{C} + BC + AC + AB
\end{aligned}$$

(4) 由逻辑表达式可画出逻辑电路图,如图 10-3 所示。

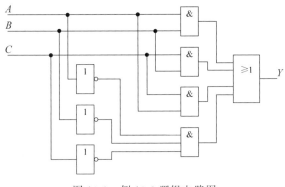

图 10-3 例 10-3 逻辑电路图

10.2 常用组合逻辑功能器件

组合逻辑功能器件是一类数字电路,这些器件通常具有固定的逻辑功能,可以根据不同的输入信号组合实现特定的逻辑运算和输出。常用组合逻辑功能器件主要包括编码器、译码器、数据选择器和加法器等。这些器件在数字电路和系统中具有广泛的应用,可以实现各种逻辑运算和功能,为数字电路的设计和应用提供了灵活性和便利性。

学习目标

(1) 掌握加法器、编码器、译码器等组合逻辑功能器件的基本概念和工作原理。

(2) 熟悉各种组合逻辑功能器件的输入和输出关系,以及它们如何根据输入信号执行特定的逻辑功能。

(3) 能够识别和理解这些组合逻辑功能器件在数字电路和计算机系统中的实际应用场景。

10.2.1 加法器

加法器是一种用于执行二进制加法运算的设备,根据输入的二进制数进行加法运算,并产生相应的输出结果。

1. 半加器

半加器(Half-adder)是最简单的加法器，能对两个一位二进制数进行相加得到和及进位。半加器有两个输入端(分别表示要相加的两个二进制数)、两个输出端(分别表示和与进位)。但是，半加器不考虑来自低位的进位，因此它只能用于单个二进制位的加法。

按照二进制数运算规则得到半加器真值表，如表 10-4 所示，其中 A、B 是两个加数，S 是和，C 是进位。

表 10-4 半加器真值表

输	入	输	出
A	B	S	C
0	0	0	0
0	1	1	0
1	0	1	0
1	1	0	1

由真值表可以得到如下逻辑表达式：

$$S = \overline{A}B + A\overline{B} = A \oplus B$$
$$C = AB$$

由表达式可以得到半加器逻辑电路图及逻辑符号，如图 10-4 所示。

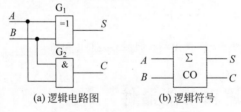

(a) 逻辑电路图　　　　(b) 逻辑符号

图 10-4　半加器逻辑图及符号

2. 全加器

全加器(Full-adder)可以处理多位二进制数的加法运算，同时考虑来自低位的进位。全加器有三个输入端(分别表示两个要相加的二进制数以及来自低位的进位)、两个输出端(分别表示和与进位)。全加器真值表如表 10-5 所示，C_I 为低位来的进位，A、B 是两个加数，S 是全加和，C_O 是进位。

表 10-5　全加器真值表

输		入	输	出
C_I	A	B	S	C_O
0	0	0	0	0
0	0	1	1	0
0	1	0	1	0
0	1	1	0	1
1	0	0	1	0
1	0	1	0	1
1	1	0	0	1
1	1	1	1	1

从真值表可得到如下表达式：
$$S = \sum m(1,2,4,7)$$
$$C_O = \sum m(3,5,6,7)$$

化简后：
$$S = A \oplus B \oplus C_I$$
$$C_O = AB + AC_I + BC_I$$

由逻辑表达式可画出逻辑图及逻辑符号，如图 10-5 所示。

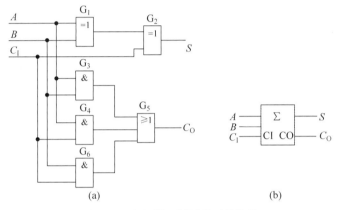

图 10-5 全加器逻辑图及逻辑符号

10.2.2 译码器

视频讲解

译码器是一种将二进制代码转换为特定输出信号的设备，可以将二进制代码解码为相应的输出信号，用于控制或驱动其他设备。

1. n 位二进制译码器

n 位二进制译码器有 n 个输入端和 2^n 个输出端，即将 n 位二进制代码的组合状态翻译成对应的 2^n 个最小项，一般称为 n 线-2^n 线译码器。2 线-4 线译码器的电路有 2 个输入端 A、B，4 个输出端 $\bar{Y}_3 \sim \bar{Y}_0$，在任何时刻最多只有一个输出端为有效电平（此处为低电平），其真值表如表 10-6 所示，$\overline{EN}=1$（无效）时，译码器处于禁止工作状态，此时，全部输出端都输出高电平（无效状态）。

表 10-6 2 线-4 线译码器真值表

$\overline{EN}$	B	A	$\bar{Y}_3$	$\bar{Y}_2$	$\bar{Y}_1$	$\bar{Y}_0$
1	X	X	1	1	1	1
0	0	0	1	1	1	0
0	0	1	1	1	0	1
0	1	0	1	0	1	1
0	1	1	0	1	1	1

常用的中规模集成电路译码器有 2 线-4 线译码器 74139、3 线-8 线译码器 74LS138、4 线-16 线译码器 74154 和 4 线-10 线译码器 7442 等。

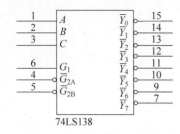

图 10-6　3 线-8 线译码器的逻辑符号

74LS138 是 TTL 系列中的 3 线-8 线译码器,3 线-8 线译码器的逻辑符号如图 10-6 所示,其中 A、B 和 C 是输入端,$\overline{Y}_0,\overline{Y}_1,\overline{Y}_2,\overline{Y}_3,\overline{Y}_4,\overline{Y}_5,\overline{Y}_6,\overline{Y}_7$ 是输出端,$G_1,\overline{G}_{2A},\overline{G}_{2B}$ 是控制端。它的真值表见表 10-7。在真值表中 $G_2 = \overline{G}_{2A} + \overline{G}_{2B}$,从真值表可以看出当 $G_1 = 1$、$G_2 = 0$ 时该译码器处于工作状态,否则输出被禁止,输出高电平。这三个控制端又称为片选端,利用它们可以将多片连接起来扩展译码器的功能。

表 10-7　74LS138 真值表

G_1	$\overline{G}_{2A}+\overline{G}_{2B}$	C	B	A	$\overline{Y}_0$	$\overline{Y}_1$	$\overline{Y}_2$	$\overline{Y}_3$	$\overline{Y}_4$	$\overline{Y}_5$	$\overline{Y}_6$	$\overline{Y}_7$
0	X	X	X	X	1	1	1	1	1	1	1	1
X	1	X	X	X	1	1	1	1	1	1	1	1
1	0	0	0	0	0	1	1	1	1	1	1	1
1	0	0	0	1	1	0	1	1	1	1	1	1
1	0	0	1	0	1	1	0	1	1	1	1	1
1	0	0	1	1	1	1	1	0	1	1	1	1
1	0	1	0	0	1	1	1	1	0	1	1	1
1	0	1	0	1	1	1	1	1	1	0	1	1
1	0	1	1	0	1	1	1	1	1	1	0	1
1	0	1	1	1	1	1	1	1	1	1	1	0

从真值表可知,每个输出端的函数为

$$Y_i = \overline{m_i(G_1 \overline{G}_{2A} \overline{G}_{2B})}$$

其中,m_i 为输入 C、B、A 的最小项。

如果把 G_1 作为数据输入端(同时使 $\overline{G}_{2A} + \overline{G}_{2B} = 0$),把 C、B、A 作为地址端,则可以把 G_1 信号送到一个由地址指定的输出端,例如,$CBA = 101$,则 $\overline{Y}_5$ 等于 G_1 的反码。这种使用称为数据分配器使用。

用两个 3 线-8 线译码器可组成 4 线-16 线译码器,如图 10-7 所示。将 C、B、A 信号连接到 U_1 和 U_2 的 C、B、A 端,将 U_1 的控制 $\overline{G}_{2A}$ 和 U_2 的 G_1 端连接到 D,当 $D = 0$ 时,选中 U_1,否则选中 U_2,将 U_1 的 $\overline{G}_{2B}$ 和 U_2 的 $\overline{G}_{2A}$ 端连接到使能信号 EN,当 EN = 0 时,译码器正常工作,当 EN = 1 时,译码器被禁止。

二进制译码器也可用来实现逻辑函数。如选输出低电平有效的二进制译码器时,将逻辑函数的最小项表达式二次求非,变换为与非表达式,用与非门综合实现逻辑函数。或者,选输出高电平有效的二进制译码器时,因为逻辑函数的最小项表达式为标准与或表达式,所以可以直接用或门综合实现逻辑函数。

【例 10-4】　用 74LS138 译码器实现的电路如图 10-8 所示,写出 $Y(A,B,C)$ 的逻辑表达式。

解: 从 74LS138 译码器的功能可知,它的每个输出都是对应输入逻辑变量最小项的非,

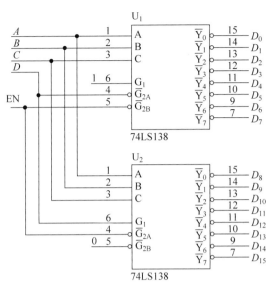

图 10-7 用 74LS138 实现 4 线-16 线译码器

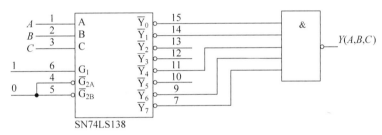

图 10-8 用 74LS138 译码器实现的电路

因此得到输出表达式如下。

$$Y(A,B,C) = \overline{\overline{Y_0}\,\overline{Y_1}\,\overline{Y_4}\,\overline{Y_6}\,\overline{Y_7}} = \overline{\overline{m_0}\,\overline{m_1}\,\overline{m_4}\,\overline{m_6}\,\overline{m_7}} = m_0 + m_1 + m_4 + m_6 + m_7$$
$$= \sum m(0,1,4,6,7)$$

【例 10-5】 用二进制译码器实现逻辑函数 $F = \overline{A}\overline{B}C + \overline{A}B\overline{C} + A\overline{B}\overline{C} + ABC$。

解:(1) F 有三个输入变量,因而选用三变量译码器。可采用 74LS138 译码器实现以上逻辑函数。

(2) 74LS138 输出为低电平有效,即输出为输入变量的相应最小项之非,故先将逻辑函数式 F 写成最小项之非的形式。由摩根定律得 $F = \overline{\overline{\overline{A}\overline{B}C} \cdot \overline{\overline{A}B\overline{C}} \cdot \overline{A\overline{B}\overline{C}} \cdot \overline{ABC}} = \overline{\overline{Y_0} \cdot \overline{Y_2} \cdot \overline{Y_4} \cdot \overline{Y_7}}$。

(3) 变量 A、B、C 分别接三变量译码器的 A_2、A_1、A_0 端,则得到的逻辑电路图如图 10-9 所示。

2. 二-十进制译码器

二-十进制译码器,也称为 BCD(Binary-Coded Decimal)译码器,是一种特殊的译码

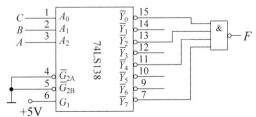

图 10-9 例 10-5 逻辑电路图

器,其功能是将输入的 4 位二进制数(即 BCD 码)转换成对应的 10 种十进制数中的某一个输出信号。

二-十进制译码器通常有 4 个输入端(用于接收 BCD 码)和 10 个输出端(对应十进制数的 0~9)。当输入一个特定的 BCD 码时,与之对应的输出端会产生一个有效的输出信号,而其他输出端则保持无效状态。这种输出信号可以用于驱动显示设备、控制逻辑电路等。

常用的 4 线-10 线 BCD 译码器如 74LS42,它的输入为 8421BCD 码时,输出为 10 个独立的信号线 0~9,对于 8421BCD 码以外的伪码,输出全为高电平。该芯片常与发光二极管连接,用二极管是否发光来显示 BCD 数据。

3. 显示译码器

显示译码器(display decoder)是一种特殊的译码器,其主要功能是将输入的二进制代码转换为能够驱动显示设备的信号,以便在显示器件上显示对应的数字或字符。

1) 七段数码管

七段数码管(seven segment display)是一种半导体发光器件,也是数码管的一种。其基本单元是发光二极管,非共性端接高电平或低电平(根据发光二极管的性质而定),当共性端接入相适配的驱动电平信号时,该段就会发光显示。

七段数码管一般分为共阳极和共阴极两种结构。因为借由七个发光二极管以不同组合来显示数字,所以称为"七划管""七段数码管"或"七段显示器"。七段数码管还可以包含一个用于显示小数点的发光二极管单元 DP,因此有些七段数码管实际上有八个发光二极管。

发光二极管的阳极连在一起接到电源正极的称为共阳数码管,阴极接低电平时二极管发光;发光二极管的阴极连在一起接到电源负极的称为共阴数码管,阳极接高电平时二极管发光。七段数码管的外形图及共阴、共阳等效电路如图 10-10 所示。有的数码管在右下角还增设了一个小数点,形成八段显示。

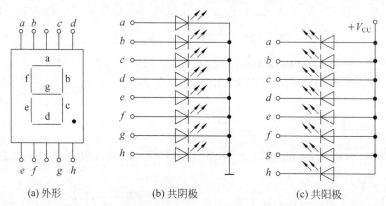

(a) 外形　　(b) 共阴极　　(c) 共阳极

图 10-10 七段数码管的外形图及共阴、共阳等效电路

常用 LED 数码管显示的数字和字符为 0、1、2、3、4、5、6、7、8、9、A、B、C、D、E、F。

2) 液晶显示器

液晶显示器(LCD)是另一种数码显示器。液晶显示器中的液态晶体材料是一种有机化合物,在常温下既有液体特性,又有晶体特性。利用液晶在电场作用下产生光的散射或偏光作用原理,便可实现数字显示。一般对 LCD 的驱动采用正负对称的交流信号。

3）BCD码七段译码驱动器

此类译码器型号有74LS47（共阳）、74LS48（共阴）、CC4511（共阴）等，CC4511引脚排列如图10-11所示。

用CC4511驱动一位LED数码管电路如图10-12所示，可实现表10-8所示的功能。

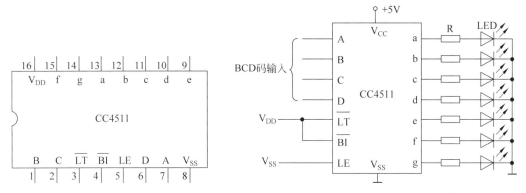

图10-11　CC4511引脚排列　　　　图10-12　CC4511驱动一位LED数码管

表10-8　CC4511功能表

输入						输出							显示字形
LE	$\overline{BI}$	$\overline{LT}$	D	C	B	A	a	b	c	d	e	f	g	
×	×	0	×	×	×	×	1	1	1	1	1	1	1	8
×	0	1	×	×	×	×	0	0	0	0	0	0	0	消隐
0	1	1	0	0	0	0	1	1	1	1	1	1	0	0
0	1	1	0	0	0	1	0	1	1	0	0	0	0	1
0	1	1	0	0	1	0	1	1	0	1	1	0	1	2
0	1	1	0	0	1	1	1	1	1	1	0	0	1	3
0	1	1	0	1	0	0	0	1	1	0	0	1	1	4
0	1	1	0	1	0	1	1	0	1	1	0	1	1	5
0	1	1	0	1	1	0	0	0	1	1	1	1	1	6
0	1	1	0	1	1	1	1	1	1	0	0	0	0	7
0	1	1	1	0	0	0	1	1	1	1	1	1	1	8
0	1	1	1	0	0	1	1	1	1	0	0	1	1	9
0	1	1	1	0	1	0	0	0	0	0	0	0	0	消隐
0	1	1	1	0	1	1	0	0	0	0	0	0	0	消隐
0	1	1	1	1	0	0	0	0	0	0	0	0	0	消隐
0	1	1	1	1	0	1	0	0	0	0	0	0	0	消隐
0	1	1	1	1	1	0	0	0	0	0	0	0	0	消隐
0	1	1	1	1	1	1	0	0	0	0	0	0	0	消隐
1	1	1	×	×	×	×	锁存							锁存

10.2.3 编码器

编码器(encoder)是一种将输入的信息转换为二进制代码的设备,可以将输入的每个状态或信号转换为一个唯一的二进制代码,以便在数字系统中进行传输、存储或处理。常用的编码器有普通编码器和优先编码器两类,编码器又可分为二进制编码器和二-十进制编码器。

1. 普通编码器

n 位二进制符号有 2^n 种不同的组合,因此有 n 位输出的编码器可以表示 2^n 个不同的输入信号,一般把这种编码器称为 2^n 线-n 线编码器。3 位二进制编码器原理框图及其内部逻辑电路图,如图 10-13 所示。

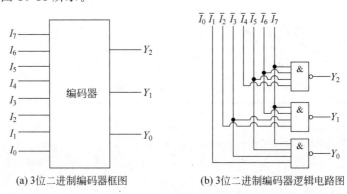

(a) 3位二进制编码器框图　　(b) 3位二进制编码器逻辑电路图

图 10-13　3 位二进制编码器原理框图及其内部逻辑电路图

它有 8 个输入端 $I_0 \sim I_7$,有 3 个输出端 Y_2、Y_1、Y_0,所以称为 8 线-3 线编码器。对于普通编码器来说,在任何时刻输入 $Y_0 \sim Y_7$ 中只允许一个信号为有效电平。高电平有效的 8 线-3 线普通编码器的编码表如表 10-9 所示。

表 10-9　普通编码器的编码表

I_0	I_1	I_2	I_3	I_4	I_5	I_6	I_7	Y_2	Y_1	Y_0
1	0	0	0	0	0	0	0	0	0	0
0	1	0	0	0	0	0	0	0	0	1
0	0	1	0	0	0	0	0	0	1	0
0	0	0	1	0	0	0	0	0	1	1
0	0	0	0	1	0	0	0	1	0	0
0	0	0	0	0	1	0	0	1	0	1
0	0	0	0	0	0	1	0	1	1	0
0	0	0	0	0	0	0	1	1	1	1

2. 优先编码器

普通编码器电路比较简单,但两个或更多输入信号同时有效时,将造成输出状态混乱,采用优先编码器可以避免这种现象出现。优先编码器(priority encoder)是一种特殊的编码器,它允许同时在几个输入端有输入信号。优先编码器按照输入信号排定的优先顺序,只对同时输入的几个信号中优先权最高的一个进行编码。

优先编码器在数字系统中有着广泛的应用,如算术逻辑部件(ALU)就是优先编码器的一种实现,通常用于 CPU 中。优先编码器有多种类型,如 4 线-2 线优先编码器、8 线-3 线优先编码器等。这些编码器可以进一步通过级联等方式扩展,以满足更多位的编码需求。

下面以 8 线-3 线二进制优先编码器 74LS148 为例,介绍优先编码器的逻辑功能和使用方法。

74LS148 的引脚排列图和逻辑功能示意图如图 10-14 所示。该编码器的输入与输出都是低电平有效。从真值表 10-10 可以看出,输入端 $\overline{EI}$ 是片选端,当 $\overline{EI}=0$ 时,编码器正常工作,否则编码器输出全为高电平。输出信号 $\overline{GS}=0$ 表示编码器正常工作,而且有编码输出。输出信号 $\overline{EO}=0$ 表示编码器正常工作但是没有编码输出,它常用于编码器级联。

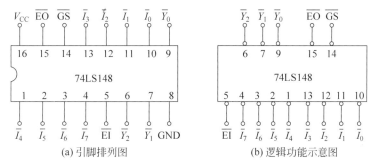

图 10-14 优先编码器 74LS148

表 10-10 74LS148 真值表

输入								输出				
$\overline{EI}$	$\overline{I_7}$	$\overline{I_6}$	$\overline{I_5}$	$\overline{I_4}$	$\overline{I_3}$	$\overline{I_2}$	$\overline{I_1}$	$\overline{I_0}$	$\overline{Y_2}$	$\overline{Y_1}$	$\overline{Y_0}$	$\overline{GS}$	$\overline{EO}$
1	×	×	×	×	×	×	×	×	1	1	1	1	1
0	1	1	1	1	1	1	1	1	1	1	1	1	0
0	0	×	×	×	×	×	×	×	0	0	0	0	1
0	1	0	×	×	×	×	×	×	0	0	1	0	1
0	1	1	0	×	×	×	×	×	0	1	0	0	1
0	1	1	1	0	×	×	×	×	0	1	1	0	1
0	1	1	1	1	0	×	×	×	1	0	0	0	1
0	1	1	1	1	1	0	×	×	1	0	1	0	1
0	1	1	1	1	1	1	0	×	1	1	0	0	1
0	1	1	1	1	1	1	1	0	1	1	1	0	1

【例 10-6】 基于 74LS148 编码器实现监视 8 个化学罐液面的报警电路。

解:根据题意,选择优先编码器 74LS148,当 8 个化学罐中任何一个的液面超过预定高度时,其液面检测传感器便输出一个 0 电平到编码器的输入端。编码器输出 3 位二进制代码到微控制器。

利用中断 $\overline{INT_0}$ 接收 $\overline{GS}$ 信号,作为报警($\overline{GS}$ 是编码器输入信号有效的标志输出,只要有一个输入信号为有效的低电平,$\overline{GS}$ 就变成低电平)。

参考电路框图如图 10-15 所示。

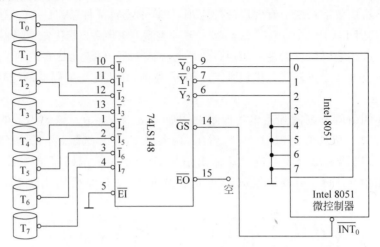

图 10-15　基于 74LS148 编码器的化学罐液面报警电路框图

思考练习

10.1　什么是半加器？什么是全加器？

10.2　在多位二进制数相加时，最低位全加器的进位端 C_{i-1} 应如何处理？

10.3　什么是译码器？什么是二进制译码器？什么是二-十进制译码器？

10.4　什么是译码器的使能输入端？74LS138 译码器的使能输入端 G_{2A} 上的"非号"是什么含义？

10.5　有一个二-十进制的译码器，输出高电平有效，如果要显示数据，试问配接的数码管（LED）应是共阳极型的还是共阴极型的？

10.6　试分析图 10-16 中逻辑电路图的逻辑功能。

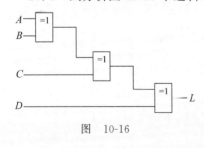

图　10-16

10.7　某汽车驾驶员培训班进行结业考试，有三名评判员，其中 A 为主评判员，B 和 C 为副评判员。在评判时，按照少数服从多数的原则通过，但主评判员认为合格，也可通过。试仅用"与非门"构成逻辑电路实现此评判规定。要求：(1)写出真值表。(2)写出最简与或表达式。(3)画出逻辑电路图。

10.8　某实验室中有红色、黄色两个故障指示灯，用来表示三台设备的工作情况，规则如下：

当有任意一台设备出故障时，黄灯亮；

当有任意两台设备出故障时，红灯亮；

当三台设备同时发生故障时，黄灯和红灯同时亮。

请设计一个满足上述规则的组合逻辑电路。

10.9　现有两台发电机组 X 和 Y，其功率分别为 10KW 和 20KW。它们共同对四台机器进行供电，每台机器用电量均为 10KW。四台机器工作的情况如下：

四台机器不能同时工作;

四台机器可以是其中任意一台工作,或者二台、三台同时工作;

当四台机器都不工作时,两台发电机组均不供电。

请设计一个组合逻辑电路,使发电机组供电时,既能满足机器工作的要求,又能尽量达到节约能源的目的。

10.10 用3线-8线译码器74LS138和辅助门电路实现逻辑函数 $Y = A_2 + \overline{A}_2 \cdot \overline{A}_1$。

第 11 章 触发器

在数字逻辑电路中,触发器是一种基本的存储单元,它能够存储一位二进制信息,并且在特定的输入信号下可以改变其状态。

触发器在数字系统中有着广泛的应用,主要用于构建计数器、寄存器、时序逻辑电路等。在计数器中,触发器用于存储计数值;在寄存器中,触发器用于存储数据;在时序逻辑电路中,触发器用于实现各种时序控制功能。此外,触发器还可以用于实现数据的同步传输、异步传输以及数据的存储和保护等。因此,触发器是数字逻辑电路中非常重要的基本元件之一。

本章主要介绍触发器的基本概念、特点、分类以及应用。通过学习和理解这一章的内容,可以更好地掌握触发器的原理和应用方法,为后续的时序逻辑电路设计和分析打下基础。

视频讲解

11.1 触发器及其特性

触发器是一种特殊的存储逻辑电路。本节介绍触发器的基本特性及其如何在数字逻辑电路中工作;介绍触发器的不同分类方式,每种分类都有其特定的应用和特性。通过学习本节内容,为后续理解触发器的工作原理、应用方法以及数字逻辑电路的设计和分析提供了基础。

学习目标

(1) 理解触发器的定义和基本特性。
(2) 掌握不同类型的触发器分类方法。

11.1.1 触发器的特性

触发器属于双稳态电路,具有两种稳定状态,通常表示为 0 和 1。这两种状态是由电路内部的反馈机制维持的。在没有外部输入的情况下,触发器将保持其当前状态不变。这两种状态可以在特定的触发信号作用下相互转换,并且一旦转换,触发器能够保持新的状态直到下一次触发信号的到来,这是触发器的记忆功能。此外,触发器通常有两个互补的输出端,分别用 Q 和 $\bar{Q}$ 表示,用于表示触发器的当前状态。触发器的状态改变通常是由一个特定的输入信号触发的。这个输入信号可以是一个时钟信号,或者是一个满足特定条件的信号,如特定输入信号或复位信号等。

11.1.2 触发器的分类

触发器可以根据不同的分类标准进行分类,常见的分类方式有以下几种。

1. 按照触发方式分类

按照触发方式分类,可以分为以下几类。

电平触发器:当输入信号达到一定的电平时,触发器状态会发生改变。

边沿触发器:在时钟信号的上升沿或下降沿,触发器状态会发生改变。边沿触发器又可以分为正边沿触发器和负边沿触发器。

脉冲触发器:在输入脉冲信号的作用下,触发器状态会发生改变。

2. 按照逻辑功能分类

按照逻辑功能分类,可分为 RS 触发器、JK 触发器、D 触发器、T 触发器等。每种类型的触发器都有其特定的逻辑功能和应用场景。例如,RS 触发器可以通过设置和复位输入来改变其状态;JK 触发器可以在时钟信号的边沿翻转其状态;D 触发器可以在时钟信号的边沿将输入信号存储在其输出端;T 触发器则可以在时钟信号的边沿翻转其输出状态。

3. 按照结构分类

按照结构分类,可以分为以下几类。

基本触发器:由与非门或或非门组成的最简单的触发器。

同步触发器:触发器的状态改变与时钟信号同步。

主从触发器:由主触发器和从触发器两部分组成,主触发器负责接收输入信号,从触发器负责在时钟信号的边沿改变状态。

边沿触发器:在时钟信号的边沿改变状态,包括正边沿触发器和负边沿触发器。

以上分类方式并不是互相独立的,触发器可以同时属于多个分类。例如,一个 JK 触发器既是边沿触发器,又是同步触发器。在实际应用中,需要根据具体需求选择合适的触发器类型和结构。

11.2 常用触发器介绍

视频讲解

触发器的种类有很多,每种触发器都有其独特的性质和应用。在数字系统设计中,选择适当的触发器类型对于实现所需的功能和性能至关重要。

本节将介绍几种常用的触发器类型,包括 RS 触发器、JK 触发器和 D 触发器。通过学习本节内容,将详细了解它们的工作原理、特性和应用,以便在后续的学习和实践中能够灵活运用这些基本组件来构建复杂的数字逻辑电路。

学习目标

(1) 理解触发器的基本概念。
(2) 熟悉常用触发器的类型和特点。
(3) 掌握触发器的逻辑功能和操作方式。

11.2.1 RS 触发器

RS 触发器是数字逻辑电路中基本的触发器之一。这种触发器由两个"或非门"或两个"与非门"交叉连接而成,形成正反馈结构。

1. 基本 RS 触发器

两个"与非门"构成的基本 RS 触发器逻辑图及其逻辑符号,如图 11-1 所示。$\bar{R}$、$\bar{S}$ 为触发器信号输入端,Q、$\bar{Q}$ 为输出端。

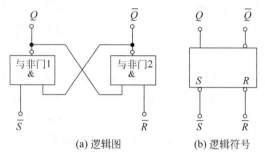

(a) 逻辑图　　　　(b) 逻辑符号

图 11-1　基本 RS 触发器

设两个与非门输出端的初始状态分别为 $Q=0$,$\bar{Q}=1$。当输入端 $\bar{R}=1$,$\bar{S}=0$ 时,与非门 1 的输出端 Q 将由低电平转变为高电平,由于 Q 端被接到与非门 2 的输入端,与非门 2 的两个输入端均处于高电平状态,使输出端 $\bar{Q}$ 由高电平转变为低电平状态。因为 $\bar{Q}$ 被接到与非门 1 的输入端,所以与非门 1 的输出状态仍为高电平,即触发器被"置位",$Q=1$,$\bar{Q}=0$。

触发器被置位后,若输入端 $\bar{R}=0$,$\bar{S}=1$,与非门 2 的输出端 $\bar{Q}$ 将由低电平转变为高电平,由于 $\bar{Q}$ 端被接到与非门 1 的输入端,与非门 1 的两个输入端均处于高电平状态,使输出端 Q 由高电平转变为低电平状态。因为 Q 被接到与非门 2 的输入端,所以与非门 2 的输出状态仍为高电平,即触发器被"复位",$Q=0$,$\bar{Q}=1$。

触发器被复位后,若输入端 $\bar{R}=1$,$\bar{S}=1$,与非门 1 的两个输入端均处于高电平状态,输出端 Q 仍保持为低电平状态不变。因为 Q 端被接到与非门 2 的输入端,所以 $\bar{Q}$ 端仍保持为高电平状态不变,即触发器处于"保持"状态。

将触发器输出端状态由 1 变为 0 或由 0 变为 1 称为"翻转"。当 $\bar{R}=1$,$\bar{S}=1$ 时,触发器输出端状态不变,该状态将一直保持到有新的置位或复位信号到来为止。

不论触发器处于何种状态,若 $\bar{R}=0$,$\bar{S}=0$,与非门 1、2 的输出状态均变为高电平,即 $Q=1$,$\bar{Q}=1$。此状态破坏了 Q 与 $\bar{Q}$ 间的逻辑关系,属非法状态,这种情况应当避免。

上述过程可以用如表 11-1 所示的状态表描述,其中 Q^n 表示接收信号之前触发器的状态,称为"现态";Q^{n+1} 表示接收信号之后的状态,称为"次态"。式(11-1)描述了基本 RS 触发器输入与输出信号间逻辑关系的特性方程。由特性方程可以看出,基本 RS 触发器当前的输出状态 Q^{n+1} 不仅与当前的输入状态有关,而且还与其原来的输出状态 Q^n 有关。

表 11-1 基本 RS 触发器的状态表

$\bar{R}$	$\bar{S}$	Q^n	Q^{n+1}	功　　能
0	0	0	×	不定（避免使用）
0	0	1	×	
0	1	0	0	$Q^{n+1}=0$ 置 0
0	1	1	0	
1	0	0	1	$Q^{n+1}=1$ 置 1
1	0	1	1	
1	1	0	0	$Q^{n+1}=Q^n$ 保持原态
1	1	1	1	

特性方程如下：

$$\begin{cases} Q^{n+1} = \overline{(\bar{S})} + \bar{R}Q^n = S + \bar{R}Q^n \\ \bar{R} + \bar{S} = 1 \quad 约束条件 \end{cases} \tag{11-1}$$

2. 电平控制 RS 触发器

通常使用外加时钟信号（外加电平）来控制 RS 触发器在同一时刻输入信号，并按照所要求的状态触发翻转，这样可实现多个触发器同步触发。

电平控制 RS 触发器的逻辑电路如图 11-2(a)所示，在上述电平控制 RS 触发器的输入端各串接一个与非门，便得到电平控制 RS 触发器。只有当控制输入端 CP=1 时，输入信号 S、R 才起作用（置位或复位），否则输入信号 R、S 无效，触发器输出端将保持原状态不变。

电平控制 RS 触发器逻辑符号如图 11-2(b)所示，其状态表如表 11-2 所示，特性方程同基本 RS 触发器（另外可标记时钟信号触发条件），见式(11-1)。

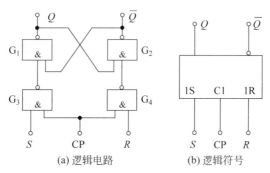

(a) 逻辑电路　　　　(b) 逻辑符号

图 11-2 电平控制 RS 触发器

表 11-2 电平控制 RS 触发器的状态表

CP	R	S	Q^n	Q^{n+1}	功　　能
0	×	×	×	Q^n	$Q^{n+1}=Q^n$ 保持
1	0	0	0	0	$Q^{n+1}=Q^n$ 保持
1	0	0	1	1	
1	0	1	0	1	$Q^{n+1}=1$ 置 1
1	0	1	1	1	
1	1	0	0	0	$Q^{n+1}=0$ 置 0
1	1	0	1	0	
1	1	1	0	不定	不允许
1	1	1	1	不定	

电平控制 RS 触发器克服了非时钟控制触发器对输出状态直接控制的缺点,采用选通控制,即只有当时钟控制端 CP 有效时触发器才接收输入数据,否则输入数据将被禁止。电平控制有高电平触发与低电平触发两种类型。上面列举的是高电平触发类型。

3. 主从 RS 触发器

上述电平控制 RS 触发器,考虑到如果在 CP=1 期间输入信号多次发生变化,则电平控制 RS 触发器的状态也会多次发生翻转,降低了电路的抗干扰能力。因此,可选用主从 RS 触发器来克服上述问题。

主从 RS 触发器的逻辑电路如图 11-3(a)所示,主从 RS 触发器是由两个 RS 触发器组成,其中一个触发器(称为主触发器)的输出控制另一个触发器(称为从触发器)的时钟信号。由于主从 RS 触发器在时钟信号的上升沿或下降沿发生状态翻转,因此它克服了钟控 RS 触发器多次翻转和空翻的问题,提高了电路的可靠性和稳定性。

主从 RS 触发器的逻辑符号如图 11-3(b)所示,其状态表如表 11-3 所示,特性方程同基本 RS 触发器(另外标记时钟信号触发条件),见式(11-1)。

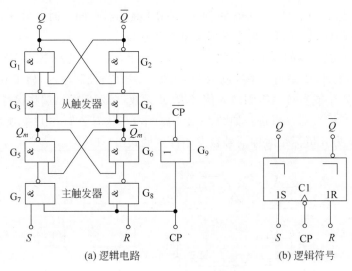

(a) 逻辑电路　　　　　(b) 逻辑符号

图 11-3　主从 RS 触发器

表 11-3　主从 RS 触发器的状态表

CP	R	S	Q^n	Q^{n+1}	功　能
×	×	×	×	Q^n	$Q^{n+1}=Q^n$ 保持
下降沿	0	0	0	0	$Q^{n+1}=Q^n$ 保持
下降沿	0	0	1	1	
下降沿	0	1	0	1	$Q^{n+1}=1$ 置 1
下降沿	0	1	1	1	
下降沿	1	0	0	0	$Q^{n+1}=0$ 置 0
下降沿	1	0	1	0	
下降沿	1	1	0	不定	不允许
下降沿	1	1	1	不定	

11.2.2 JK 触发器

JK 触发器具有置 0、置 1、保持和翻转功能,在各类集成触发器中,从功能上讲,JK 触发器的功能最为齐全。根据不同的电路结构和实现方式,JK 触发器可以分为边沿 JK 触发器、主从 JK 触发器和同步 JK 触发器。

1. 同步 JK 触发器

图 11-4 是同步 JK 触发器的逻辑电路及逻辑符号。其状态表如表 11-4 所示。

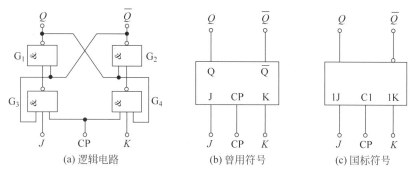

图 11-4 同步 JK 触发器

表 11-4 同步 JK 触发器的状态表

CP	J	K	Q^n	Q^{n+1}	功　能
0	×	×	×	Q^n	$Q^{n+1}=Q^n$ 保持
1	0	0	0	0	$Q^{n+1}=Q^n$ 保持
1	0	0	1	1	
1	0	1	0	0	$Q^{n+1}=0$ 置 0
1	0	1	1	0	
1	1	0	0	1	$Q^{n+1}=1$ 置 1
1	1	0	1	1	
1	1	1	0	1	$Q^{n+1}=\overline{Q}^n$ 翻转
1	1	1	1	0	

将 $S=JQ^n$、$R=KQ^n$ 代入同步 RS 触发器的特性方程,可得同步 JK 触发器的特性方程:

$$Q^{n+1}=S+\overline{R}Q^n=J\overline{Q}^n+\overline{KQ^n}Q^n$$

$$Q^{n+1}=J\overline{Q}^n+\overline{K}Q^n \quad (\text{CP}=1 \text{ 期间有效}) \tag{11-2}$$

上述同步 JK 触发器的逻辑功能描述如下:当 $J=1$,$K=0$ 时,如果时钟信号 CP 为高电平,则触发器被置为 1 态,即输出 Q 为高电平,$\overline{Q}$ 为低电平;当 $J=0$,$K=1$ 时,如果时钟信号 CP 为高电平,则触发器被置为 0 态,即输出 Q 为低电平,$\overline{Q}$ 为高电平;当 $J=K=0$ 时,如果时钟信号 CP 为高电平,则触发器保持原来的状态不变;当 $J=K=1$ 时,如果时钟信号 CP 为高电平,则触发器状态翻转;如果时钟信号 CP 为低电平,则触发器状态保持不变,无论输入信号 J、K 的状态如何。

2. 边沿 JK 触发器

边沿 JK 触发器是一种在时钟信号边沿触发翻转的触发器。它利用时钟信号的上升沿或下降沿作为触发条件，根据输入信号 J 和 K 的逻辑状态来决定触发器的翻转。边沿 JK 触发器具有抗干扰能力强、工作稳定可靠等优点，因此在数字系统中得到了广泛应用。

下面以 74LS112 为例介绍边沿 JK 触发器。74LS112 边沿 JK 触发器逻辑电路及逻辑符号如图 11-5 所示。表 11-5 为 74LS112 边沿 JK 触发器的状态表。

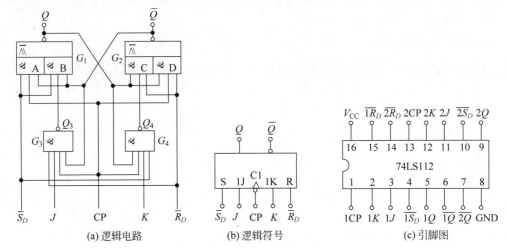

图 11-5　74LS112 边沿 JK 触发器

表 11-5　74LS112 边沿 JK 触发器的状态表

CP	J	K	Q^n	Q^{n+1}	功　能
0	×	×	Q^n	Q^n	$Q^{n+1}=Q^n$ 保持
0→1	×	×	Q^n	Q^n	$Q^{n+1}=Q^n$ 保持
1→0	0	0	0	0	$Q^{n+1}=Q^n$ 保持
1→0	0	0	1	1	
1→0	0	1	0	0	$Q^{n+1}=0^n$ 置 0
1→0	0	1	1	0	
1→0	1	0	0	1	$Q^{n+1}=1^n$ 置 1
1→0	1	0	1	1	
1→0	1	1	0	1	$Q^{n+1}=\overline{Q^n}$ 翻转
1→0	1	1	1	0	

其逻辑功能描述如下：

$\overline{S_D}$、$\overline{R_D}$ 为异步置位和复位端，当 $\overline{R_D}=0$ 时，Q^{n+1} 直接置 0；当 $\overline{S_D}=0$ 时，Q^{n+1} 直接置 1。下列逻辑功能在 $\overline{S_D}$、$\overline{R_D}$ 两个异步置位和复位端输入且均为 1 条件下，有以下表现。

① 输入信号 $J=0$，$K=0$，当时钟下降沿到来时，触发器输出状态保持不变，即 $Q^{n+1}=Q^n$。

② 输入信号 $J=1$，$K=0$，当时钟下降沿到来时，触发器被置 1，即 $Q^{n+1}=1$，$\overline{Q^{n+1}}=0$。

③ 输入信号 $J=0$，$K=1$，当时钟下降沿到来时，触发器被置 0，即 $Q^{n+1}=0$，$\overline{Q^{n+1}}=1$。

④ 输入信号 $J=1$，$K=1$，触发器处于翻转状态，当时钟下降沿到来时，触发器输出状态发生变化，即 $Q^{n+1}=\overline{Q^n}$。

11.2.3 D 触发器

D 触发器也可由 RS 触发器获得。D 触发器将加到 S 端的输入信号经非门取反后再加到 R 输入端,即 R 端不再由外部信号控制。增加了时钟信号的同步 D 触发器如图 11-6 所示。

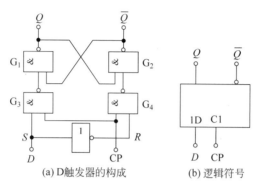

(a) D 触发器的构成 (b) 逻辑符号

图 11-6 同步 D 触发器

当时钟端 CP=1 时,若 $D=1$,使触发器输入端 $S=1$, $R=0$,根据 RS 触发器的特性可知,触发器被置 1,即 $Q=D=1$;若 $D=0$,使 $S=0$, $R=1$,触发器被复位,即 $Q=D=0$。当时钟端 CP=0 时,触发器输出端保持原状态不变。其状态表如表 11-6 所示,波形图如图 11-7 所示,其特性方程为

$$Q^{n+1}=D(CP=1) \qquad (11-3)$$

表 11-6 同步 D 触发器的状态表

时钟	输入	输出
CP	D	Q^{n+1}
0	×	Q^n
1	0	D
1	1	

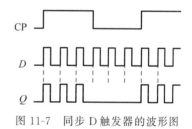

图 11-7 同步 D 触发器的波形图

思考练习

11.1 由或非门和与非门分别构成 RS 触发器,输入信号分别是低电平有效还是高电平有效?

11.2 简述 RS 触发器、JK 触发器和 D 触发器的基本特点。

11.3 基本 RS 触发器的两个输入端为什么不能同时加低电平?

11.4 主从 JK 触发器、边沿 D 触发器分别在时钟脉冲的上升沿触发还是下降沿触发?

11.5 在 JK 触发器和 D 触发器中, R_D、S_D 端起什么作用?

11.6 简述触发器的输出状态如何受到输入信号和时钟信号的影响?

11.7 设 JK 触发器的初始状态 $Q=0$,时钟脉冲 C 和两输入端信号 J、K 如图 11-8 所示,试画出 Q 端的波形。

11.8 设边沿型 D 触发器的初始状态 $Q=0$，时钟脉冲 C 及输入信号 D 如图 11-9 所示，试画出 D 触发器输出端的波形。

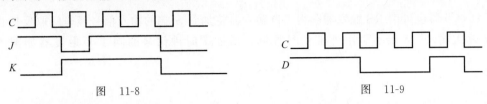

图 11-8   图 11-9

11.9 电路如图 11-10(a)所示，在图 11-10(b)所示的输入信号 D 和时钟脉冲 C 作用下，画出触发器输出端 Q 的波形。

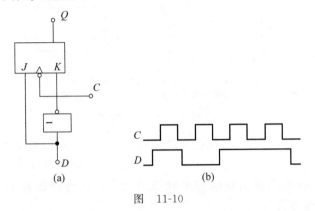

图 11-10

11.10 已知逻辑电路及相应的 C、R_D 和 D 的波形如图 11-11 所示，试画出 Q_0 和 Q_1 端的波形，设初始状态 $Q_0=Q_1=0$。

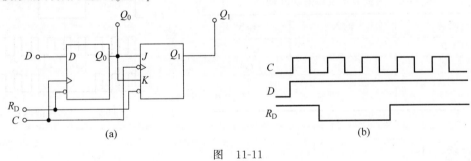

图 11-11

第 12 章 时序逻辑电路及应用

时序逻辑电路是一种特殊的数字逻辑电路，其输出不仅取决于当前的输入信号，还取决于电路之前的状态。这种电路通常包含组合电路和存储电路两部分，其中存储电路的输出会反馈到组合电路的输入端。对时序逻辑电路的分析和基本设计，主要包括解析电路图、状态转换表、状态转换图、状态机流程图、时序图和公式等方法。通过这些工具，可以深入了解电路的工作原理和性能特点。

本章将介绍时序逻辑电路的工作原理、分析方法和基本设计方法。介绍时序逻辑电路的一些常见应用，如寄存器和计数器等。通过本章的学习，建立如触发器、寄存器、计数器等数字电路的基本概念。这些基础器件在后续的数字逻辑和计算机体系结构中会频繁应用，为后续课程的学习提供了坚实的基础。

12.1 时序逻辑电路及分析方法

时序逻辑电路的主要特点是它们的行为不仅取决于当前的输入，还取决于它们的当前状态。因此，时序逻辑电路的输出是输入和当前状态的函数。常见的时序逻辑电路包括触发器(如 RS 触发器、D 触发器、JK 触发器等)、计数器和寄存器。通过分析方法如状态转换表、状态转换图和时序图，我们可以深入了解时序逻辑电路的工作原理和性能特性，为电子系统的设计和优化提供有力支持。

学习目标

(1) 理解时序逻辑电路的基本概念。
(2) 掌握时序逻辑电路的分析方法。

12.1.1 时序逻辑电路

视频讲解

时序逻辑电路是数字逻辑电路的重要组成部分，由存储电路和组合逻辑电路两部分组成，如图 12-1 所示。它的特点是在任何时刻的输出状态不仅取决于当时的输入信号，还取决于电路原来的状态。这种特性使得时序逻辑电路具有记忆功能，因此它可以用于存储信息。触发器是时序逻辑电路组成必不可少的部分，在具体应用中，各类功能的时序逻辑电路可以通过不同的触发器及门电路的组合来实现。

时序电路根据时钟分类可分为同步时序电路和异步时序电路。同步时序电路中，所有的触发器的时钟端 CP 都连在一起，即各个触发器的时钟脉冲相同。在同一个时钟脉冲作

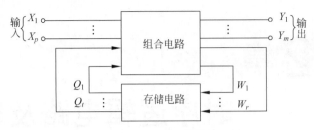

图 12-1 时序逻辑电路结构框图

用下,电路的状态改变。异步时序电路中,各个触发器的时钟脉冲不同,即电路中没有统一的时钟脉冲来控制电路状态的变化,电路状态改变时,电路中要更新状态的触发器的翻转有先有后,是异步进行的。

12.1.2 时序逻辑电路及分析方法

视频讲解

对时序电路逻辑电路进行分析,可以用逻辑表达式、状态表、卡诺图、状态图、时序图和逻辑图等表示形式来进行。通过分析时序电路的组成,写出时钟方程,存储电路中每个触发器的驱动方程(输入的逻辑关系式),得到整个电路的驱动方程。将驱动方程代入触发器的特性方程,得到状态方程,写出输出方程。也可通过写出状态表,画出状态图和时序波形图来进行电路的分析。

时序逻辑电路的分析方法主要包括以下步骤:

① 写出各触发器的驱动方程。驱动方程描述了触发器的输入与输出之间的逻辑关系。

② 结合各类型触发器的特性方程和控制函数写出各触发器的状态方程。特性方程描述了触发器的次态与现态之间的函数关系。将驱动方程代入触发器的特性方程,就可以得到状态方程。

③ 写出电路的输出方程。如果有输出变量,需要写出电路的输出函数。

④ 根据触发器的状态方程得到状态表。状态表可以列出所有可能的状态转换。

⑤ 根据状态表得到状态转换图。状态转换图可以更直观地展示状态转换的过程。

⑥ 若需要画出时序波形图,则根据状态表并结合触发器触发方式画出时序波形图。时序波形图可以展示电路在不同时刻的状态。

⑦ 观察状态转换图得到时序逻辑电路的功能。通过分析状态转换图,可以理解电路的功能和行为。

⑧ 判断时序逻辑电路能否自启动。检查状态转换图,找出无效状态,将无效状态代入输出方程和状态方程,若结果返回有效状态,则电路能够自启动。

【例 12-1】 试分析图 12-2 所示电路的逻辑功能。

解:该电路所有的触发器的时钟端都接向同一个时钟源,触发器状态的改变在同一个时钟的控制下同时发生,所以该电路是同步时序逻辑电路。

(1) 写出时钟方程如下:

$$CP_2 = CP_1 = CP_0 = CP \quad (下降沿触发)$$

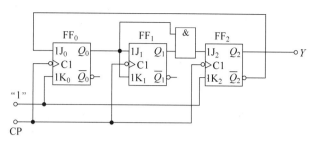

图 12-2　例 12-1 电路图

（2）确定触发器的驱动方程：

$$\begin{cases} J_0 = \overline{Q_2^n}, & K_0 = 1 \\ J_1 = Q_0^n, & K_1 = Q_0^n \\ J_2 = Q_0^n \cdot Q_1^n, & K_1 = 1 \end{cases}$$

（3）输出方程如下：

$$Y = Q_2^n$$

（4）求状态方程。

将上述触发器的驱动方程分别代入 JK 触发器的特性方程（$Q^{n+1} = J\overline{Q^n} + \overline{K}Q^n$），即得电路的状态方程：

$$\begin{cases} Q_0^{n+1} = J_0\overline{Q_0^n} + \overline{K_0}Q_0^n = \overline{Q_2^n} \cdot \overline{Q_0^n} + \overline{1} \cdot Q_0^n = \overline{Q_2^n}\,\overline{Q_0^n} \\ Q_1^{n+1} = J_1\overline{Q_1^n} + \overline{K_1}Q_1^n = Q_0^n\overline{Q_1^n} + \overline{Q_0^n}Q_1^n = Q_0^n \oplus Q_1^n \\ Q_2^{n+1} = J_2\overline{Q_2^n} + \overline{K_2}Q_2^n = Q_0^nQ_1^n\overline{Q_2^n} + \overline{1} \cdot Q_2^n = Q_0^nQ_1^n\overline{Q_2^n} \end{cases}$$

（5）计算并列出状态表。

现　态			次　态			输出
Q_2^n	Q_1^n	Q_0^n	Q_2^{n+1}	Q_1^{n+1}	Q_0^{n+1}	Y
0	0	0	0	0	1	0
0	0	1	0	1	0	0
0	1	0	0	1	1	0
0	1	1	1	0	0	0
1	0	0	0	0	0	1
1	0	1	0	1	0	1
1	1	0	0	1	0	1
1	1	1	0	0	0	1

（6）画出状态转换图。

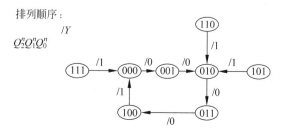

(7) 画出时序图。

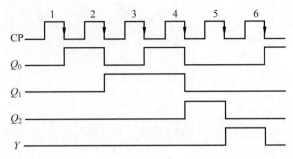

(8) 给出电路分析结论。

通过上面分析可得到下面结论。利用状态表可以确定该电路是按二进制码增加的方向转换的,它能根据电路的状态判断出记下了几个时钟脉冲。当第 5 个脉冲输入时,电路返回到初始的 000 状态,并产生输出 $Y=1$。有效循环的 5 个状态分别是 0~4 这 5 个十进制数字的二进制代码,并且在时钟脉冲 CP 的作用下,这 5 个状态是按递增规律变化的,即

$$000 \rightarrow 001 \rightarrow 010 \rightarrow 011 \rightarrow 100 \rightarrow 000 \rightarrow \cdots$$

所以这是一个用二进制代码表示的同步 3 位五进制加法计数器。

状态表也可以用状态转换图形式表现,用于表示计数器状态的转换顺序。图中每个圆圈表示一个状态,圆圈中的二进制码表示具体的状态编码。状态转换图看起来比较清晰。

【例 12-2】 试分析图 12-3 所示电路的逻辑功能。

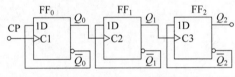

图 12-3 例 12-2 电路图

解:根据题图,该电路由三个 D 触发器构成。该电路各个触发器的时钟端均接在不同的时钟源,触发器状态的改变在不同时钟的控制下异步发生,所以该电路是异步时序逻辑电路。

(1) 写出时钟方程如下:

$$C1 = CP, \quad C2 = Q_0, \quad C3 = Q_1 \quad (均为上升沿触发)$$

(2) 确定触发器的驱动方程。

$$D_2 = \bar{Q}_2^n, \quad D_1 = \bar{Q}_1^n, \quad D_0 = \bar{Q}_0^n$$

(3) 求状态方程。

将上述触发器的驱动方程分别代入 D 触发器的特性方程($Q^{n+1}=D$),即得电路的状态方程:

$$\begin{cases} Q_2^{n+1} = D_2 = \bar{Q}_2^n, & Q_1 \text{ 上升沿时刻有效} \\ Q_1^{n+1} = D_1 = \bar{Q}_1^n, & Q_0 \text{ 上升沿时刻有效} \\ Q_0^{n+1} = D_0 = \bar{Q}_0^n, & CP \text{ 上升沿时刻有效} \end{cases}$$

(4) 计算并列出状态表。

现态			次态			注
Q_2^n	Q_1^n	Q_0^n	Q_2^{n+1}	Q_1^{n+1}	Q_0^{n+1}	时钟条件
0	0	0	1	1	1	C1 C2 C3
0	0	1	0	0	0	C1
0	1	0	0	0	1	C1 C2
0	1	1	0	1	0	C1 C2 C3
1	0	0	0	1	1	C3
1	0	1	1	0	0	C1
1	1	0	1	0	1	C1 C2
1	1	1	1	1	0	C1

(5) 画出状态转换图。

排列顺序：$Q_2^n Q_1^n Q_0^n$

000 ← 001 ← 010 ← 011
↓   ↑
111 → 110 → 101 → 100

(6) 画出时序图。

(7) 给出电路分析结论。

通过上述分析可得到以下结论。利用状态表可以确定该电路是按二进制码减少的方向转换的，它能根据电路的状态判断出记下了几个时钟脉冲。由状态图可以看出，在时钟脉冲 CP 的作用下，电路的 8 个状态按递减规律循环变化，即

000 → 111 → 110 → 101 → 100 → 011 → 010 → 001 → 000 → …

电路具有递减计数功能，是一个异步 3 位八进制减法计数器。

12.2　常用时序逻辑电路及应用

时序逻辑电路广泛应用于各种数字系统和设备中，用于控制、处理和传输数字信号，是实现设备自动化、智能化和高效运行的关键技术之一。它们在 CPU、存储器、时序控制器、计数器、寄存器和状态机等领域都有广泛的应用。

学习目标

(1) 了解时序逻辑电路的应用场景。
(2) 理解计数器和寄存器的概念和功能。
(3) 熟悉计数器和寄存器的类型和结构及应用。
(4) 掌握计数器的设计和实现方法。

12.2.1 计数器

视频讲解

计数器是时序逻辑电路最常见的应用之一,主要由触发器(用来计数)和门电路(构成不同类型)组成。它可以用来统计输入脉冲的数量,从而用于计时、计数、测量和控制等任务。计数器在各种电子设备中都有应用,如定时器、计数器、频率计等。计数器根据不同的分类标准进行如下分类。

按照计数进制分类,一般分为二进制计数器、十进制计数器和任意进制计数器。二进制计数器按照二进制数的运算规律进行计数,输出为二进制数。十进制计数器按照十进制数的运算规律进行计数,输出为十进制数。任意进制计数器,即除了二进制和十进制之外的其他进制计数器,如三进制、四进制等。

按照计数过程中的数值增减分类,一般分为加法计数器、减法计数器和加/减计数器(可逆计数器)。加法计数器是随着计数脉冲的输入进行递增计数的电路,即计数器从0开始逐渐增加。减法计数器是随着计数脉冲的输入进行递减计数的电路,即计数器从最大值开始逐渐减小。加/减计数器(可逆计数器)在加/减控制信号作用下,是可递增计数也可递减计数的电路。

按照计数器中触发器翻转是否同步分类,一般分为异步计数器和同步计数器。异步计数器计数脉冲只加到部分触发器的时钟脉冲输入端上,而其他触发器的触发信号则由电路内部提供,触发器状态更新有先有后。同步计数器计数脉冲同时加到所有触发器的时钟信号输入端,使应翻转的触发器同时翻转。

这些分类方法并不是互相独立的,而是可以交叉重叠的。例如,一个二进制计数器可以是同步的也可以是异步的,可以是加法计数器也可以是减法计数器。此外,还有其他分类方式,如按照计数方式分为递增计数器和递减计数器,按照电路实现方式分为硬件计数器和软件计数器等。

1. 二进制计数器

二进制计数器广泛应用于各种数字系统和设备中,如计算机、定时器、计数器、频率计等。在计算机中,二进制计数器常用于实现CPU的指令计数、中断计数、时钟计数等功能。在定时器和计数器中,二进制计数器用于统计时间或事件的次数,并产生相应的输出信号。在频率计中,二进制计数器用于测量输入信号的频率。

二进制计数器用于统计输入脉冲的数量并将其转换为二进制数的形式输出。二进制计数器的基本思想是利用触发器等存储元件来记录输入脉冲的数量,并通过逻辑运算产生相应的输出。二进制计数器的输出通常是二进制数,可以表示从0到2^n-1的数值,其中n是计数器的位数。例如,一个4位二进制计数器可以表示从0000到1111的16个数值。

实现二进制计数器的方法有多种,其中最常见的是使用触发器(如JK触发器、D触发器等)和逻辑门电路(如与门、或门、非门等)来构建计数器电路。通过合理设计电路的连接方式和逻辑关系,可以实现不同位数和功能的二进制计数器。

二进制计数器的设计规律通常基于触发器的特性和计数需求。以下是一些设计二进制计数器的基本规律。

① 触发器选择。根据所需的计数器位数选择适当数量的触发器。例如,对于一个 n 位二进制计数器,需要 n 个触发器。

② 计数范围。根据计数器的位数,可以确定计数范围。例如,一个 n 位二进制计数器的计数范围为 0 到 2^n-1。

③ 触发器连接方式。将触发器的输入和输出按照特定方式连接,以实现计数功能。

④ 初始状态设置。为了使计数器从 0 开始计数,需要将所有触发器的初始状态设置为 0。这可以通过适当的置位或复位电路实现。

⑤ 触发器状态更新。每个计数脉冲到来时,触发器的状态会更新。通常,低位触发器的状态更新会影响高位触发器的状态。

⑥ 进位控制。当低位触发器全为 1 时,需要产生进位信号,使高位触发器翻转。这通常通过逻辑门电路实现,如与门、或门等。

⑦ 输出处理。根据需要将计数器的输出进行处理,如直接输出、译码输出等。

在设计二进制计数器时,需要综合考虑这些因素,并根据实际需求进行适当调整。此外,还需要注意电路的稳定性、功耗和可靠性等方面的问题。

二进制计数器的举例详见例 12-1 和例 12-2。

2. 十进制计数器

十进制计数器是一种特殊的计数器,其计数值以十进制形式表示。与二进制计数器相比,十进制计数器具有更直观、易读的特点,适用于需要直接显示十进制数值的应用场景。它通常用于需要精确计数的应用,如计时器、计数器、测量仪器等。十进制计数器的设计通常基于二进制计数器的原理,通过引入进位机制来实现十进制数的表示。

在十进制计数器中,每个计数单位表示 0~9 的数字。当计数单位溢出(即达到 9)时,会产生一个进位信号,将进位传递到下一个计数单位。这样,多个计数单位可以级联起来,形成一个多位的十进制计数器。

十进制计数器可以是同步的也可以是异步的。同步十进制计数器在时钟脉冲的控制下同步进行计数,而异步十进制计数器则不受时钟脉冲的控制,只要输入脉冲到达即可进行计数。

如图 12-4 所示是一个基于二进制计数器的原理设计的同步十进制计数器,试分析电路,列出它的状态表,并确定它的编码方式,分析电路是否可以自启动。

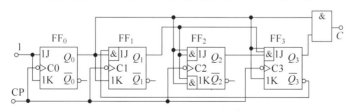

图 12-4 同步十进制计数器

(1) 写出时钟方程:
$$C0 = C1 = C2 = C3 = CP(下降沿触发)$$

(2) 确定触发器的驱动方程：

$$\begin{cases} J_0 = K_0 = 1 \\ J_1 = \overline{Q_3^n} Q_0^n, K_1 = Q_0^n \\ J_2 = K_2 = Q_1^n Q_0^n \\ J_3 = Q_2^n Q_1^n Q_0^n, K_3 = Q_0^n \end{cases}$$

(3) 求状态方程。

将上述触发器的驱动方程分别代入 JK 触发器的特性方程（$Q^{n+1} = J\overline{Q^n} + \overline{K}Q^n$），即得电路的状态方程：

$$\begin{cases} Q_0^{n+1} = 1 \cdot \overline{Q_0^n} + \overline{1} \cdot Q_0^n \\ Q_1^{n+1} = \overline{Q_3^n} Q_0^n \cdot \overline{Q_1^n} + \overline{Q_0^n} \cdot Q_1^n \\ Q_2^{n+1} = Q_1^n Q_0^n \cdot \overline{Q_2^n} + \overline{Q_1^n Q_0^n} \cdot Q_2^n \\ Q_3^{n+1} = Q_2^n Q_1^n Q_0^n \cdot \overline{Q_3^n} + \overline{Q_0^n} \cdot Q_3^n \end{cases}$$

(4) 输出方程：

$$C = Q_3^n Q_0^n$$

(5) 计算并列出状态表：

态序	现态				次态				输出
	Q_3^n	Q_2^n	Q_1^n	Q_0^n	Q_3^{n+1}	Q_2^{n+1}	Q_1^{n+1}	Q_0^{n+1}	C
0	0	0	0	0	0	0	0	1	0
1	0	0	0	1	0	0	1	0	0
2	0	0	1	0	0	0	1	1	0
3	0	0	1	1	0	1	0	0	0
4	0	1	0	0	0	1	0	1	0
5	0	1	0	1	0	1	1	0	0
6	0	1	1	0	0	1	1	1	0
7	0	1	1	1	1	0	0	0	0
8	1	0	0	0	1	0	0	1	0
9	1	0	0	1	0	0	0	0	1
X	1	0	1	0	1	0	1	1	0
X	1	0	1	1	0	1	0	0	1
X	1	1	0	0	1	1	1	1	0
X	1	1	0	1	0	0	0	0	1
X	1	1	1	0	1	1	1	1	0
X	1	1	1	1	0	0	0	0	1

从状态表可以看出，十进制计数器只能计 10 个状态，多余的 6 种状态被舍去。这种十进制计数器计的是二进制码的前 10 个状态（0000～1001），表示十进制中 0～9 的 10 个数码。

(6) 将有效态部分画出状态转换图:

排列顺序:
$Q_3^n Q_2^n Q_1^n Q_0^n \xrightarrow{/C}$

$0000 \xrightarrow{/0} 0001 \xrightarrow{/0} 0010 \xrightarrow{/0} 0011 \xrightarrow{/0} 0100$
/1 ↑   ↓ /0
$1001 \xleftarrow{/0} 1000 \xleftarrow{/0} 0111 \xleftarrow{/0} 0110 \xleftarrow{/0} 0101$

(7) 给出电路分析结论。

通过上述分析可得到以下结论。利用状态表可以确定该电路是按二进制码增加的方向转换的,它能根据电路的状态判断出有几个时钟脉冲。由状态图可以看出,在时钟脉冲 CP 的作用下,电路的 10 个状态按递增规律循环变化,即

$0000 \rightarrow 0001 \rightarrow 0010 \rightarrow 0011 \rightarrow 0100 \rightarrow 0101 \rightarrow 0110 \rightarrow 0111 \rightarrow 1000 \rightarrow 1001 \rightarrow 0000\cdots$

电路具有递增计数功能,是一个同步 4 位十进制加法计数器。

3. N 进制计数器

如果用 n 表示触发器个数,那么 n 个触发器则 $N=2^n$ 个状态,可累计 2^n 个计数脉冲。例如 $n=4$,则 $N=2^4=16$,计数器的状态循环一次可累计 16 个脉冲数,因此这种计数器可叫作十六进制计数器。

若 $2^{n-1} < N < 2^n$,就构成其他进制的计数器,叫作 N 进制计数器。例如,十进制计数器,$N=10$,而 $2^3 < 10 < 2^4$。若用 3 位触发器,只有 8 种状态,不够用;若用 4 位触发器,又多余 6 种状态,应设法舍去。

与二进制计数器和十进制计数器相比,N 进制计数器具有更大的灵活性,可以根据具体需求选择不同的进制数 N。然而,随着进制数 N 的增加,计数器的设计和实现也会变得更加复杂。目前,常用集成计数器来实现 N 进制的计数功能。

4. 集成计数器

集成计数器是一种将多个计数器集成在一起的电子设备,通常用于实现更复杂的计数和定时任务。集成计数器可以包含多个不同类型的计数器,如二进制计数器、十进制计数器和 N 进制计数器等。集成计数器的优点是可以将多个计数器组合在一起,减少电路板的面积和复杂度,提高系统的可靠性和稳定性。下面以 74LS161 集成计数器为例,说明其管脚功能及使用方法。

74LS161 是一款同步 4 位二进制可预置的加法计数器,它属于 TTL 型集成电路。该计数器具有同步预置数、异步清零以及保持等功能。74LS161 计数器内部由 4 个 D 触发器和若干门电路构成,具有超前进位功能,可以进行计数、置数、禁止、直接(异步)清零等操作。其引脚排列和逻辑功能示意图如图 12-5 所示,表 12-1 为其功能表,在功能表中,"X"表示任意状态。

1) 引脚功能符号说明

$D_3 D_2 D_1 D_0$:并行数据输入端;$Q_3 Q_2 Q_1 Q_0$:计数器输出端;CT_P、CT_T:计数控制端;CP:时钟信号输入端(上升沿触发);CO:进位输出端(高电平有效);$\overline{CR}$:异步清零端(低电平有效);$\overline{LD}$:同步预置数(低电平有效)。

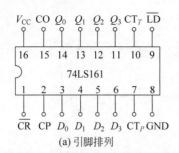
(a) 引脚排列

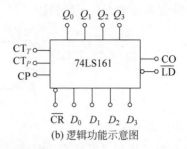
(b) 逻辑功能示意图

图 12-5 74LS161

表 12-1 74LS161 功能表

CP	$\overline{CR}$	$\overline{LD}$	CT_P	CT_T	D_3	D_2	D_1	D_0	Q_3	Q_2	Q_1	Q_0	CO	说明
X	0	X	X	X	X	X	X	X	0	0	0	0	0	异步清零
↑	1	0	X	X	A	B	C	D	A	B	C	D	0	同步预置数
X	1	1	0	X	X	X	X	X	Q_3	Q_2	Q_1	Q_0	0	保持
X	1	1	1	0	X	X	X	X	Q_3	Q_2	Q_1	Q_0	0	
↑	1	1	1	1	X	X	X	X	0	0	0	0	0	计数
↑	1	1	1	1	X	X	X	X	1	1	1	1	1	

2) 功能

计数输出端由高位到低位依次为 Q_3、Q_2、Q_1、Q_0,每位的权值分别为 8、4、2、1。

当 $\overline{CR}=0$ 时,输出 Q_3、Q_2、Q_1、Q_0 不管处于何种状态将全部清零,且不需要 CP 脉冲的控制(即清零与 CP 无关),称其为异步清零。

当 $\overline{LD}=0$ 时,只有 CP 上升沿到来时,才能将 $D_3 D_2 D_1 D_0$ 端的预置数送入计数器,使 $Q_3 Q_2 Q_1 Q_0 = D_3 D_2 D_1 D_0$,由于预置数必须在 CP 的作用下才能完成送数功能,故称其为同步置数。

当 $Q_3 Q_2 Q_1 Q_0 = 1111$ 即 15 时,CO 输出为高电平 1,即送出进位信号 1;除此之外 CO 均输出低电平。

在 $\overline{CR}=\overline{LD}=1$ 的前提下,若 $CT_P=CT_T=1$,则在 CP 上升沿的作用下,计数器实现同步 4 位二进制加法计数。

在 $\overline{CR}=\overline{LD}=1$ 状态下,若 CT_P 与 CT_T 中有一个为 0 或都为 0,则计数器处于保持状态,即输出端状态保持不变。

3) 构成任意进制计数器

74LS161 在时钟信号的驱动下,计数器能够完成二进制计数的递增。当触发时钟信号时,计数器会将输出值加 1,并将其显示在输出端口上。由于其内部由 4 个 D 触发器构成,即有 4 位触发器,$N=2^4=16$ 种状态。利用 74LS161 的同步预置数、异步清零以及保持功能可以构成小于或等于 16 的任意进制计数器。

(1) 反馈清零法。

利用异步清零端 $\overline{CR}$ 和"与非门",将计数器的模 N(等于计数器的进制数)所对应的输出二进制代码中等于"1"的输出端,通过与非门反馈到异步清零端 $\overline{CR}$,使输出归零。即与非门各条连线的权值之和应等于要求的计数模值 N,可简单记为

$$反馈数 = 计数模 \ N$$

【例 12-3】 试基于 74LS161,用反馈清零法构成十进制计数器。

解:计数模 $N=10=(1010)_2$。

逻辑电路如下图所示:

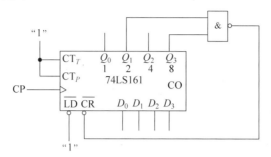

状态图如下图所示:

$Q_3Q_2Q_1Q_0$

0000 → 0001 → 0010 → 0011 → 0100

↑   ↓

(1010)过渡态

↑   ↓

1001 ← 1000 ← 0111 ← 0110 ← 0101

(2)预置数复位法。

利用同步置数控制端 $\overline{LD}$、预置数端 $D_3D_2D_1D_0$ 和与非门实现计数归零的,与反馈清零法的区别在于:计数过程中不存在过渡状态,所以与非门各条连线的权值之和应等于要求的计数模值 N 再减去 1,可记为

$$\text{反馈数} = \text{计数模 } N - 1$$

【例 12-4】 试基于 74LS161,用预置数复位法构成十进制计数器。

解:反馈数 = 计数模 $N - 1 = 10 - 1 = 9 = (1001)_2$。

逻辑电路如下图所示:

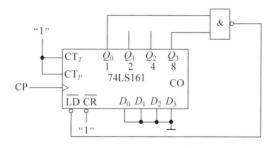

状态图如下图所示,计数过程中也不会出现过渡状态。

$Q_3Q_2Q_1Q_0$

0000 → 0001 → 0010 → 0011 → 0100

↑   ↓

1001 ← 1000 ← 0111 ← 0110 ← 0101

（3）进位输出置最小数法。

利用同步置数控制端 $\overline{LD}$ 和进位输出端 CO，将 CO 端的输出经"非门"送到 $\overline{LD}$ 端，令预置数端 $D_3D_2D_1D_0$ 输入计数状态中的最小数 M 所对应的二进制数，从而实现由 M 到 15 的计数，其中 $M = 2^4 - N$（N 为计数器的模）。

【例 12-5】 试基于 74LS161，用进位输出置最小数法构成十进制计数器。

解： 十进制计数器 $N=10$，若计数状态中的最小数 $M = 2^4 - 10 = 6 = (0110)_2$，即预置数端 $D_3D_2D_1D_0 = 0110$，则利用进位输出置最小数法构成的十进制计数器逻辑电路及其状态图如下所示，计数过程中也不会出现过渡状态。

逻辑电路：

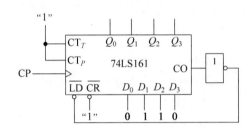

状态图：

$Q_3Q_2Q_1Q_0$

$(0000) \rightarrow (0001) \rightarrow (0010) \rightarrow (0011) \rightarrow (0100)$

$(1001) \leftarrow (1000) \leftarrow (0111) \leftarrow (0110) \leftarrow (0101)$

集成计数器是一种功能强大、灵活多样的电子设备，可以广泛应用于各种需要计数和计时的场合。通过选择合适的计数器类型和组合方式，可以实现各种复杂的计数和定时功能，满足不同的应用需求。

12.2.2 寄存器

在数字电路中，用来存放数据、信息或指令所对应的二进制代码的电路称为寄存器。由于寄存器具有清除数码、接收数码、存放数码和传送数码的功能，因此，它必须具有记忆功能。所以，通常寄存器是由触发器（具有存储功能）和门电路（具有控制作用）组合起来构成的。一个触发器可以存储 1 位二进制代码，存放 n 位二进制代码的寄存器，需用 n 个触发器来构成。按照功能的不同，可将寄存器分为数码寄存器和移位寄存器两大类。它们共同之处是都具有暂时存放数码的记忆功能，不同之处是后者具有移位功能而前者却没有。

1. 数码寄存器

数码寄存器也称为数字寄存器，是一种用于存储数字数据的设备。它们通常用于暂存数据，以便在数字系统的不同部分之间进行传输或处理。数码寄存器可以具有不同的位宽，从几位到几十位不等，具体取决于应用需求。

数码寄存器能够存储固定数量的二进制位(或称为数字),并行输入并行输出,通常具有较快的读写速度,以支持高速数据处理,常被用于暂存数据、传递数据、缓冲数据等。如在 CPU 中,指令寄存器(IR)和数据寄存器(DR)都是数码寄存器的例子。它们用于暂存即将执行的指令或操作数,以便 CPU 进行处理。

单拍工作方式的数码寄存器如图 12-6 所示,它的存储部分由 D 触发器构成。

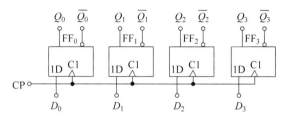

图 12-6　单拍工作方式的数码寄存器

无论寄存器中原来的内容是什么,只要时钟脉冲 CP 上升沿到来,加在并行数据输入端的数据 $D_0 \sim D_3$ 就立即被送入寄存器中,即有

$$Q_3^{n+1} Q_2^{n+1} Q_1^{n+1} Q_0^{n+1} = D_3 D_2 D_1 D_0$$

这种寄存器每次接收数码时,只需要一个接收脉冲,故称单拍接收方式。显然,从传送速度来看,单拍接收方式要快一些。在数字式仪表中,为了节省复位时间,往往采用单拍接收方式。

2．移位寄存器

在数字系统中,常常要将寄存器中的数码按时钟的节拍左移或右移一位或多位,能实现这种移位功能的寄存器就称为移位寄存器。移位寄存器是一种特殊的寄存器,它允许数据在寄存器内部进行位移操作。

移位寄存器能够对数据进行逐位的串行输入或输出。可以将寄存器中的数据向左或向右移动一位或多位。在某些移位寄存器中,当数据从一端移出时,它会从另一端重新进入,形成一个循环。常被用于串行通信、数据延迟、位操作、数据压缩等。如在串行通信中,移位寄存器用于将并行数据转换为串行数据,或将串行数据转换为并行数据。在数字信号处理、图像处理和音频处理等领域,移位寄存器也常用于实现各种位操作和数据处理功能。

1)单向移位寄存器

单向(右移)移位寄存器如图 12-7 所示,移位寄存器的每一位也是由触发器组成的,但由于它需要有移位功能,所以每位触发器的输出端与下一位触发器的数据输入端相连接,所有触发器共用一个时钟脉冲,使它们同步工作。

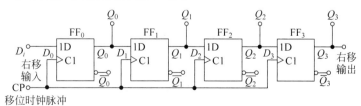

图 12-7　单向(右移)移位寄存器

表 12-2 罗列了单向(右移)移位寄存器的功能。

表 12-2　单向(右移)移位寄存器的功能

输入		现态				次态				说明
D_i	CP	Q_0^n	Q_1^n	Q_2^n	Q_3^n	Q_0^{n+1}	Q_1^{n+1}	Q_2^{n+1}	Q_3^{n+1}	
1	↑	0	0	0	0	1	0	0	0	连续输入4个1
1	↑	1	0	0	0	1	1	0	0	
1	↑	1	1	0	0	1	1	1	0	
1	↑	1	1	1	0	1	1	1	1	

从表中可以看出,从右侧输入端 D_i 连续输入 4 个 1,每次当 CP 上升沿到来时,输入的 1 就向右移动 1 位,以此类推,实现右进右出的单向移位功能。

单向(左移)移位寄存器如图 12-8 所示,其构成几乎和上述单向(右移)移位寄存器相同。

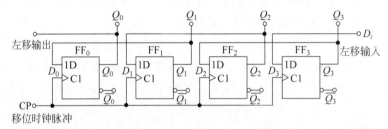

图 12-8　单向(左移)移位寄存器

表 12-3 罗列了单向(左移)移位寄存器的功能,和上述单向(右移)移位寄存器的功能一致,仅数据移动方向相反。

表 12-3　单向(左移)移位寄存器的功能

输入		现态				次态				说明
D_i	CP	Q_0^n	Q_1^n	Q_2^n	Q_3^n	Q_0^{n+1}	Q_1^{n+1}	Q_2^{n+1}	Q_3^{n+1}	
1	↑	0	0	0	0	0	0	0	1	连续输入4个1
1	↑	1	0	0	0	0	0	1	1	
1	↑	1	1	0	0	0	1	1	1	
1	↑	1	1	1	0	1	1	1	1	

2) 双向移位寄存器

由前面讨论的单向移位寄存器工作原理可知,单向(右移)移位寄存器和单向(左移)移位寄存器的电路结构是基本相同的,适当加入一些控制电路和控制信号,可以构成双向移位寄存器。

图 12-9 为双向移位寄存器 74LS194 的引脚排列及其逻辑功能示意图。

74LS194 共有 16 个引脚,包括 $D_0 \sim D_3$ 作为并行输入端,$Q_0 \sim Q_3$ 作为并行输出端,D_{SR} 作为右移串引输入端,D_{SL} 作为左移串引输入端,M_1 和 M_0 作为操作模式控制端,以及 $\overline{CR}$ 作为异步清零端。此外,CP 为时钟脉冲输入端(上升沿有效)。

通过操作模式控制端 M_1 和 M_0 的设置,74LS194 可以实现不同的功能。

① 移位功能。74LS194 支持左移和右移功能。当设置相应的串引输入端 D_{SR} 或 D_{SL}

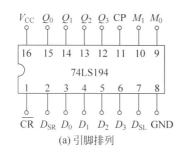
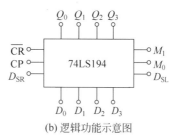

(a) 引脚排列　　　　　　　　　　(b) 逻辑功能示意图

图 12-9　双向移位寄存器 74LS194

时,数据可以在寄存器内部进行左移或右移操作。

② 清零功能。通过设置清零端 $\overline{CR}$ 为低电平,可以将寄存器的所有输出端清零。

③ 时钟脉冲。74LS194 的时钟脉冲输入端 CP 接收外部时钟信号,用于控制数据的移位和寄存器的操作。

④ 并行输入输出。除了移位功能外,74LS194 还支持并行输入输出操作。通过并行输入端 $D_0 \sim D_3$,可以将数据并行地写入寄存器;同时,通过并行输出端 $Q_0 \sim Q_3$,可以并行地读取寄存器的数据。

3) 移位寄存器的应用

移位寄存器还可以实现环形计数器、扭环形计数器和顺序脉冲发生器等应用。

由双向移位寄存器 74LS194 构成的 4 位环形计数器及时序图,如图 12-10 所示。此处仅以 74LS194 构成能自启动的 4 位环形计数器进行简单举例。

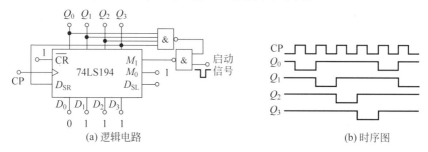

(a) 逻辑电路　　　　　　　　　　(b) 时序图

图 12-10　以 74LS194 构成的 4 位环形计数器及时序图

思考练习

12.1　已知电路如图 12-11 所示,试分析其逻辑功能。

12.2　分析图 12-12 所示的时序逻辑电路。

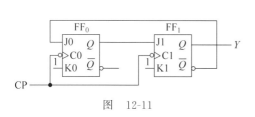
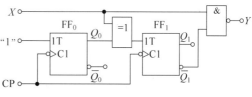

图　12-11　　　　　　　　　　　　图　12-12

12.3 试分析图 12-13 所示的时序逻辑电路。

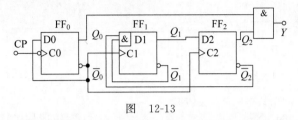

图 12-13

12.4 分析图 12-14，画出电路的状态图。电路的计数模值是多少？

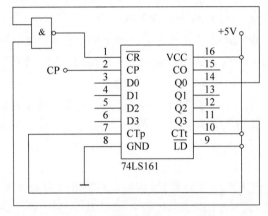

图 12-14

12.5 试用 74LS161 集成计数器和门电路构成十三进制计数器，画出电路图。

参考文献

[1] 邢江勇.电工电子技术[M].3版.北京:科学出版社,2021.
[2] 申凤琴.电工电子技术及应用[M].北京:机械工业出版社,2014.
[3] 韩春光.电路基础[M].2版.北京:电子工业出版社,2008.
[4] 郭亚红.电路基础[M].西安:西安电子科技大学出版社,2013.
[5] 王慧玲.电路基础[M].4版.北京:高等教育出版社,2019.
[6] 罗飞,陈恒亮.PLC与变频器应用技术[M].北京:机械工业出版社,2019.
[7] 吴灏,冯宁.电机与机床电气控制[M].北京:人民邮电出版社,2012.
[8] 葛云萍.电机拖动与电气控制[M].北京:机械工业出版社,2018.
[9] 汤天浩,谢卫.电机与拖动基础[M].北京:机械工业出版社,2017.
[10] 郑学峰.模拟电子技术[M].西安:西安电子科技大学出版社,2008.
[11] 刘伟静.模拟电子技术基础[M].北京:清华大学出版社,2018.
[12] 张兆东,李金奎.电工与电子技术[M].北京:北京交通大学出版社,2019.
[13] 王小娟.数字电子技术实践[M].北京:电子工业出版社,2015.
[14] 蔡良伟.数字电路与逻辑设计[M].3版.西安:西安电子科技大学出版社,2015.

图书资源支持

感谢您一直以来对清华版图书的支持和爱护。为了配合本书的使用,本书提供配套的资源,有需求的读者请扫描下方的"书圈"微信公众号二维码,在图书专区下载,也可以拨打电话或发送电子邮件咨询。

如果您在使用本书的过程中遇到了什么问题,或者有相关图书出版计划,也请您发邮件告诉我们,以便我们更好地为您服务。

我们的联系方式:

清华大学出版社计算机与信息分社网站:https://www.shuimushuhui.com/

地　　址:北京市海淀区双清路学研大厦 A 座 714

邮　　编:100084

电　　话:010-83470236　010-83470237

客服邮箱:2301891038@qq.com

QQ:2301891038(请写明您的单位和姓名)

资源下载:关注公众号"书圈"下载配套资源。

书圈

清华计算机学堂

观看课程直播